普通高等教育"十三五"规划教材

粮食类专业教材系列

粮食加工厂设计与安装

黄社章　杨玉民　主编

张庆霞　副主编

科学出版社

北　京

内 容 简 介

  本书对粮食加工厂设计基本程序、厂址选择、总平面设计、厂仓建筑基本知识、电力传动和电气线路设计等内容进行了系统的介绍与分析，尤其是对粮食加工厂生产车间建筑规格、工艺设计、生产车间的设备布置等进行了着重介绍，同时介绍了与设计有关施工配合和新建厂试车等知识。

  本书既可作为高等职业院校、高等专科学校、成人高等院校及本科院校二级职业技术学院粮食工程专业教材，又可作为高级技工培训教材，同时也可供粮食、饲料行业从事设计、科研、生产的广大科技人员参考。

图书在版编目（CIP）数据

粮食加工厂设计与安装/黄社章，杨玉民主编. —北京：科学出版社，2012

（普通高等教育"十三五"规划教材·粮食类专业教材系列）

ISBN 978-7-03-035273-6

Ⅰ.①粮… Ⅱ.①黄… ②杨… Ⅲ.①粮食加工-加工厂-建筑设计-高等学校-教材 ②粮食加工-加工厂-设备安装-高等学校-教材 Ⅳ.①TU277.1 ②TS210.8

中国版本图书馆 CIP 数据核字（2012）第 185704 号

责任编辑：沈力勺 / 责任校对：王万红
责任印制：吕春珉 / 封面设计：耕者设计工作室

科 学 出 版 社 出版
北京东黄城根北街 16 号
邮政编码：100717
http://www.sciencep.com

天津翔远印刷有限公司 印刷
科学出版社发行 各地新华书店经销

*

2012 年 9 月第 一 版 开本：787×1092 1/16
2019 年 7 月修 订 版 印张：16 3/4
2019 年 7 月第三次印刷 字数：397 000
定价：42.00 元
（如有印装质量问题，我社负责调换〈翔远〉）
销售部电话 010-62134988 编辑部电话 010-62135235（VP04）

版权所有，侵权必究
举报电话：010-64030229；010-64034315；13501151303

前　　言

本书按照我国现行基本建设程序，系统阐述了粮食加工厂建设项目的设计工作程序、内容、步骤和方法。

本书既可作为高等职业院校、高等专科学校、成人高等院校及本科院校二级职业技术学院粮食工程专业教材，又可作为高级技工培训教材，同时也可供粮食、饲料行业从事设计、科研、生产的广大科技人员参考。

本书由黄社章、杨玉民主编，张庆霞为副主编。参加本书编写工作的人员有（按章节编写顺序）：河南工业贸易职业学院副教授黄社章（前言、绪论和项目三），河南工业贸易职业学院讲师张庆霞（项目一、项目二和项目七），河南工业贸易职业学院讲师张作勇（项目四的任务一、任务四及项目五的任务一、任务四和任务五），江苏财经职业技术学院讲师徐君（项目四的任务二、任务三及项目五的任务二和任务三），吉林工商学院副教授杨玉民（项目六）。

本书由河南工业大学教授级高工陈志成审定。

本书在编写过程中得到了河南工业贸易职业学院、吉林工商学院、江苏财经职业技术学院等有关单位的大力支持，参考了粮食行业很多专家的文献和论文，在此一并致谢。

由于编者水平有限，书中不足和疏漏之处在所难免，恳请广大读者提出宝贵意见和建议，我们将不胜感激。

前　言

目　　录

前言

绪论 …………………………………………………………………………………………… 1

项目一　粮食加工厂建设程序和设计工作 ……………………………………………… 4

　　任务一　了解粮食加工厂基本建设程序 …………………………………………… 4

　　任务二　熟悉粮食加工厂的设计工作 ……………………………………………… 13

项目二　选择厂址和设计工厂总平面 …………………………………………………… 20

　　任务一　选择厂址 …………………………………………………………………… 20

　　任务二　设计粮食加工厂总平面 …………………………………………………… 23

项目三　确定粮食加工厂厂房与仓库的建筑规格 ……………………………………… 37

　　任务一　了解厂房建筑基础知识 …………………………………………………… 37

　　任务二　配置粮食加工厂生产车间 ………………………………………………… 48

　　任务三　确定生产车间建筑尺寸 …………………………………………………… 52

　　任务四　配置粮食加工厂仓库 ……………………………………………………… 56

　　任务五　绘制工程设计图纸 ………………………………………………………… 64

项目四　设计粮食加工厂工艺流程 ……………………………………………………… 83

　　任务一　设计制粉厂工艺流程 ……………………………………………………… 83

　　任务二　设计制米厂工艺流程 ……………………………………………………… 101

　　任务三　设计饲料厂工艺流程 ……………………………………………………… 117

　　任务四　设计通风除尘及气力输送风网 …………………………………………… 132

项目五　生产车间工艺设备的布置设计 ………………………………………………… 144

　　任务一　制粉车间工艺设备的布置设计 …………………………………………… 144

　　任务二　制米车间工艺设备的布置设计 …………………………………………… 155

　　任务三　饲料车间工艺设备的布置设计 …………………………………………… 159

　　任务四　辅助生产设备的布置设计 ………………………………………………… 163

　　任务五　绘制工艺设计图纸 ………………………………………………………… 173

项目六　电力传动和电气线路设计 ……………………………………………………… 187

　　任务一　配置粮食工厂的动力 ……………………………………………………… 187

　　任务二　供电与动力线路设计 ……………………………………………………… 194

　　任务三　车间照明和电气控制 ……………………………………………………… 223

项目七　施工配合、安装和试车 ………………………………………………………… 239

　　任务一　施工配合 …………………………………………………………………… 239

　　任务二　设备安装 …………………………………………………………………… 247

　　任务三　新建厂的试车 ……………………………………………………………… 257

主要参考文献 ……………………………………………………………………………… 261

绪　　论

一、粮食加工业的重要作用

粮食加工业是我国粮食工业的重要组成部分，在国民经济中占有相当重要的地位。我国是产粮大国，也是粮食消费大国，丰富的粮食资源为我国粮食加工业提供了充足的原料，众多的人口消费也使我国的粮食加工业在国民经济中占有重要的地位和作用。

粮食中含有大量的淀粉和人体所需的脂肪、蛋白质、维生素、矿物质等，营养价值高，是人们生活的必需品。粮食加工业的发展，不仅可以满足提高人们生活水平的需要，而且可以促进农业、畜牧业的发展，对促进粮食的综合利用和食品工业的发展，改变国民经济的结构、出口创汇等具有重要意义。

二、我国粮食工业的发展概况

我国的粮食工业历史悠久，它是随着粮食作物品种、生产规模、种植地区的变化而发展的。如碾米工业，由于稻谷的种植较早，在新石器时代就已有了手工制米业，一般平原地区都以石臼、脚踏、捣舂为主，山陵地区大都是利用水碓舂米。机械碾米是在清朝后期开始出现的，当时生产规模很小，但在稻谷产区分布较广。制粉工业早在晋朝就已用水碓舂麦，唐代发展为石磨磨粉。到了元朝，开始有了机制磨粉的雏形，不过设备比较简单。到了明、清两代，制粉业已逐渐发展，但生产方法仍属于手工操作。

鸦片战争以来，在半殖民地半封建的历史条件下，我国的粮食工业有了一定发展。自 1863 年起，我国的民族资产阶级先后在上海、无锡、苏州、汉口等大中城市创办了一些碾米厂，如苏州的永昌米厂；1894 年甲午战争以后，先由外国人在我国领土上开设机制面粉厂，随之陆续兴起我国自己的机制面粉厂。第一次世界大战期间，帝国主义国家忙于军事侵略，因而输入我国的面粉数量锐减，甚至有些国家因交战发生粮荒，反而需要我国出口面粉，于是又在沿海大城市出现了私营的面粉加工厂，年产量达 80 余万吨，当时我国的面粉工业曾出现过一度兴盛。此后，由于外国势力侵略，大量的国外原料和面粉向我国倾销，使国内面粉业受到很大的冲击和排挤；抗日战争时，日本帝国主义又进行残酷掠夺和摧残，我国的粮食工业日趋衰退和没落。

新中国成立以前，我国粮食工业虽然具有一定基础，但生产能力很小，建厂布局极不合理，出现了沿海地区盲目发展，以至生产能力过剩；交通不发达的中小城市，生产能力非常不足；而在少数民族地区和广大农村及一些边远小城市，则仍用土磨、土碾等落后的加工生产方式。至于粮食加工业的机械设备，因旧中国几乎没有机器制造业，绝大部分机器都要依赖进口，因此，我国的粮食工业生产技术长期处于落后状态。

新中国成立后，我国的粮食工业几乎从无到有，并得到了迅速发展。粮食储藏、加工等技术日趋完善，新工艺、新设备、新产品不断出现，形成了布局基本合理、规模不断扩大、供求关系稳定的良好局面；粮食工业一系列政策、法规、标准等相继制定和执行；设备的标准化、系列化和通用化不断完善；特别是改革开放以来，粮食产量不断提高，并创历史最高记录，粮食工业得到了蓬勃发展。在市场经济的推动下，一些大型的粮食加工企业、粮机设备制造企业不断涌现，粮食工业的竞争力不断加强，社会地位不断上升，为改善我国人民的生活水平、促进我国的经济发展做出了巨大贡献。

三、学习粮食加工厂设计与安装的重要性和必要性

任何一个新建、改建、扩建粮食加工厂，均离不开设计和安装工作。在粮食工厂建设项目立项以后，设计和安装工作就成为建设中的关键。粮食加工企业在建设的时候能不能加快速度，保证施工安装质量和节约投资，建成以后能不能获得最大的经济效益、环境效益和社会效益，设计和安装工作起着决定性的作用。

优秀的设计安装，不仅可以生产出合格的产品，而且可以降低产品的质量成本，减少因质量问题而投入的时间、精力和资金等，因而总成本会大幅降低。所以粮食加工厂的设计安装对粮食加工企业的影响是非常大的，对新建、改扩建企业具有不可忽视的重要作用。

随着国民经济的迅速发展和人民生活水平的日益提高，人们对主食的要求已逐步由粗放型向精细型、营养型过渡，对粮食工厂的设计水平要求更高，因此，现在的学生和粮食企业的科技工作者，必须掌握各相关学科的发展动向及本学科的新知识和体系，将国内外新的科学技术成果在粮食加工厂的设计和安装中充分运用，以不断完善和提高我国粮食加工厂的科技水平。

四、本课程的性质、任务与学习要求

1. 本课程的性质与任务

"粮食加工厂设计与安装"是粮食工程及相关专业必开的专业课之一，是以工艺设计为主要内容的多学科的综合性课程，同时又是一门实用性很强的课程。主要讲授粮食加工厂设计的基本程序、厂址选择、总平面设计、厂仓建筑基本知识，粮食加工厂生产车间建筑规格、工艺设计、生产车间的设备配置和电力传动和电气线路设计的相关知识，同时介绍与设计有关的施工配合和新建厂试车等知识。

2. 本课程的学习要求

通过本课程的学习，使学生能在结合粮食加工厂工艺流程设计，合理选择机械设备的基础上，绘制机械设备的平面布置图、立面图及安装图，掌握设备安装的基本步骤和方法，具有选择厂址、总平面图设计、确定厂房类型、合理配置设备及组织现场施工的初步能力，同时，使学生的职业素养得到一定的提升。具体学习要求如下：

1) 知识要求

(1) 熟悉粮食加工厂工艺设计的基本程序、原则、方法与步骤。

(2) 掌握粮食加工厂各车间、各工序之间的组成关系及各设备的合理摆布方法。

（3）熟悉与设计有关的施工配合、设备安装与新建厂试车等知识。

2）素质要求

通过本课程的教学，使学生能培养空间思维能力和系统思维能力，培养学生的创新意识，培养学生严肃认真的工作态度。

3）能力要求

（1）能够合理选择厂址和总平面图设计。

（2）能够合理进行生产车间设计。

（3）能够进行粮食加工厂工艺流程的设计。

（4）能够进行生产车间设备布置设计。

（5）具有电力传动和电气线路设计的的初步能力。

（6）具有组织现场施工及设备安装、试车的初步能力。

五、本课程的教学方法与要求

1. 教学方法

基本理论以应用为目的，以必须、够用为度，以讲清概念、强化应用为重点；专业知识以技能培养为目的，加强针对性和实用性训练，以实践教学为重点；利用课堂、现场实训和课件等教学手段，强化学生的实际设计与安装的能力，同时，在教学过程中，注意对学生职业素养的培养。

2. 课程要求

"粮食加工厂设计与安装"要求学生在已经掌握了专业基础课（包括机械制图、机械基础、电工学、通风除尘与机械输送等）和专业课（包括制粉工艺与设备、碾米工艺与设备、饲料工艺与设备等）的基础上进行教学学习。

六、关于本课程学习领域情境划分与时间安排的建议

序号	学习领域情境	学时分配	教学组织类型
1	粮食加工厂建设程序和设计工作	2	
2	选择厂址和设计工厂总平面	4	
3	确定粮食加工厂厂房与仓库的建筑规格	14	各校根据自己的教学资源状况和教学对象的特点，灵活采用讲授、参观活动、实训、小组讨论等活动组织教学
4	设计粮食加工厂工艺流程	14	
5	生产车间工艺设备的布置设计	16	
6	电力传动和电气线路设计	4	
7	施工配合、安装和试车	6	
8	毕业设计	60～80	
	合计	60＋60～80	

项目一　粮食加工厂建设程序和设计工作

☞ **学习目标**

● 知识目标：

1. 了解基本建设项目的程序；

2. 了解项目建议书的含义及其主要内容；

3. 了解可行性研究的主要依据、作用、研究步骤、内容和附录、注意事项及审批方法；

4. 掌握粮食加工厂设计的要求、依据及各阶段设计工作的主要职责。

● 能力目标：

1. 具有粮食加工厂建设项目的申报和管理能力；

2. 具有为粮食加工厂建设项目编制概算的初步能力。

☞ **职业岗位**

通过学习可从事粮食加工厂建设的前期准备工作，例如，编制项目建议书、可行性研究报告、概算等岗位的工作。

☞ 学习任务

任务一　了解粮食加工厂基本建设程序

基本建设是指固定资产的建筑、添置和安装。基本建设程序是指基本建设项目在整个建设过程中各项工作的先后顺序。由于基本建设工作从决策、设计、施工到竣工验收，整个过程中涉及面极广，内外协作配合的环节极多，所以必须按步骤有秩序地进行，才能达到预期的效果。一个建设项目从计划建设到建成投产，一般要经过以下四个阶段：

（1）根据国民经济和社会发展的长远规划和生产布局的要求，结合行业和区域发展规划的要求，提出项目建议书。

（2）项目建议书经有关部门批准后，进行初步的可行性调查研究，同时选择厂址。

（3）可行性报告经评估，获得批准后，编写设计计划任务书。

（4）根据批准的设计计划任务书，进行现场勘察、设计、施工、安装、试车、验收，最后交付生产使用。

其中，（1）、（2）、（3）称为建设前期，（4）称为建设时期，交付生产使用后称为生产时期。基本建设程序的四个阶段的主要内容如下：

一、项目建议书

项目建议书是基本建设程序中最初阶段的工作。它是建设单位根据主管部门对国民经济发展的长远规划和工业企业合理布局的要求，结合本地区的实际条件，提出的确立建设项目的建议书。它是投资决策前对建设项目的轮廓设想，对建设项目的必要性、重要性进行论述，对项目的可行性进行认证的报告。它的主要内容有：

（1）项目名称、项目的主办单位及负责人。

（2）建设项目提出的必要性和依据。

（3）拟建规模和建设地点的初步设想。

（4）资源情况、设备条件、协作关系的初步分析。

（5）投资估算和资金筹措设想，偿还贷款能力的大体推算。

（6）项目的进度安排。

（7）经济效益和社会效益的初步分析。

项目建议书经国家有关部门批准后即可开展可行性研究。

二、可行性研究

可行性研究是对拟建项目在工程技术、经济及社会等方面的可行性和合理性的研究。可行性研究以大量数据作为基础，根据各项调查研究材料进行分析、比较后得出可行性研究报告，因而在进行可行性研究时，必须收集大量的资料和数据。

1. 可行性研究的主要依据

（1）应根据国民经济和社会发展的长远规划及行业和区域发展规划进行可行性研究。发展是对整个国民经济和社会发展或行业发展的整体部署和安排，体现了整体的发展思路，建设项目在进行可行性研究时如果脱离宏观经济发展的引导，就难以客观准确地评价建设项目的实际价值。在可行性研究中，任何与国民经济整体发展趋势和行业总体发展趋势相悖的项目都不应作为选定的项目。

（2）应根据市场的供求状况及发展趋势进行可行性研究。市场是商品供应关系的总和，可行性研究应根据投资项目所在行业的特点，分析消费者的收入水平对投资项目产品的需求状况的影响，分析项目产品与本行业中原有产品的替代关系，预测项目产品可能占有的市场份额。在可行性研究中，任何产品市场需求不足的投资项目都不应作为选定的项目。

（3）应根据可靠的自然、地理、气象、地质、经济、社会等基本资料进行可行性研究。拟建项目应有经国家正式批准的资源报告及有关的各种区划、规划，应对项目所需原材料、燃料、动力等的数量、种类、品种、质量、价格及运输条件等进行客观的分析评价。

（4）应根据与项目有关的工程技术方面的标准、规范、指标等进行可行性研究。这些与项目有关的工程技术方面的标准、规范、指标等是可行性研究中进行厂址选择、项目设计和经济技术评价必不可少的资料，可以有效地保障投资项目在技术上的先进性、工艺上的科学性及经济上的合理性。

（5）应根据国家公布的关于项目评价的有关参数、指标等进行可行性研究。可行性研究在进行财务、经济分析时，需要有一套相应的参数、数据及指标，如基准收益率、折现率、折旧率、社会折现率、外汇汇率等，所采用的应是国家公布实行的参数。

2. 可行性研究的作用

可行性研究的主要目的是为投资决策提供技术经济等方面的科学依据，借以提高项目投资决策的水平。

（1）可行性研究是建设项目进行投资决策的依据。决定一个建设项目是否应该进行建设，主要是根据这个项目的可行性研究结果，因为它对建设项目的目的、建设规模、产品方案、生产方法、原材料来源、建设地点、工期和经济效益等重大问题都进行了具体研究，有了明确的评价意见，可以根据可行性研究的分析论证结果提出可靠的、合理的建议，为投资项目决策提供科学的依据。

（2）可行性研究是项目单位向银行等金融组织申请贷款、筹集资金的依据。目前世界银行等金融组织都将可行性研究结果作为建设项目向其申请贷款的先决条件。金融机构组织是否给一个建设项目提供贷款，取决于他们对建设项目可行性研究报告的审查结果，如果他们认为这个建设项目经济效益好，具有足额偿还贷款的能力，金融机构或金融组织不会承担很大的风险时才能同意贷款。

（3）可行性研究是项目单位与有关部门洽谈合同和协议的依据。一个建设项目的原材料、辅助材料、燃料、动力、供水、运输、通讯等很多方面都需与有关部门协作，合作的协议或合同都是根据可行性研究签订的。对于技术引进和设备进口项目，必须在可行性研究报告经有关部门的审查和批准后才能同国外厂商正式签约。

（4）可行性研究是建设项目进行项目设计和项目实施的基础。在可行性研究中对产品方案、建设规模、厂址、工艺流程、主要设备选型、总平面布置等都进行了较为详细的方案比较和论证，依据技术先进、工艺科学及经济合理的原则，对项目建设方案进行了筛选。可行性研究报告经审批后，建设项目的设计工作及实施须以此为依据。

（5）可行性研究是投资项目制定技术方案、设备方案的依据。通过可行性研究，可以保障建设项目采用的技术、工艺及设备等的先进性、可靠性、适应性及经济合理性，在市场经济条件下投资项目的技术选择、设计方案选择主要取决于其经济合理性。

（6）可行性研究是安排基本建设计划，进行项目组织管理、机构设置及劳动定员等的依据。项目组织管理、机构设置及劳动定员等的状况直接关系到项目的运作绩效，可行性研究为建立科学有序的项目管理机构和管理制度提供了客观依据，可以保障建设项目的顺利实施。

（7）可行性研究是环保部门审查建设项目对环境影响程度的依据。根据《中华人民共和国环境保护法》、《基本建设项目环境保护管理办法》等的规定，在编制项目的可行性研究时，要对建设项目的选址、设计、建设及生产等对环境的影响做出评价，在审批可行性研究报告时，要同时审查环境保护方案，防污、治污设施与项目主体工程必须同时设计、同时施工、同时投产，各项有害物质的排放必须符合国家规定标准。

3. 可行性研究的步骤

可行性研究既有工程技术问题，又有经济财务问题，其内容涉及面广，在进行可行性研究时一般要涉及到项目建设单位、主管部门、金融机构、工程咨询公司、工程建设承包单位、设备及材料供应单位以及环保、规划、市政公用工程等部门和单位。参与可行性研究的人员应有工业经济、市场分析、工业管理、工艺、设备、土建及财务等方面的人员，在工作过程中还可根据需要请一些其他专业人员，如地质、土壤等方面的人员短期协助工作。进行可行性研究的步骤一般如下：

（1）筹划组织。在筹划阶段，承担可行性研究的单位要了解项目提出的背景，了解进行可行性研究的主要依据，了解委托者的目的和意图，研究讨论项目的范围、界限，确定参加可行性研究工作的人选，明确可行性研究内容，制定可行性研究工作计划。

（2）调查研究、获取资料。主要进行实地调查和技术经济研究，包括市场调查与资源调查，市场调查是为进行项目产品的市场预测提供依据，通过市场调查可以掌握与项目有关的市场商品供求状况，为确定项目产品方案及生产规模提供依据。资源调查包括项目建设所需的人、财、物、技术、信息、管理等自然资源、经济资源及社会资源的调查，为项目进行可行性研究提供确切的技术经济资料，通过论证分析，用翔实的资料表明项目建设的必要性。

（3）项目方案设计及选择。在这个阶段要在前两个阶段工作的基础上将项目各个不同方面的内容进行组合，设计出几种可供选择的方案，并结合客观实际进行多方案对比分析，确定选择项目方案设计的原则和标准，比较出项目设计的最佳方案。对选中方案进行完善，为下一步的分析评价奠定基础。

（4）详细可行性研究。这一阶段的工作是对上一阶段研究工作的验证和继续。对选出的项目设计的最佳方案进行更详细的分析研究，复核各项分析材料，明确建设项目的边界、投资的额度、经营的范围及收入等数据，并对建设项目的财务状况和经济状况做出相应评价，并要说明所选中的项目设计方案在设计和施工方面的可取之处，以表明所选项目设计方案在一定条件下是最令人满意的一个方案。为检验建设项目对风险的承受能力，还需进行敏感性分析，可通过成本、价格、销售量、建设工期等不确定因素变化时，对项目单位收益率等指标所产生的影响进行分析。

（5）编写项目可行性研究报告。通过前几个阶段的工作，在对建设项目在技术上的先进性，工艺上的科学性及经济上的合理性进行认真分析评价之后，即可编写详细的建设项目可行性研究报告，推荐一个以上的项目建设可行性方案，并提出可行性研究结论，为项目决策提供科学依据。

（6）资金筹措。拟建项目在可行性研究之前就应对筹措资金的可能性有一个初步的估计，这也是财务分析和经济分析的基本条件。如果资金来源没有落实，建设项目进行可行性研究也就没有任何意义。在项目可行性研究的这一步骤中，应对建设项目资金来源的不同方案进行分析比较，确定科学可行的拟建项目融资方案。

4. 可行性研究报告的内容和附录

1）可行性研究报告的内容

由于建设项目的性质、任务、规模及工程复杂程度的差异，可行性研究的内容应随行业不同而有所区别，各有其侧重点，但基本内容是相同的。

1　总论

　1.1 项目提要

　　1.1.1 项目名称

　　1.1.2 项目单位基本情况

　　1.1.3 项目建设内容

　　1.1.4 项目建设方案

　　1.1.5 主要技术经济指标

　　1.1.6 投资概算及资金来源

　1.2 可行性研究报告编制依据

2　项目建设背景及必要性

　2.1 项目建设的背景

　2.2 项目建设的必要性

3　项目建设条件

　3.1 项目概况

　　3.1.1 地理位置及区域范围

　　3.1.2 自然资源状况

　　3.1.3 社会经济状况

　　3.1.4 项目关联产业发展现状

　　3.1.5 项目建设地点选择

　3.2 项目实施的有利条件

　　3.2.1 政策环境

　　3.2.2 资源优势

　　3.2.3 市场优势

　　3.2.4 科技开发能力

　　3.2.5 基础设施条件

　3.3 主要障碍因素及解决方案

4　建设单位基本情况

　4.1 建设单位概况

　4.2 法人代表基本情况

　4.3 研发能力

　4.4 企业财务状况

5　产品市场分析与销售方案
　5.1 产品市场分析
　　5.1.1 产品市场供求现状
　　5.1.2 产品市场前景分析
　　5.1.3 产品的市场竞争优势
　5.2 销售策略、方案和营销模式
　　5.2.1 销售策略
　　5.2.2 销售方案
　　5.2.3 营销模式
　5.3 市场风险分析
　　5.3.1 项目产品市场风险因素分析
　　5.3.2 防范和降低风险对策
6　项目建设方案
　6.1 建设任务和规模
　　6.1.1 项目建设任务
　　6.1.2 项目建设规模
　6.2 项目规划和布局
　　6.2.1 项目规划
　　6.2.2 项目布局
　6.3 生产技术方案及工艺流程
　6.4 项目建设标准和具体建设内容
　　6.4.1 建设标准
　　6.4.2 具体建设内容
　6.5 项目实施进度安排
7　投资估算与资金筹措
　7.1 投资估算依据
　7.2 项目建设投资估算
　　7.2.1 固定资产
　　7.2.2 铺底流动资金
　7.3 资金来源及筹措
　7.4 资金使用和管理
8　经济效益与社会效益评价
　8.1 经济效益评价
　　8.1.1 财务评价依据
　　8.1.2 销售收入、销售税金及附加估算
　　　8.1.2.1 销售收入
　　　8.1.2.2 销售税金及附加

8.1.3 总成本及经营成本估算

8.1.3.1 单位产品生产成本估算

8.1.3.2 项目总成本估算

8.1.3.3 经营成本估算

8.1.4 财务效益分析

8.1.4.1 盈利分析

8.1.4.2 清偿能力分析

8.2 社会效益评价

8.3 不确定性分析

8.3.1 盈亏平衡分析

8.3.2 敏感性分析

8.4 评价结论

9 环境影响评价

9.1 环境影响

9.2 环境保护与治理方案

9.3 评价与审批

10 项目组织与管理

10.1 组织机构与职能划分

10.1.1 机构设置

10.1.2 机构职责

10.1.3 劳动定员

10.2 项目经营管理模式

10.3 经营管理措施

10.4 技术培训

10.5 劳动保护与安全卫生

11 可行性研究结论与建议

11.1 可行性研究结论

11.2 问题与建议

2) 可行性研究报告的附录

在建设项目可行性研究中，在编制可行性研究报告的同时，还须编制一些研究附表、附图及附件作为附录。建设项目可行性研究报告附表、附图及附件如下。

（1）附表。

附表1：可行性研究报告编写人员情况表

附表2：现金流量表

附表3：损益表

附表4：资产负债表

附表5：资金来源与运用表

附表6：外汇平衡表

附表 7：国民经济效益费用流量表

附表 8：固定资产投资估算表

附表 9：流动资金估算表

附表 10：投资总额及资金筹措表

附表 11：借款还本付息表

附表 12：产品销售收入和销售税金估算表

附表 13：总成本费用估算表

附表 14：固定资产折旧估算表

附表 15：无形及递延资产摊销估算表

附表 16：利润及利润分配表

（2）附图。

附图 1：项目厂区总平面布置图

附图 2：工艺流程图

附图 3：主要车间布置方案简图

附图 4：其他

（3）附件。

可行性研究报告编制的附件主要是指研究项目可行性研究所依据的文件。

附件 1：项目建议书

附件 2：初步可行性研究报告

附件 3：各类批文及协议

附件 4：调查报告及资料汇编

附件 5：实验报告及其他

附件 6：厂址选择报告书

附件 7：资源勘探报告

附件 8：贷款意向

附件 9：环境影响报告书

附件 10：需要单独进行可行性研究的单项或配套工程的可行性研究报告（如自备热电站、铁路专用线、水厂等）。

附件 11：对国民经济有重要影响的产品的市场调查报告

附件 12：引进技术项目的考察报告、设备协议

附件 13：利用外资项目的各类协议文件

附件 14：其他

5. 可行性研究应注意事项

（1）可行性研究应客观公正。在编制可行性研究报告时，必须坚持实事求是的态度，在调查研究的基础上据实论证比选，本着对国家、对企业负责的精神，客观、公正地进行建设项目方案的分析比较，尽量避免把可行性研究当成一种目的，为了"可行"而"研究"，把可行性研究报告作为争投资争项目的"通行证"。

（2）可行性研究的深度应能达到标准要求。虽然不同行业和不同项目其可行性研究的内容和深度各有侧重，但基本内容应完整，文件应齐全，其研究的深度应能达到国家规定的有关标准。建设项目可行性研究的内容和深度是否达到国家规定的标准，将直接关系到可行性研究的质量。如果项目可行性研究的内容和质量达不到规定要求，评估机构、投资机构等部门和单位将不予受理。粮食工业项目的可行性研究内容应按上述要求编制，方可保证建设项目可行性研究的质量，充分发挥其应有的作用。

（3）可行性研究工作应委托经资格审定、国家正式批准颁发证书的设计单位或工程咨询公司承担。委托单位向承担单位提交项目建议书，说明对拟建项目的基本设想，资金来源的初步打算，并提供基础资料。为保证可行性研究成果的质量，应保证必要的工作周期。可采取有关部门或建设单位向承担单位进行委托的方式，由双方签订合同，明确可行性研究工作的范围、前提条件、进度安排、费用支付办法以及协作方式等内容，如果发生纠纷，可按合同追究责任。

6. 可行性研究报告的审批

可行性研究报告编制完成以后，由项目单位上报申请有关部门审批。根据国家有关规定，大中型项目建设的可行性研究报告，由各主管部、省、市、自治区或全国性专业公司负责预审，报国家计委审批，或由国家计委委托有关单位审批。重大项目和特殊项目的可行性研究报告，由国家计委会同有关部门预审，报国务院审批。小型项目的可行性研究报告则按隶属关系由各主管部、省、市、自治区或全国性专业公司审批。

三、设计计划任务书

设计计划任务书的编写是在调查研究之后，认为建立粮食工厂具有可行性的基础上进行的。设计计划任务书可由项目单位组织人员编写，亦可请专业设计部门参与，或者委托设计部门编写。

1. 设计计划任务书的主要内容

（1）建厂理由。可主要从原材料供应、产品生产及市场销售三方面的市场状况进行说明，同时说明建厂后对国民经济的影响作用。

（2）建厂规模。工厂建设是否分期进行，项目产品的年产量、生产范围及发展远景。如果分期建设，则须说明每期投产能力及最终生产能力。

（3）工厂组成。新建厂包括哪些部门，有哪几个生产车间及辅助车间，有多少仓库，用哪些交通运输工具等。还有哪些半成品、辅助材料或包装材料是需要与其他单位协同解决的以及工厂中经营管理人员和生产工人的配备和来源状况等。

（4）产品和生产方式。说明产品品种、规格标准及各种产品的产量。提出主要产品的生产方式，并且说明这种产品生产方式在技术上的先进性，并对主要设备提出订货计划。

（5）工厂的总占地面积、地形图及总的建筑面积和要求。

（6）公用设施。给排水、电、汽、通风、采暖及"三废"治理等要求。

（7）交通运输。说明交通运输条件（是否有公路、码头、专用铁路），全年吞吐量，需要多少厂内外运输设备。

（8）投资估算。包括固定资金和流动资金各方面的总投资。

（9）建厂进度。设计、施工由何单位负责，何时完工、试产，何时正式投产。

（10）估算建成后的经济效益。设计计划任务书的经济效益应着重说明工厂建成后拟达到的各项技术经济指标和投资利润率。

技术经济指标包括产量、原材料消耗、产品质量指标、生产每吨成品的水电气耗量、生产成本和利润等。

投资利润率是指工厂建成投产后每年所获得的利润与投资总额的比值。投资利润率越高，说明投资效果越好。

2. 在编写设计计划任务书时应注意的问题

（1）建设用地要有当地政府同意的意向性协议文件。

（2）工程地质、水文地质的勘探、勘察报告，要按照规定，有主管部门的正式批准文件。

（3）交通运输、给排水、市政公用设施等应有协作单位或主管部门草签的协作意见书或协议文件。

（4）主要原料、材料和燃料、动力需要外部供应的，要有有关部门、有关单位签署的协议草案或意见书。

（5）采用新技术、新工艺时，要有技术部门签署的技术工艺成熟、可用于工程建设的鉴定书。

（6）产品销路、经济效果和社会效益应有技术、经济负责人签署的调查分析和论证计算材料。

（7）环保情况要有环保部门的签订意见。

（8）建设资金来源，如中央预算、地方预算内统筹、自筹、银行贷款、合资联营、利用外资，均需注明。凡金融机构提供项目贷款的，应附有有关金融机构签署的意见。

任务二　熟悉粮食加工厂的设计工作

粮食加工厂设计方案的合理程度，直接影响到投产后的工厂能否顺利生产并达到预期的经济效益，因此，粮食加工厂的各项设计工作均必须以已批准的可行性研究报告、设计计划任务书及其他有关设计文件为依据。

一、粮食加工厂设计的要求和依据

1. 设计要求

粮食加工厂设计必须满足以下要求：

（1）应尽可能采用先进工艺、技术和设备，使工厂不仅能生产出合格的产品，而且能够取得很好的各项经济技术指标，达到较高的经济效益和社会效益。

（2）设计时要考虑到工厂的发展，因而在设计中要统筹安排、全面规划，使工厂布局合理。

（3）在满足工艺技术要求的前提下，应本着节约的原则进行设计，尽量降低建设成本和生产成本。

（4）设计中要充分考虑到工人的工作环境，加强环保和安全设施，实行劳保项目和建设项目"三同时"（同时设计、同时施工、同时投产）。

（5）工艺设计必须与土建、电气、水暖等设计相互配合，使整个设计成为一个有机整体，避免各部分设计相互脱节，造成缺陷。

2. 设计依据

为了达到上述的设计要求，必须以下列四个方面作为设计的依据：

（1）建设的方针政策。工艺流程设计必须贯彻"在保证质量的前提下，提高出品率、提高产量、减少电耗和物耗、降低成本"的加工方针；土建与车间设计必须以"适用、经济、适当照顾美观"的基本建设方针为准则；同时，要遵守国家、省、自治区域的有关方针政策。

（2）国家的设计标准。建厂规模应符合系列标准，应尽量采用标准化、系列化、通用化的部件和设备；应尽可能采用国家的标准设计。土建设计应尽量适应标准化、模数化、工业化的要求。

（3）设计任务书。设计任务书是上级机关批准的文件。它是设计的直接依据，因此，必须根据设计任务书中规定的建厂规模、投资数额、产品方案进行设计。

（4）客观情况。必须以建厂地区的实际情况作为设计的重要依据，包括原粮来源与品质、产品规格与供销范围、原有工业布局、拆迁建筑、交通运输、电力供应、给水排水、地势、地形、地质、水位、气象、气候、雨量、雪量、风向、风力、水文史、地震史、机器设备、材料、人力等。客观评价外部环境因素，实事求是分析原料供应、采购因素，认真进行成品市场细分及目标市场定位，采取切实有效的市场营销策略，趋利避害，扬长避短。

二、粮食加工厂设计的内容

粮食加工厂的设计内容一般包括工艺设计、土建设计和水电设计三部分。各方面的设计工作必须协调进行，以保证整个设计的统一性和完整性。

1. 工艺设计

工艺设计是整个工厂设计的基础。工艺设计水平的高低不仅决定整个车间生产技术的先进性和合理程度，还为土建设计和水电设计提供必要的技术要求，例如，车间的建筑结构、各种构件的尺寸、位置及要求等。

粮食加工厂工艺设计包括总平面设计、工艺流程设计、车间设备布置、风网设计、传动系统设计及车间内外的供电电路设计等。

总平面设计一般由工艺设计部门协同土建设计部门一起进行。

工艺流程设计、车间设备布置、风网设计、传动系统设计主要由工艺设计部门完成。在设计的先后顺序上，一般先进行工艺流程设计，再根据确定的工艺流程进行车间设备布置，然后再根据确定的工艺流程设计和车间设备布置进行风网设计，传动系统设计是根据车间设备布置和设计的具体要求进行的。当然，在实际的设计过程中，这几个环节的设计工作也需相互配合、相互协调。

车间内外的供电电路设计可由工艺设计部门协同电力设计部门一起进行。

2. 土建设计

土建设计由专门的建筑设计部门完成，土建设计包括建筑物设计和构筑物设计两部分。土建设计除了按规定完成设计任务外，还应该为工艺设计人员提供合理的厂房建筑形式和建筑结构规定的尺寸要求。

建筑物设计包括主车间与综合利用车间、原粮库、成品库、副产品库、麻袋（面袋）间、工具与材物料间、变配电间、机修间、办公楼、会议室、检（化）验室、医务室、宿舍、锅炉房、食堂、浴室、门卫、车库等。

构筑物设计包括围墙、道路、秤房、标志性建筑、起重、吊运、路灯、建筑小品等。

3. 水电设计

水电设计包括动力和照明电网、供水和排水、暖气和蒸汽管路的设计等。

三、粮食加工厂设计方式及其主要内容

粮食加工厂设计工作一般是根据项目的大小和重要性分为两阶段和三阶段设计。对于重大的复杂项目或援外项目，采用三阶段设计，即初步设计、技术设计和施工图设计；对于一般性的大、中型项目，采用二阶段设计，即初步设计和施工图设计。

二阶段设计方式的主要内容如下：

1. 初步设计

初步设计是根据已批准的设计任务书而进行的全面的、系统的计算和设计，是上报到相关部门进行审核和修改的设计文件。初步设计的内容包括设计说明书、工艺设计图纸和概算三大部分。

1）设计说明书

初步设计中的设计说明书主要包括以下内容：

（1）设计总论。主要用以说明设计的依据、设计指导思想、工厂建设规模、产品种类与等级标准等。

（2）工厂总平面设计说明：包括占地面积、功能区域划分和布置特色等。

（3）工艺流程设计的特点和主要设备的选用（附设备汇总表）。

（4）主要技术经济指标：包括生产量、出品率、产品质量、单位电耗、生产成本和利润等。

（5）各设备功率的配备，采用分组传动的设计和计算。

（6）施工安装重点说明和安装材料的估算。

（7）"三废"治理的设计说明。

（8）建设工期计划。

（9）行政管理和生产人员编制。

（10）经济效益的说明。

2）工艺设计图纸

初步设计中的工艺设计图纸主要包括以下内容：

（1）工厂总平面设计图。

（2）工艺流程图。

（3）主厂房各层楼面设备布置平面图。

（4）主厂房设备布置纵剖面图。

（5）主厂房设备布置横剖面图。

（6）通风除尘与气力输送风网图。

（7）其他设计要求提供的技术图纸。

3）概算

编制概算的目的是要确定基本建设项目的总投资，实行基本建设大包干，控制基本建设拨款、贷款，考虑设计的经济性和合理性。编制概算应以初步设计图纸及由国家或主管部颁发的现行各种概算（费用）定额和概算指标为依据。编制概算的方法可先以单位工程为单位编出单位工程概算，然后汇总编出单项工程的综合概算，最后按建设项目汇总编出设计总概算。概算内容一般包括以下六个部分：

（1）建筑工程费。包括各生产车间、原粮和成品仓库、副产品库、各项附属工程、办公楼、宿舍、食堂等所有建筑物和构筑物的土建工程费用，给排水工程费用及电器照明工程费用等。

（2）设备购置费。包括工艺设备、称重设备、输送设备、除尘与气力输送设备、传动设备以及设备的运杂费等。

（3）设备安装费。可根据各种设备的安装工程量和安装工程的概算定额编制安装费用概算。一般机械设备的安装费，可按设备费的 4% 计算。工艺设备的安装费，如包括进出料溜管，可按设备费的 20% 计算。

（4）工器具及生产用具购置费。主要指车间、实验室等所需各种工具、器具、仪器及生产用家具的购置费。

（5）其他费用。包括上述费用以外的、整个建设工程所需要的一切费用。例如：土地征购费、迁移补偿费、建设单位管理费、勘查设计费、职工培训费等。

（6）不可预见费。指难以预料的工程费用。不可预见费可按上述总费用的 3% ～ 5% 计算。

确定一个建设项目全部建设费用的总概算，可由总概算表列出。总概算表应按原国家计委、国家建委关于基本建设概、预算编制办法规定的内容进行编制。总概算表格式如表 1-1 所示。

表1-1　项目总概算表

工程名称：　　　　　　　　　　　　　　　　　　　　总概算价值　　元

项目名称：　　　　　　　　　　　　　　　　　　　　根据　年的预算价格和定额编制

顺序号	工程项目和费用名称	概算价值/元						技术经济指标			占投资额比例/%
		建筑工程费	设备购置费	设备安装费	工器具及生产用具购置费	其他费用	合计	单位	数量	单位造价/元	
1	2	3	4	5	6	7	8	9	10	11	12

编制单位　　　　　　　　　　　　　　　　　　　　　　　　　工程负责人

编表说明：　　　　　　　　　　　　　　　　　　　　　　年　月　日　编制

第1栏按每一项目和费用名称编一顺序号。

第2栏内容按下列程序填写：

第一部分工程费用项目

1. 生产和辅助生产项目

下面按单项工程集资填写。如制粉车间（碾米车间、饲料车间）、原粮立筒库、成品库、变配电间、机修车间等。本项目最后可列一项小计。

2. 公用设施工程项目

包括输电线路和其他厂区管线工程、厂区差距、铁路专用线、专用码头、水塔或水泵站等项目。本项目最后可列一项小计。

3. 行政、生活、福利工程项目

包括办公楼、单身宿舍、食堂、浴室、门卫室、围墙等项目。本项目最后可列一项小计。

第一部分最后列一项合计。

第二部分其他工程和费用项目

1. 土地征购费

2. 建设单位管理费

3. 勘察设计费及其他

第二部分最后列一项合计。

第一、二部分合计。

不可预见费

总计

其中：回收金额

第3栏至第7栏可按单项工程分别填写其建筑、设备、安装、工器具及生产用具等费用。

第8栏为第3栏至第7栏之和。

第9栏技术经济指标的单位，应选择能反映各单项工程生产特点，或具有一定代表性的量作为计算单位。例如：

生产车间可以年产量（t）为计算单位；

仓库和行政、生活、福利工程可以建筑面积（m²）为计算单位；

变电所可以变压器容量（kV）为计算单位；

输电线路、厂区管线工程、厂区道路、铁路专用线等，可以长度（m）为计算单位。

第11栏为第8栏除以第10栏。

第12栏为第8栏除以概算总计。

2. 施工图设计

施工图设计是根据已批准的初步设计而进行的系统设计，是对初步设计的修正、补充和完善，是指导施工的重要文件。施工图设计的内容包括设计说明书、工艺设计图纸和预算三大部分。

（1）设计说明书。该阶段的设计说明书是对初步设计编写的设计说明书中存在的问题进行修正和补充，并进一步完善说明书内容。

（2）工艺设计图纸。施工图设计中的工艺设计图纸包括以下内容：

① 经修正的工厂总平面设计图。

② 经修正的工艺流程图。

③ 经修正的各车间设备布置平面图和纵、横剖面图。

④ 经修正的通风除尘与气力输送风网图。

⑤ 车间各层楼面及屋顶预留洞孔、预埋螺栓图。

⑥ 传动系统图（当采用分级传动时才绘制）。

⑦ 自制设备的大样图。

⑧ 安全防护设施结构图。

⑨ 车间各层楼面动力与照明管线布置图。

（3）预算。施工图设计的预算是实行建筑和设备安装工程包干，进行工程结算，实行经济核算和考核工程成本的依据。施工图设计预算的内容包括：

① 修正的初步设计概算。

② 预算编制说明。

 项目小结

（1）基建项目的四个阶段。

（2）项目建议书及其主要内容。

（3）可行性研究的主要依据、作用、研究步骤、内容和附录、注意事项及审批方法。

（4）设计计划任务书的主要内容及编写时应注意问题。

（5）粮食加工厂设计的要求和依据。

（6）粮食加工厂设计的内容。

（7）粮食加工厂设计方式及其主要内容。

 技能训练

训练一：请以你所在地区为条件拟一份面粉厂建设项目建议书提纲。

训练二：请以你所在地区为条件拟一份面粉厂建设可行性研究报告提纲。

训练三：请以你所在地区为条件拟一份面粉厂建设初步设计概算（产量、工艺流程、设备选用等自定）。

复习与练习

（1）一个建设项目从计划建设到建成投产一般要经过哪几个阶段？

（2）什么是项目建议书？它的主要内容有哪些？

（3）进行可行性研究的主要依据是什么？

（4）可行性研究的作用是什么？如何进行可行性研究？

（5）简述粮食加工厂设计的要求和依据。

（6）简述粮食加工厂设计的内容。

（7）初步设计和施工图设计有何联系和区别？

项目二　选择厂址和设计工厂总平面

☞ **学习目标**

● 知识目标：

1. 熟悉厂址选择的要求及厂址勘查内容；
2. 熟悉厂址评价方法及厂址选择报告主要内容；
3. 掌握粮食加工厂总平面图设计原则和方法；
4. 掌握总平面图的绘制方法。

● 能力目标：

1. 具有粮食加工厂址选择和评价的能力；
2. 会进行粮食加工厂总平面设计。

☞ **职业岗位**

通过学习可从事为粮食加工厂建设选择厂址及设计总平面等岗位的工作。

☞ 学习任务

任务一　选　择　厂　址

建厂地址选择得是否合适，直接关系到建厂投资的多少、建设条件的好坏、建设周期的长短及工厂将来的生产经营状况和职工工作、生活条件是否良好等方面，因此选择厂址必须慎重和周密考虑。

一、选择厂址的要求

选择厂址前，必须首先收集各个有可能建厂点的资料（包括城镇规划和建厂地点的平面图；土壤、地质、地形和地下水位资料；拟建铁路专用线和专用码头所需资料；公路交通资料；给水、排水系统资料；供电情况资料；气象和气候资料；地震资料等）和初步勘查。然后再根据经济上的合理性和技术上的可能性，并满足生产和生活要求的原则，进行比较分析，选择其中最佳的地点作为厂址。粮食加工厂的厂址一般需满足以下要求：

（1）厂址选择必须同当地的城镇发展规划和粮食工业布局紧密结合，使选择的建厂地址具有地域优势。

（2）粮食加工厂原粮和成品数量多、周转快，因此，厂址应选择在水陆交通便利的地方，并尽可能利用现有的交通路线。大型厂仓结合的企业，还应考虑修建铁路专用支线和航运码头的可能性。

（3）厂址应选择在原料产地或靠近原料厂地，并做到厂仓结合。饲料厂厂址也可选择接近饲养基地，并和粮油加工厂结合起来，以充分利用粮油加工厂的副产品。

（4）厂址选择应考虑给水、排水和供电的方便性，保证工厂生产和职工生活有足够的水源和电源以及方便的污水排放系统。

（5）厂址所需面积应根据工厂规模确定，若批准有工厂发展的远景规划时，应保证有扩展的余地。厂址应尽量节约用地，注意不占或少占农田。地形最好选用长方形，使原料和主、副产品进出厂的运输路线最短。

（6）厂址的地势应尽量平坦，以减少平整场地所需的工程量和费用。如果场地具有坡度，其倾斜度不应超过 10%，且坡度方向应有利于地面水向场外排泄。

（7）厂址应有良好的地质条件，这样可以避免复杂的基础工程，建造立筒库和车间较高的制粉厂，土壤耐压力最好不低于 $20t/m^2$，一般厂房耐压力最好不低于 $15t/m^2$。地下水位最好低于拟建的地下室、地坑和地槽的深度，否则会增加防水处理费用。

（8）厂址选择应符合安全和卫生要求，尽量避免或远离易燃、易爆、有毒气和有其他污染源的厂矿企业。厂址选择应远离居民区，若条件限制，厂址靠近居民区，也应选在下风位置。

（9）厂址不应选择在容易受淹、有地下矿藏和机场附近以及飞机起落航线经过的地区。

厂址选择若能全部满足上述条件，则是非常理想的，但实际上要同时满足上述条件是很难实现的，因此，要根据本企业的特点对多个场地进行综合分析与比较后确定。

一般大中型粮食加工厂厂址选择应由主管部门负责，组织建设、规划、设计（工艺、土建、供电、给排水等）、勘察（地质、水文、测绘等）有关单位人员分工合作，确定初步方案；然后进行实地考察，了解情况，收集资料，经过仔细研究认为符合要求的就可进行厂址技术勘察。

二、厂址技术勘查

在初步确定厂址后，即可进入现场进行技术勘查，通过测量和勘探，进一步取得厂址的土壤、地质、地形等技术资料，以便对厂址做最后的选定，并为总平面设计提供依据。技术勘查工作由建设单位委托设计勘测单位进行勘查工作。

技术勘查的主要内容包括：

1. 地形测量

通过地形测量，了解厂址区的地理位置、地表、地形、地貌等技术资料以及原有的交通线路和供电、给排水管线的布置情况，为工厂总平面设计提供依据。

详细测量厂址面积，绘出厂址轮廓界线，并按 1：100、1：200、1：500 或 1：1000

的比例绘制出场地的地形平面图，地形平面图应包括：

指北针和建厂地区的风玫瑰。

厂址附近的铁路、公路、河流及厂址界限等。

厂区的自来水管线、下水道管网、输电线路、输热管网等。

根据地势测量，绘制地势等高线图，在图中每隔 0.5～1.0m 标出地形断面的等高线和水塘、水沟和流沙块的大小等。

2. 地质勘查

通过地质勘查，了解厂址区的工程水文地质条件，查明厂址土壤的耐压力、土壤成分和地层结构、地下水位的高低等地质情况，以保证建筑物基础的稳定性，为土建设计和选择正确的施工方法提供依据。

通过厂址技术勘查，可以具体确定下列问题：

（1）根据地质和地形条件，确定主要建筑物的位置。

（2）预计土方工程量，包括铲土和填土。

（3）确定建筑物基础的深度和处理方法。

（4）确定地坑、地槽和地下通道等的深度。

（5）确定排水系统的优势方向。

（6）确定厂区内铁路专用线的位置和同厂外铁路干线的连接点，确定专用码头的位置。

（7）确定高压输电线路、水塔和给水系统线路。

三、厂址评价

1. 厂址方案比较

厂址选择要综合拟建厂的各项要求和选址地区的具体条件，进行多方案的技术经济比较。应当指出，完善无缺的厂址是难以找到的，必须充分研究各个方案的优缺点，最后确定一个较为合理的方案。

（1）技术比较：主要是指对厂址位置、面积、地形、地势、坡度、地质、水文、交通、建筑施工及协作条件等的比较。

（2）经济比较：包括一次费用比较和经营性费用比较。一次费用比较包括土地购置费、拆迁费、土石方工程费、道路工程、供电线路、供排水、区域开拓和补偿费等费用支出。经营费用比较一般包括原料、燃料和产品的运输费用和供排水、电力供应及其他费用。

2. 厂址选择报告

根据现场技术勘查的资料，对所选各厂址地点进行政治、经济、技术等综合分析比较，提出推荐的厂址方案，编写选址报告，选址报告的内容如下：

（1）简要叙述选址依据和选址工作过程，厂址的地理位置及概况，各个厂址方案比较结论，推荐厂址的方案。

（2）厂址要求及主要选址指标，说明工厂的规模、性能、生产特点及要求等，列出推荐厂址的主要指标。

（3）占地面积、拆迁情况。

（4）选址地区水电供应情况、交通情况。

（5）有关资料及其说明。如工程水文、地质、地震、地下水位及洪水最高水位等情况。

（6）条件费用说明，如征地、引电、接水、修建码头、筑路等费用。

（7）当地行政机关批文及各项协议文件。

（8）附件，如厂址区域位置图、地形地势图、总平面规划示意图等。

任务二　设计粮食加工厂总平面

设计工厂总平面，就是对厂区内各种生产和生活用建筑物和构筑物（包括以后准备扩建的部分）、铁路专用线、码头、道路、工程管线和绿化设施等，按照一定的原则，进行全面、科学和合理的布置。总平面设计一般由工艺设计部门协同土建部门一起进行。

一、总平面设计原则

在进行总平面设计时，可将厂区规划成几个区域，例如主要生产区、辅助生产区、行政文化区和生活区等，然后按照先生产后行政生活区逐步进行配置。对各种建、构筑物和设施的布置原则，应符合生产管理方面的要求、建筑方面的要求、生活管理方面的要求、防火和卫生方面的要求。

1. 生产管理方面的要求

（1）对有密切联系的各生产车间，应就近布置。这样，可使物料运输距离最短。同时，要保证生产路线合理，避免各车间的物料运输线路交叉。

（2）辅助车间、仓库、变配电间应尽量同与它有联系的主要生产车间相靠近。

（3）联系密切的主要生产车间应布置在铁路线或主要交通道一侧，这样可以方便生产管理。

（4）行政办公大楼应设置在工厂主要出入口和生产车间之间的通道上，以便于内外工作联系。

2. 建筑方面的要求

（1）尽量减少建筑物的占地面积。对于在生产上联系比较密切的主要和辅助车间，能组合在一个厂房内的要尽量合并。

（2）各建筑物排列要整齐、美观。布置主要生产车间、宿舍、办公楼、检（化）验室等建筑物时，应注意朝向、采光和通风条件。

（3）在符合国家防火和卫生要求的前提下，尽量提高场地利用系数和建筑系数。

（4）要适当考虑发展的可能性。对于计划中拟扩建的车间、仓库和宿舍等建筑物的位置，在总平面上都应用虚线标出。

3. 生活管理方面的要求

（1）工厂的生活区必须与生产区分开，并应离生产区有一定的距离，以保证职工有良好的休息环境。

（2）浴室宜靠近锅炉旁，与生产车间的距离也不宜太远。

（3）家属宿舍必须布置在厂区外面，出入口也应分开。

4. 防火和卫生方面的要求

（1）各主要生产车间厂房的防火间距一般为 15～20m，最小不少于 12m；车间同民用建筑之间的防火间距不小于 25m，距重要的公共建筑不小于 50m；各消防栓之间的间距不得超过 100m。

（2）容易产生灰尘的原粮接收处、下脚处理车间、大糠房、锅炉房等，应布置在主厂房和成品仓库的下风方向。

（3）生活区应布置在生产区的上风方向，以避免灰尘的污染。

二、总平面图内的建、构筑物和设施

一般粮食加工厂工艺设计的范围包括原料接收设施、原料仓库、生产车间、成品仓库和发放设施、下脚处理车间等几部分。因此，在工厂总平面图内，必须包括有下列各项建、构筑物和设施。

（1）原料接收设施：包括公路、铁路、水路来料的各项接收设施和装置地中衡的建筑物。

（2）原料仓库：包括房式仓和立筒库。

（3）生产车间：谷物清理、制粉或砻谷、碾米及成品打包间等。

（4）成品仓、成品发放设施和副产品仓库。

（5）下脚处理车间、机修车间、变配电或动力间、物料间和麻袋、面袋等器材仓库。

（6）检验、化验室和拉丝间（或附属于其他建筑物内）。

（7）行政办公大楼。

（8）锅炉房、水塔、宿舍、食堂、浴室、医务室和幼儿园等生活福利用房、门卫室。

（9）汽车库和消防间。

（10）围墙、道路和绿化、美化设施。

在厂仓结合和综合性粮食工业企业中，除了上述应有的建、构筑物和设施外，还包括有：

（1）储备和中转粮库。

（2）综合利用车间。

（3）饲料车间（包括大糠粉碎、混合饲料或配合饲料车间）。

（4）食品车间（包括面条车间、面包车间、饼干车间、淀粉车间、通心粉车间、米粉车间、膨化食品车间等）。

在总平面图上，还应画出指北针和建厂地区的风玫瑰图。

三、配置主要和辅助建筑物

1．配置主要建筑物

总平面图中的主要建筑物是指主厂房或主要生产车间、原料仓库和成品仓库。

主要建筑物的配置，必须保证生产过程按生产工艺流水线进行，不允许有回路和迂回路线，同时，还要使生产运输距离最短。

（1）直线式配置。该配置将主厂房、原粮仓库、成品仓库沿主要交通线排成一直线，如图 2-1 所示。这种配置形式的特点是整个生产过程按直线顺序进行，所需的运输线路较短，原粮和成品进出库十分方便，主厂房和仓库也具有较好的通风采光条件。但是，这种配置形式需要有较长的场地。

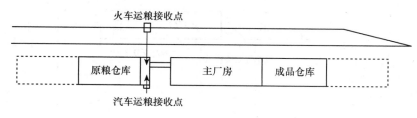

图 2-1　直线式配置

（2）"┌┐"式配置。该配置将主厂房、原粮仓库、成品仓库配置成"┌┐"形，如图 2-2 所示。原粮仓库和成品仓库垂直布置在主厂房两端。这种配置形式占用场地紧凑，生产线路也短。但是，如果主厂房较短或不设面粉散装仓，则不利于采光和通风。

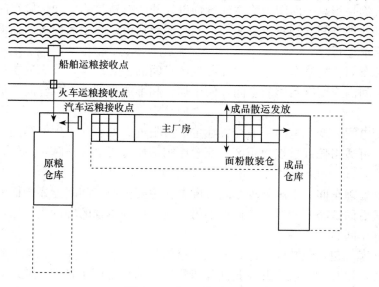

图 2-2　"┌┐"式配置

（3）"┏"或"┓"式配置。该配置将主厂房、原粮仓库、成品仓库配置成"┏"或"┓"形，如图2-3所示。原粮仓库垂直布置在主厂房和成品仓库一端或成品仓库垂直布置在原粮仓库和主厂房一端。这种配置形式占用场地紧凑，生产线路短，适用于无铁路专用线的中、小型厂。

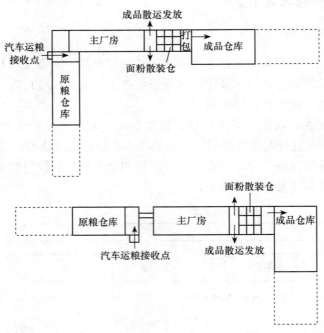

图2-3 "┏"和"┓"式配置

2. 配置辅助建筑物

辅助建筑物是指总平面图中除主建筑物以外的所有建筑物，如机修车间、变配电或动力间、下脚处理车间、物料器材库等，同时还包括行政和生活用房。辅助建筑物的配置应按下列要求进行。

（1）机修车间。机修车间应配置在各生产车间的中心位置，或靠近主厂房，以方便检修工作。车间内应留有足够的空间，便于加工和堆放零部件。拉丝间一般配置在主厂房内。

（2）变配电间。变配电间一般配置在主厂房附近。如有几个生产车间，则应配置在中心位置，但可适当偏近重点使用区。配置原则是使低压电线路越短越好，以减少线路电压损失。

（3）下脚处理车间。下脚处理车间应配置在主要生产车间附近靠背面的一侧。如欲配置在主厂房后面铁路专用线或交通道的另一侧，成为单独的辅助生产区，下脚必须由输送装置送进车间。

（4）器材库。包括包装器材库、机械维修器材库、废品仓库。在配置时应视工厂规模和实际需要，单独设立或合并在其他建筑物内，前提是便于管理、使用和发放。

（5）行政和生活设施。行政和生活用房的配置，按方便工作和生活的原则进行。工厂的出入口，视实际情况而定，一般大型厂可分别设行政出入口和货运出入口，中小型厂为了便于管理，可只设一个总体出入口。地中衡可配置在货运出入口或总出入口处。

消防车库和汽车库应配置在主要交通通道附近，以便出车方便迅速。

四、布置厂区内交通路线

布置厂区内交通路线时，应考虑生产和生活的需要，合理地组织人流、货流的运输线路，务必使货运畅通，人行方便。厂区内道路占有的面积一般为厂区面积的 10%～12%。布置形式大都采用环形道路。

道路宽度的设计：主干道为 8～10m，双行车道为 6～8m，单行车道为 3～3.5m，人行道路为 1.5m。道路交叉口及弯道应设计成圆角，其弯曲半径视车辆的种类和长度而定。为保证厂区内安全行车，应有足够的会车视距。

在汽车卸粮接收装置附近，应留有足够的场地，便于车辆调头转弯。厂区内还应设停车场。

对于大型粮食加工厂，当粮食周转年运输量大于 5 万 t 时，可以考虑敷设铁路专用线。铁路专用线可根据年货运量，按铁道部门的有关规定进行设计。在厂区内敷设铁路支线的数目和长度，应根据每次接收来粮的火车车厢数和火车运粮的周转率进行设计。图 2-4 为两种尽端式铁路支线布置形式，其中图（a）有两条铁路支线，线路Ⅰ供装运成品用，线路Ⅱ供接收原粮用。如果运输原粮采用漏斗式散粮专用车，可在轨道下设散粮接收地坑。这里线路Ⅱ的长度为 150m，一次可接收 10 个车厢。图（b）有三条铁路支线，线路Ⅰ供装运成品用，线路Ⅱ和Ⅲ供接收原粮用。这里设有专用卸粮装置，可接收敞车和棚车散装粮。停车线长 300m，一次可接纳 20 个车厢，两条铁路线足够容纳一列火车的车厢。一般两铁路线的中心距可设计为 5m，装卸货月台（线路Ⅰ与建筑物的）一般宽 5m（不小于 3m）。

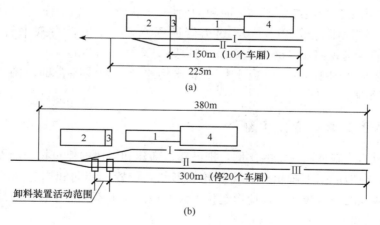

图 2-4　铁路专用线的布置
1. 主厂房；2. 原粮仓库；3. 仓库工作塔；4. 成品库

铁路线进入厂区的角度（指与厂区纵向轴线的夹角）对总平面布置会有很大的影响，一般应小于 60°。角度越小，对平面布置越有利。

五、布置厂区内工程管线

粮食工厂内的工程管线一般包括：

（1）给、排水管。即供给生产、生活和消防用水的自来水管线，排除雨水和污水的下水道；

（2）电线、电缆。即供给生产用的动力线，生产和生活用的照明线以及通讯电缆等。

（3）热力管道。即供给生产和生活用的蒸汽和热水管道。

（4）压缩空气和气力输送管道。

工程管线的布置原则如下：

（1）管线宜直线敷设，并与道路和建筑物的轴线相平行，主管线宜布置在靠近需用单位和支管线较多的一边。布置形式可根据工艺要求、管线特性及自然条件，采用直埋、沟埋、架空等形式。

（2）尽量减少管线之间及管线与铁路、道路之间的交叉。当必须交叉时，宜成直角交叉。下水道若与自来水管交叉时，水管应设置在下水道的上方。

（3）管线布置不宜布置在建筑物、构筑物等基础压力影响范围内，同时应尽量避开填土较深和土质不良地段以及露天堆场和今后拟扩建的建、构筑物用地。

（4）敷设热力管道，当地下水位高时，可改用架空式。架空管线尽可能采用共架或共杆布置。架空管线跨越铁路和道路时，应离地面有足够的高度，以免影响交通。

（5）地下管线一般不宜重叠敷设。在有特殊困难时，只考虑布置短距离的重叠敷设。

在进行总平面设计时，为了使全厂各种管线的敷设能达到最大程度的协调、经济和合理，需要进行工程管线综合。工程管线的综合工作，一般由设计管线最多的部门负责，并应绘制出工程管线综合图（平面和剖面图）。粮食工厂总平面设计中进行工程管线综合时，一般地下电缆深 0.6m，热力管道深 0.8～1.2m，自来水管和下水道深 1.5m，架空管线与铁路交叉时高 5.6m，与道路交叉时高 4.2m。

管线综合平面图用 1∶500 或 1∶1000 比例绘制，管线综合剖面图用 1∶200 或 1∶100 比例绘制。

六、绘制总平面图的方法步骤

总平面图的绘制是用一定的比例，把已建、新建和拟建的建筑物与周围环境按照总体规划布局，在地形图上画出建筑物外轮廓形状、位置、朝向和周围地形、地物的关系。对拟建地段的地势较平坦、地形起伏不大的地区，可不考虑建筑物与地形的关系。

总平面图绘制步骤：

（1）确定绘图比例。一般选用 1∶500、1∶1000 或 1∶2000 的比例。

（2）在标有坐标的图上确定各建筑物、道路的位置、方位。

（3）绘制厂区道路、建筑物外轮廓线。

（4）绘制拟建建筑物、绿化、风玫瑰图和指北针。

（5）检查无误后擦去余线，加深建筑物轮廓线。

（6）标注尺寸（单位为米），标明建筑物名称或编号、文字说明。

在绘制总平面图时，应按照国家相关标准中规定的图例进行绘制，见表 2-1。

表 2-1　总平面图图例

图　例	名　称	图　例	名　称
	新设计的建筑物 右上角以点数表示层数		围　墙 表示砖石、混凝土 及金属材料围墙
	原有的建筑物		围墙表示 镀锌铁丝网、 篱笆等围墙
	计划扩建的建筑物或预留地	154.20	室内地坪标高
	拆除的建筑物	▼ 143.00	室外整平标高
	地下建筑物或构筑物		原有的道路
	散 状 材 料 露 天 堆 场		计划的道路
	其他材料露天堆场 或露天作业场		公路桥　铁路桥
	露天桥式吊车		护坡
	龙门吊车	北	风向频率玫瑰图
	烟囱	北	指北针

注：（1）指北针：细实线单圆圈直径一般以 24mm 为宜，指针尾部宽度为直径的 1/8。
　　（2）风向频率玫瑰图是根据当地多年平均统计的各个方向吹风次数的百分数按一定比例绘制的。风吹方向是指从外面吹向中心。实线——表示全年风向频率；虚线——表示夏季风向频率，按 6，7，8 三个月统计。

七、总平面布置示例

1. 小型粮食加工厂的总平面布置

图 2-5 所示是小型粮食加工厂的总平面布置方案图，该方案将厂区分为三部分：厂区中心主干道北侧为主车间、原粮库、成品仓、动力车间等主要建筑物，沿交通线直线布置，构成生产区；主干道南侧由材料保管室、办公室、生活用房、厕所等构成行政区和生活区；综合利用车间、下脚车间、机修车间等辅助车间布置在生产区北侧，由生产区将其与行政区和生活区隔开。这种布置保证了生产流程合理、紧凑，也方便了生产管理和职工生活，绿化亦比较完善，较为突出地表现出小型粮食加工厂整齐、紧凑、美观的特点。

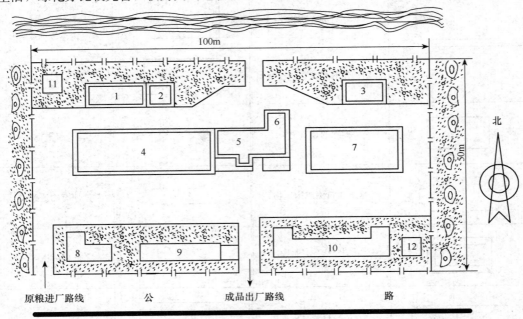

图 2-5　小型粮食加工厂的总平面布置方案

1. 综合利用车间；2. 下脚车间；3. 机修车间；4. 原粮仓；5. 主厂房；6. 动力车间；
7. 成品仓；8. 材料保管室；9. 办公室；10. 生活用房；11、12. 厕所

2. 中型粮食加工厂的总平面布置

图 2-6 所示为中型粮食加工厂较为典型的三种总平面布置方案，根据中型厂运输量较大的特点，有条件的设置了铁路专用线〔见图 2-6（a）、图 2-6（b）〕，原粮与成品的进出可通过铁路或公路运输。图 2-6（a）方案中车间、原粮仓、成品库成一字形排列，建筑物排列紧凑，并考虑了综合利用，建筑系数和场地利用系数均较高。图 2-6（a）和图 2-6（b）考虑了扩建的位置，图 2-6（a）、图 2-6（c）布置了晒场。

3. 大型粮食加工厂的总平面布置

图 2-7 所示为大型制粉厂的总平面布置图。本设计中生产区和生活区完全分开，生产区内各建筑物紧凑布置，有利于生产管理；生活区内留有较多的空地，以便较好的绿化布置，进入生活区内有一种放松、愉悦的感觉，较好地体现了设计的人性化。

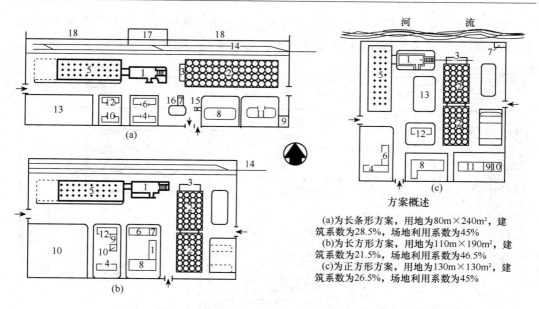

图 2-6　中型粮食加工厂的总平面布置方案

1. 加工车间；2. 原料库；3. 工作塔；4. 修配车间；5. 成品库；6. 器材库；7. 变电所；
8. 办公室及宿舍；9. 锅炉房；10. 水泵房；11. 食堂（俱乐部）；12. 下脚间；13. 停车场及晒场；
14. 铁路专用线；15. 地中衡；16. 汽车收粮站；17. 大壳房；18. 综合利用区

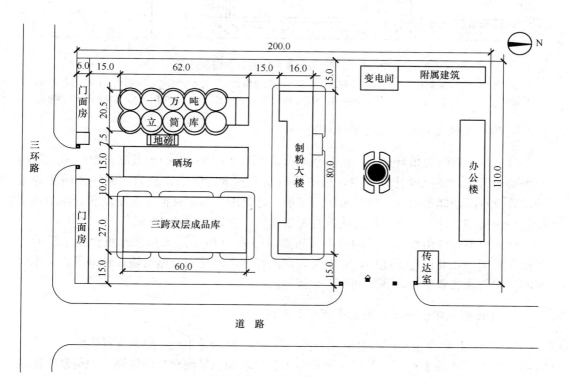

图 2-7　大型制粉厂的总平面布置

图 2-8 所示是一日产 200t 碾米厂的总平面布置图。该设计基本上符合总平面设计的要求，但生活区未完全与生产区分开，人流与货流也未能分开，未考虑综合利用区。

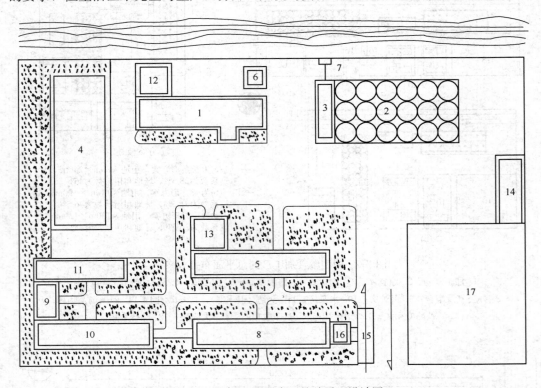

图 2-8　日产 200t 碾米厂的总平面设计图

1. 生产车间；2. 立筒库；3. 工作塔；4. 成品库；5. 机修间及材料库；6. 变配电间；7. 港码头；8. 办公大楼；9. 锅炉房；10. 食堂；11. 浴室；12. 统糠间；13. 下脚库；14. 汽车库；15. 地码头；16. 门卫室；17. 停车场

4. 综合型粮食加工厂的总平面布置

（1）中小型综合粮食加工厂的总平面布置。图 2-9 所示是中小型综合粮食加工厂的总平面布置图。在此设计方案中，集中了制粉、碾米、榨油、酿酒、饲料和面条等车间，并设有国家储备粮库、饲料销售门市部，这是中小城市粮油工业企业和仓库结合建设的一种典型设计。整个厂区内建筑物配置紧凑，建筑系数达 32.9%。

（2）大型综合粮食加工厂的总平面布置。图 2-10 所示是大型综合粮食加工厂的总平面布置图。在此设计方案中，原料与副产品可利用铁路或公路运输；预留了食品生产车间；建筑物布置紧凑，场地利用系数较高。

5. 其他型式粮食加工厂的总平面布置示例

（1）10t/h 配合饲料厂的总平面布置。图 2-11 所示是 10t/h 配合饲料厂的总平面布置图。这个设计的生产区的配置完全符合工艺要求和总平面设计的原则，但行政生活区分为前后两部分，不能实现人流和货流的完全分开。如果因厂区地形限制，设计中根据先生产后生活的安排原则，在人流货流不大的情况下，这种设计还是可取的。

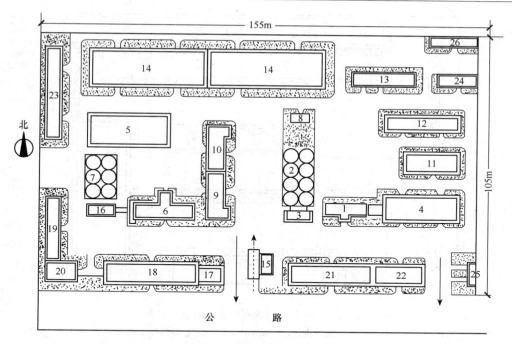

图 2-9 中小型综合粮食加工厂的总平面布置图

1. 米间；2、7. 立筒库；3、8. 工作塔；4. 成品库；5. 晒场；6. 粉间；9. 成品库；10. 挂面间；11. 油车间；
12. 酒车间；13. 机修间；14. 储备库；15. 地中衡；16. 变配电间；17. 门卫；18. 办公楼；19. 食堂；
20. 浴室；21、22. 门市部；23. 职工宿舍；24. 饲料车间；25. 厕所；26. 养猪场

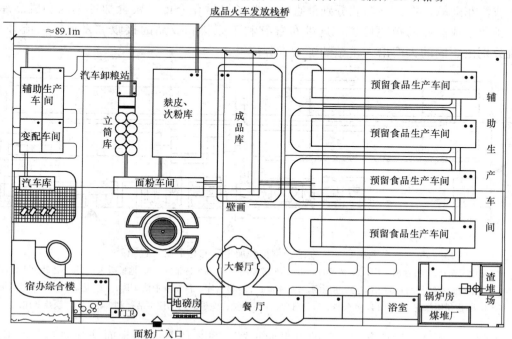

图 2-10 大型综合粮食加工厂的总平面布置图

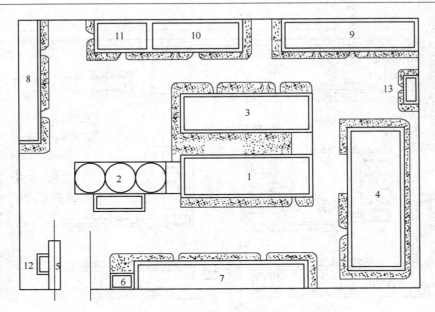

图 2-11　10t/h 配合饲料厂的总平面布置图

1. 主厂房；2. 主原料立筒库；3. 副原料仓；4. 成品库；5. 汽车运料接收站；6. 门卫室；7. 办公楼；
8. 机修车间与材料间；9. 职工宿舍；10. 食堂；11. 浴室；12. 地中衡；13. 厕所

（2）厂仓结合型粮食加工厂的总平面布置。图 2-12 所示是厂仓结合型粮食加工厂的总平面布置图。设计中根据仓库的要求敷设了铁路专用线，原料和成品可以用火车或汽车运输，在铁路两侧分别呈直线布置了机械化仓库、粮食加工车间和成品库，还预留了成品库的扩建位置，这种布置有利于原料和成品的接收和发放。人流和货流分别由不同的大门出入，做到了人货分流。

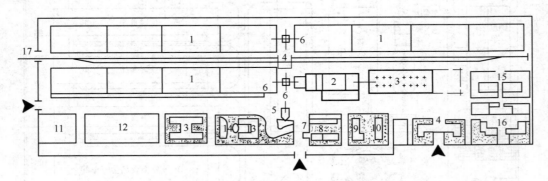

图 2-12　厂仓结合型粮食加工厂的总平面布置图

1. 机械化房仓；2. 粮食加工厂；3. 成品库；4. 火车进粮间；5. 汽车进粮间；6. 地槽或天桥；7. 地磅及工作间；
8. 门卫、检验室制袋间；9. 锅炉房、浴室水泵及水池；10. 材料库、汽车及消防车库；11. 运动场地；12. 晒场；
13. 综合利用修理车间；14. 办公楼；15. 宿舍；16. 食堂、俱乐部及其他生活福利设施；17. 铁路专用线

（3）米面结合型粮食加工厂的总平面布置。图 2-13 所示是米面结合型粮食加工厂的总平面布置图。设计中将制粉和制米分为两个独立的生产区域，配电室设在两个生产

区的中间位置，兼顾了两个生产区域内的主车间的用电。制粉部分预留了足够的成品库和原粮库扩建位置，并考虑了综合利用。

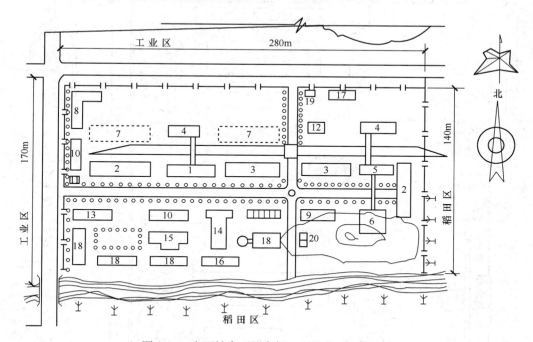

图 2-13　米面结合型粮食加工厂的总平面设计图

1. 粉车间；2. 原粮库；3. 成品库；4. 副产品库；5. 米车间；6. 稻谷堆；7. 预建库；8. 综合利用车间；
9. 下脚间；10. 材料库；11. 修配间；12. 配电室；13. 办公室；14. 会议室；
15. 食堂；16. 宿舍；17. 汽车库；18. 锅炉房；19. 门卫室；20. 厕所

 项目小结

（1）选择厂址的要求。

（2）厂址技术勘查及其主要内容。

（3）厂址评价方法及厂址选择报告主要内容。

（4）粮食加工厂总平面设计原则。

（5）配置主要和辅助建筑物。

（6）布置厂区内交通路线。

（7）布置厂区内工程管线。

（8）绘制总平面图的方法步骤。

 技能训练

图 2-14 所示是一大型制粉厂的总平面布置图，试分析其设计特点。

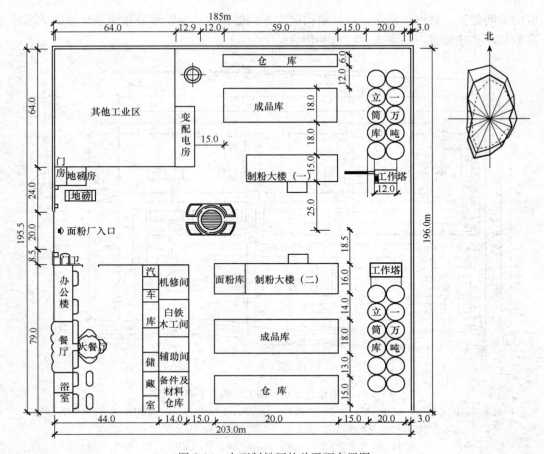

图 2-14　大型制粉厂的总平面布置图

 复习与练习

（1）简述粮食加工厂厂址选择的技术要求。

（2）厂址技术勘查的主要内容有哪些？

（3）怎样进行粮食加工厂厂址评价？

（4）总平面设计时，对各种建、构筑物和设施的布置，应满足哪些方面的要求？

（5）粮食加工厂主要建筑物指哪些？布置形式有几种？各有何特点？

（6）粮食加工厂厂区内的交通路线应如何布置？

（7）粮食加工厂内工程管线有哪些？

项目三　确定粮食加工厂厂房与仓库的建筑规格

☞ 学习目标

● 知识目标：

1. 了解关于建筑模数的基本知识，了解建筑物的各组成部分及其作用；
2. 掌握粮食加工厂生产车间的配置原则和方法；
3. 熟悉粮食加工厂生产车间建筑尺寸的确定方法；
4. 熟悉原料库和成品库的配置方法；
5. 掌握粮食加工厂工艺设计图纸的绘制方法。

● 能力目标：

1. 能确定粮食加工厂生产车间的建筑形式和建筑规格；
2. 能为粮食加工厂配置原料库、成品库和副产品库；
3. 会绘制粮食加工厂工艺设计图纸。

☞ 职业岗位

通过学习可从事确定粮食加工厂生产车间的建筑形式和建筑规格及为粮食加工厂配置原料库、成品库和副产品库等工作。

☞ 学习任务

任务一　了解厂房建筑基础知识

粮食加工厂的厂房建筑主要是指生产厂房，它主要由基础和地基、墙和柱、楼板与地面、楼梯、门窗、屋顶等主要构件所组成。建筑需要消耗大量的人力、物力和财力，而建筑设计标准化、构配件生产工厂化、施工机械化，可以提高效率，保证施工质量，降低造价。

一、建筑模数标准

1. 建筑模数

建筑模数是指作为建筑空间、建筑构配件、建筑制品和有关设备尺度相互协调中的增值单位而选定的标准尺度单位。目的是为了使建筑制品、建筑构配件和组合件实现工业化大规模生产，使不同材料、不同形式和不同制造方法的建筑构配件具有较大的通用性和互换性，使不同的建筑物及各部分之间的尺寸协调统一，加快设计速度，提高施工质量和效率，降低建筑造价。国家制定了《建筑模数协调统一标准》(GB J2—1986)、《厂房建筑模数协调标准》(GB J6—1986)、《建筑楼梯模数协调标准》(GB J101—1986)，用以协调和约束机制的尺寸关系，作为设计、施工、构件制作、科研的尺寸依据。

2. 基本模数

基本模数是模数协调中选用的基本尺寸单位，其数值规定为 100mm，符号为 M，即 1M＝100mm。整个建筑物和建筑物的一部分以及建筑组合体的模数化尺寸，应是基本模数的倍数。基本模数可分为水平基本模数和竖向基本模数。水平基本模数应按 1M进级，其幅度为 1～20M；竖向基本模数应按 1M 进级，其幅度为 1～36M。

3. 导出模数

由于建筑中需要用模数协调的各部位尺寸相差较大，仅仅靠基本模数不能满足尺度的协调要求，因此在基本模数的基础上又发展了相互之间存在内在联系的导出模数。基本模数的导出模数可分为扩大模数和分模数。

(1) 扩大模数。扩大模数是基本模数的整数倍数。扩大模数可分为水平扩大模数和竖向扩大模数；水平扩大模数可按 3M、6M、12M、15M、30M 和 60M 进行扩大，其相应尺寸数值为 300mm、600mm、1200mm、1500mm、3000mm、6000mm；竖向扩大模数可按 3M 与 6M 进行扩大，其值为 300mm、600mm。

(2) 分模数。分模数是整数除基本模数的数值。主要是为了满足细小尺寸的需要，可按 1M/10、1M/5、1M/2 取用，其对应尺寸为 10mm、20mm、50mm。

4. 模数数列的适用范围

模数数列是以基本模数、扩大模数和分模数为基础扩展成的尺寸系列。它们的适用范围主要是：水平基本模数 1～20M 的数列，主要用于门窗洞口和构配件截面尺寸等处；竖向基本模数 1～36M 的数列，主要用于建筑的层高、门窗洞口、构配件截面尺寸等处；水平扩大模数的数列，主要用于建筑物的开间或柱距、进深或跨度、构配件尺寸和门窗洞口尺寸等处；竖向扩大模数数列的幅度不受限制，主要用于建筑物的高度、层高和门窗洞口尺寸等处；分模数的数列，主要用于缝隙、构造节点、构配件截面等处。

二、建筑物的组成及作用

1. 地基及基础

在建筑工程中，建筑物与土层直接接触的部分称为基础。位于基础下面，支承建筑物重量的全部土层叫地基。

基础是建筑物的组成部分，它承受着建筑物的全部荷载，并将其传给地基，而地基则不是建筑物的组成部分，它只是承受建筑物荷载的土壤层。

（1）地基。按土层性质不同，分为天然地基和人工地基两大类。

凡天然土层具有足够的承载能力，不须经人工改良或加固，可直接在上面建造房屋的称天然地基。作为厂房的天然地基，其允许承载力应不小于 150～200kPa。

当建筑物上部的荷载较大或地基土层的承载能力较弱，缺乏足够的稳定性，须预先对土壤进行人工加固后才能在上面建造房屋的称人工地基。人工加固地基通常采用压实法、换土法、化学加固法和打桩法等。

（2）基础。按构造形式，可分为条形基础、独立式基础、井格式基础、片筏式基础、箱形基础等。

① 条形基础。当建筑物上部结构采用墙承重时，基础多采用与墙形式相同的长条形，这种基础称为条形基础。

② 独立式基础。当建筑物上部结构为梁、柱构成的框架、排架或其他类似结构时，基础常采用方形或矩形的独立式基础，也称柱式基础。

③ 井格式基础。当地基条件较差，为了提高建筑物的整体性，防止柱子之间产生不均匀沉降，常将柱下基础沿纵横两个方向扩展连接起来，做成十字交叉的井格基础。

④ 片筏式基础。当建筑物上部荷载大，而地基又较弱，这时采用简单的条形基础或井格基础已不能适应地基变形的需要，通常将墙或柱下基础连成一片，使建筑物的荷载承受在一块整板上成为片筏基础。制粉和碾米车间的润麦仓、净谷仓当地基耐力较小时，常采用此类基础形式。

⑤ 箱形基础。箱形基础是由钢筋混凝土底板、顶板和若干纵、横隔墙组成的整体结构，基础的中空部分可用作地下室（单层或多层的）或地下停车库。箱形基础整体空间刚度大，整体性强，能抵抗地基的不均匀沉降，较适用于高层建筑或在软弱地基上建造的重型建筑物。

基础按使用材料的不同可分为砖基础、毛石基础、混凝土基础和钢筋混凝土基础。

为确保建筑物的坚固安全，基础要埋入土层中一定的深度。从室外设计地面至基础底面的垂直距离称为基础的埋置深度。建筑物荷载大小、地基土层分布、地下水位高低及相邻建筑的关系都影响着基础埋深。基础的埋深不能小于 0.5m，若地基土有冻胀现象，基础应埋置在冰冻线以下大约 200mm 的地方。

2. 柱

柱是房屋的竖向承重构件。它承受屋顶、楼板层传递来的荷载，并且再传递到基础。凡多跨或框架结构房屋都要设置柱。

（1）柱的种类。柱有砖砌柱、钢筋混凝土柱等。

砖砌柱的截面多为矩形和方形。承重独立砖柱的最小截面为 240mm×370mm，常用 370mm×370mm。因砖柱截面较大，抗弯能力较小，粮食加工厂很少采用。

钢筋混凝土柱的承载能力大，在荷载相同的情况下，柱截面可比砖柱小，占地小，有利于设备布置，粮食加工厂应用较多。截面尺寸一般是顶上两层 300mm×300mm，以下每层按 50mm 递增。

（2）柱与外墙的相对位置。柱与外墙的相对位置有三种情况，它们各有利弊。

① 外墙内面与柱外缘重合。这是厂房结构统一化规定的标准形式，屋面便于采用标准化构件，外墙砌筑简单，可设连续的玻璃窗。但柱多占车间建筑面积，有碍使用。

② 外墙与柱外缘取齐。结构简单，连接牢靠，抗震较好，粮食加工厂多采用这种形式。

③ 外墙的一部分砌在柱的外侧。砌筑复杂，但与柱连接较牢，较少用。

3. 梁

（1）主、次梁。梁是纵横水平方向的承重构件，横向的称为主梁，纵向的称为次梁。

主梁的经济跨度为 5～9m。梁的截面大多为矩形，其截面尺寸可按下述比例估算：

梁高：主梁高为其跨度的 1/12～1/8，次梁高为其跨度的 1/18～1/12。

梁宽：梁宽为梁高的 1/3～1/2，主梁宽一般采用 0.2～0.3m，次梁宽可略小一些。

（2）圈梁。圈梁是沿厂房外墙四周或部分内墙设置的处于同一水平面内的连续封闭梁。设置圈梁可以提高建筑物的空间刚度和楼层平面的整体性，增加墙体的稳定性，减少由于地基不均匀沉降而引起的墙体开裂，并防止较大荷载对建筑物的不良影响。

圈梁的位置和数量与建筑物的用途、高度、层数、地基状况和地震有关。粮食工厂因楼层较高，且生产时机器振动较大，所以每层楼都应设置圈梁。圈梁通常设在层檐、楼板层下和基础顶面（设在地面标高以下的称为地圈梁）等处。现浇钢筋混凝土楼板，外墙圈梁的顶面一般与楼面平齐。

一般采用现浇钢筋混凝土圈梁。圈梁的宽度与墙厚相同或不小于墙厚的 2/3，圈梁的高度一般为 240mm。

（3）门窗过梁。门窗过梁是门窗等洞口上设置的横梁，承受洞口上部墙体与其他构件传来的荷载，并将荷载传至窗间墙。常用的门窗过梁有砖砌平拱、钢筋砖过梁和钢筋混凝土过梁，可根据荷载大小、洞口宽度及门窗洞的形式选用。

4. 墙

（1）墙的分类。

按位置可分为外墙和内墙；

按受力情况可分为承重墙和非承重墙；

按墙体的材料不同，有砖墙、钢筋混凝土板墙及轻质隔墙等。

（2）墙的作用。

① 承重作用：承载屋顶、楼板等传来的垂直荷载及抵抗风力和地震力。

② 防护作用：防止风、雨、雪、霜的侵袭，同时又起保温、隔热、防火作用，保证房间内具有良好的生产、生活环境和工作条件。

③ 分隔作用：按使用要求，将建筑物分隔成大小不同的车间，或者分隔成不同需要的房间。

（3）墙体厚度和砖墙砌法。

① 墙体厚度。我国南方地区，墙体的厚度主要根据承重荷载的大小和性质、层高及横墙间距、门窗洞口的大小及数量来设计墙的厚度；我国北方地区除按上述依据确定墙厚外，主要还根据保温的要求确定墙厚。

砖墙的厚度一般以砖长表示。常用黏土砖的规格为：长×宽×厚＝240mm×115mm×53mm。一砖以上的砖墙，在两砖块间都应加灰缝10mm。目前使用的实砌砖墙尺寸及习惯叫法如下：半砖墙（墙厚115mm）通称12墙；3/4砖墙（墙厚178mm）通称18墙；一砖墙（墙厚240mm）通称24墙；一砖半墙（墙厚365mm）通称37墙；两砖墙（墙厚490mm）通称49墙等。

粮食加工厂厂房每层都比较高，同时又有机械振动，墙厚可按以下标准选用：混合结构365mm；框架结构240mm；非承重墙240mm；隔墙120mm。

② 砖墙的砌法。砖墙的砌法是指砖块在砌体中排列的方式。为了保证砖墙坚固，砖块排列的方式应以内外搭接、上下错缝为原则。错缝长度一般不应小于60mm，砌筑时不应使墙体出现连续的垂直通道，否则将显著影响墙的强度和稳定性，以致砌体开裂而遭破坏。砖墙的砌筑方式如图3-1所示。

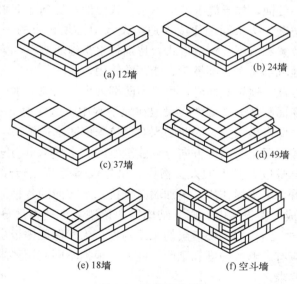

(a) 12墙　　　(b) 24墙

(c) 37墙　　　(d) 49墙

(e) 18墙　　　(f) 空斗墙

图 3-1　砖墙的砌法

（4）隔墙。隔墙是建筑物内部把空间分成若干个单间的构件。与内承重墙不同的是，隔墙一般不承受外来荷载，多数采用轻质材料制作，要求具有很好的隔音性能。不承重的隔墙是可以拆除的，以满足改变房间使用的要求。隔墙一般采用砖和砌块砌筑，也可采用骨架、玻璃、装配等形式的隔墙。

（5）防护墙。防护墙是为确保安全而设置的，主要是指防火墙和防爆墙。防火墙应采用砖、石或混凝土等构筑，也可采用先进的防火材料构筑。防爆墙不应作为承重墙，不能在其上开设孔洞，如果工艺上必须开设孔洞，必须采用防爆材料设置，抗爆能力不得低于防爆墙。防爆墙可采用砖砌填充式，墙厚一般不小于240mm。

5. 地面及楼板

(1) 地面。

① 地面的组成。地面是指建筑物内部的地坪，分为三大部分：面层、垫层和基层。

面层是人们日常生活、工作、生产直接接触的地方，它直接承受外界对地面的作用；

垫层是处于面层下的结构层，一般起找平和传递荷载的作用；

基层是地面的最下层，它应具有一定的耐压力，一般是经过处理的地基土，常采用的是素土夯实。

② 地面面层的构造。厂房地面按面层材料分，有水泥砂浆、细石混凝土、水磨石、沥青混凝土、三合土等地面；按面层的结构分，有整体地面和块料地面两类。

粮食加工厂的地面应满足坚固耐磨、表面平整光滑、易清扫、不起灰、防潮的要求。铺设地面时可根据粮食加工厂对地面的要求及土建投资等情况选用地面面层。

③ 地坑的防水。为满足工艺的要求，在粮食加工厂车间的底层，有时必须将一些斗式提升机置于室内地面的地坑内。由于地坑周围的墙身和底板都埋在土层中，会受到地下潮气和地下水的侵蚀，如果施工处理不当，致使地坑受到地下水的渗透，则会带来很多后患。因此，防潮、防水问题便成为地坑设计中必须解决的一个重要问题。设计时，应根据地坑的位置和深度、构造形式，特别是水文地质资料，确定经济合理的防潮和防水方案，确保地坑不受潮、不渗漏、能正常使用。

当最高地下水位低于地坑底面时，可只做防潮处理。当地下水位常年在地坑底面标高以上时，地坑的底面和部分立墙就会浸泡在地下水中，这样地下水不仅会侵入地坑，还会对地坑底面和立墙产生压力，因此必须对地坑采取防水措施。

(2) 楼板层。楼板层是沿高度方向分隔建筑空间的水平承重与间隔构件。楼板支撑在墙或柱上，它把自身以及其上的人、物件和机器设备等荷载传递给梁、墙、柱及基础，而且对墙身起着水平支撑作用，增加墙身抵抗水平方向的各种荷载。

① 楼板层的组成。楼板层由面层、结构层和顶棚三个基本部分组成。面层的做法与底层地面面层相同。结构层为楼板层的承重构件，为了保证楼板层的结构安全和正常使用，楼板层结构应有足够的强度和刚度。此外，根据不同使用要求，楼板层要考虑隔声、防水、防火等要求。

② 楼板层的类型。楼板层的类型，按其材料的不同分木楼板、钢筋混凝土楼板、钢楼板等。现在粮食加工厂大多采用钢筋混凝土楼板，它虽然自重大，造价较高，但它的强度好，既耐久又防火，便于工业化生产，而且在楼板结构上铺设适当面层后，具有防腐、耐磨、易清洁和不起灰等优点，所以这种类型是目前应有最广泛的结构类型。

钢筋混凝土楼板按其施工方法不同，可分为现浇式、装配式和整体装配式三种。

现浇钢筋混凝土楼板层是在现场支模、扎筋、浇灌混凝土，经养护、拆模而成。它具有坚固、耐久、抗震性和整体性好，能适应各种形式的建筑平面、便于预留洞孔和设置预埋件等优点。现浇混凝土楼板按其结构布置方式，可分为梁板式楼板层和无梁楼板层两种类型。

梁板式楼板层按房间尺寸的不同，可由板、次梁、主梁和柱组成，如图 3-2 所示。

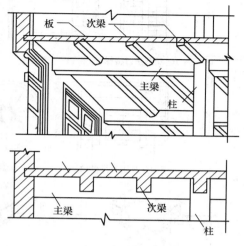

图 3-2　梁板式楼板层

粮食加工厂由于楼面荷载较大，均采用梁板式结构，即在板下设梁，板支承在梁上，以减小板的跨度。当厂房跨度不大时可采用单跨简支，将楼板搁在梁上，梁的两端直接支承在墙或柱子上；当厂房跨度较大，梁的截面也将增大，这对钢筋混凝土梁的受力情况、用料和工艺设备的安装均为不利，因而一般都中间加柱子，以减小梁的跨度。厂房中间加一个柱子叫双跨结构，加二个或多个柱子时，则叫三跨或多跨。

6. 楼梯

楼梯是楼层之间及与操作平台间的垂直交通设施。楼梯必须有足够的宽度，畅通能力要符合耐火、耐磨、防滑等要求，并能保证安全疏散。

（1）楼梯的种类和形式。楼梯按结构材料的不同，有钢筋混凝土楼梯、木楼梯、钢梯等。钢筋混凝土楼梯坚固、耐久、防火，在粮食加工厂建筑中应用比较普遍。

楼梯按形式可分为单跑式、双跑平行式、三跑式和折角式等。单跑式一般适用于层高较小的楼层和操作平台；双跑平行式是较常用的楼梯形式，它的两段楼梯原则上应采用等长，特殊时也可不等；三跑式适用于楼层较高的厂房，且可利用梯段间的空间（梯井）作吊物洞，在大中型粮食加工厂利用较普遍；折角式楼梯可用于车间内的墙角空间布置，而不必单独设置楼梯间，一般工厂常作为次要楼梯。楼梯的平面形式如图 3-3 所示。

（2）楼梯的组成与尺度。楼梯由梯段、平台（休息板）和栏杆扶手三部分组成，如图 3-4 所示。

① 楼梯段。楼梯段简称梯段，它是楼梯的基本组成部分。楼梯段的宽度取决于通行人数和消防要求。一般单人上下和满足消防要求，其最小宽度为 850mm；供 2 人同时上下时，应满足 1100mm；供 3 人同时上下时，应取 1600mm。在粮食加工厂建筑设

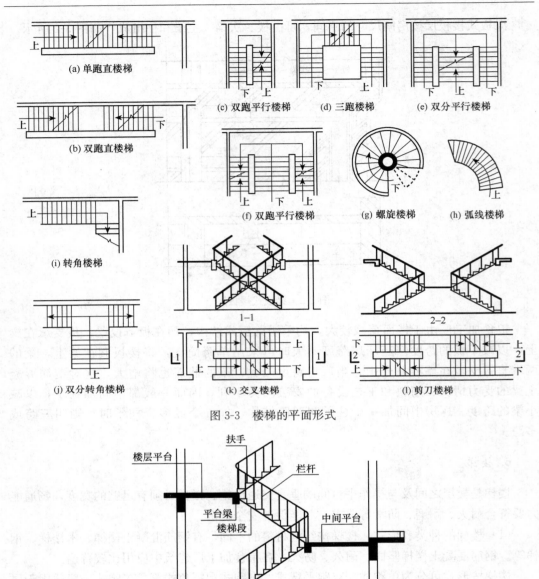

图 3-3　楼梯的平面形式

图 3-4　楼梯的组成

计中，由于楼梯间的尺寸受模数限制，因而楼梯段的宽度会有些上下浮动。楼梯段之间的净高，应不小于 2.2m，以满足通行及搬运物品的需要。

②　梯井。两个梯段之间的空隙叫梯井。梯井的宽度应不小于 100mm。

③　踏步。踏步是人们上下行走脚踏的地方。踏步的水平面叫踏面，垂直面叫踢面。踏步的尺寸应根据人体的尺度来决定，以行走舒适为宜。踏面（踏步）宽常用 b 表示，踏面（踏步）高度常用 h 表示，b 和 h 应符合：$b+2h=600\sim620mm$。依《建筑楼梯模数协调标准》（GB J101—1987）的规定，踏步高不宜小于 140mm，也不宜大于 210mm，

一般取 170mm 左右；踏步宽常取 260～280mm。

④ 楼梯栏杆和扶手。楼梯在靠近梯井处应加栏杆或栏板，顶部作扶手。扶手表面的宽度与楼梯坡度有关，其计算点应从跳步前沿起算。当楼梯的坡度为 15°～30° 时，取 900mm；当楼梯坡度为 30°～45° 时，取 850mm；水平的护身栏杆应不小于 900mm。

⑤ 休息平台（休息板）。为了减少人们上下楼感觉过分疲劳，建筑物层高在 3m 以上时，常分为两个梯段，中间应增设休息平台。休息平台的宽度必须大于或等于梯段的宽度。当楼梯的踏步数为单数时，休息平台的计算点应在梯段较长的一边。

（3）楼梯间尺寸的确定。在楼梯设计中，楼梯间的层高一般在工厂工艺设计中已先确定，即为已知条件，而且多为敞开式楼梯。楼梯的设计步骤是：

① 根据楼梯的性质和用途，确定楼梯的适宜坡度，并选择踏步高 h 和踏步宽 b。在粮食加工厂车间内，主要楼梯的坡度一般在 30° 左右，次要楼梯坡度可放宽至 45°。

② 根据通过的人数确定梯段宽 B_1 和梯井宽 B_2，梯井宽可进行调整。

③ 确定踏步数。确定方法是用楼层高 H 除以踏步高 h，得出踏步数 n（$n=H/h$），踏步数应取整数。在设计计算时，若踏步数 n 后带有小数，可将其差额（层高 H 与楼梯总高度间的差值）分摊到各个踏步上，或分摊给第一、二梯段的第一级和最后一级。

④ 确定每个梯段的踏步数。一般每个梯段的踏步数最少为 3 步，最多为 18 步，总数多于 18 步时应做成双跑或多跑。

⑤ 由已确定的踏步宽 b 计算确定楼梯的水平投影长 L_1。单跑时 $L_1=(n-1)b$；双跑时 $L_1=(n/2-1)b$。

⑥ 确定平台宽度 L_2（$L_2 \geqslant B_1$）。

⑦ 由梯井宽和梯段宽计算确定开间宽 B，单跑时 $B=B_1$；双跑时 $B=2B_1+B_2$。

经计算求得的楼梯间净宽 B 和楼梯的水平投影长并不一定是楼梯间的开间和进深尺寸。在确定楼梯间开间和进深尺寸时，还必须结合建筑模数适当调整梯段宽以及梯井和楼梯上、下行的休息平台宽度。《建筑楼梯模数协调标准》（GB J101—1987）中规定：楼梯间开间及进深的尺寸应符合水平扩大模数 3M 的整数倍数；楼梯梯段宽度应采用基本模数的整数倍数。

例： 已知某厂底层层高 $H=4500$mm，采用双跑平行式楼梯，试计算确定楼梯间各组成部分的尺寸。

解：

① 初步确定楼梯踏步宽 $b=280$mm，由 $b+2h=600～620$mm，即可求得踏步高 $h=160～170$mm。选定 $h=160$mm。

② 确定楼梯宽度。楼梯供二人通行，选定 $B_1=1100$mm，$B_2=100$mm。

③ 确定踏步数。$n=H/h=4500/160=28.125$ 级，取 $n=28$ 级。差额值 $=H-nh=4500-4480=20$mm，将 20mm 分摊给各个踏步，则踏步高实为 $h=161$mm。

④ 确定每个梯段的踏步数：$28/2=14$ 级。

⑤ 楼梯水平投影长 $L_1=(n/2-1)b=(28/2-1) \times 280=3640$（mm）。

⑥ 休息平台宽度：取 $L_2=1200$mm。

⑦ 开间宽：$B = 2B_1 + B_2 = 2 \times 1100 + 100 = 2300$（mm），计算结果不符合 3M 的整数倍数，调整 $B_2 = 200$mm，则有 $B = 2 \times 1100 + 200 = 2400$（mm）。楼梯净宽实为梯段宽减去 1/2 内墙厚。

⑧ 楼梯进深可依厂房跨度、楼梯水平投影长、休息平台宽度和第一梯段下的平台宽度（L_3）进行协调确定（L_3 可与 L_2 等值）。如设计厂房跨度为 7.5m，则 $L = L_1 + L_2 + L_3 = 7.5$m，即可求得敞开式楼梯第一梯段下的平台宽（$L_3$）。

7. 门窗

门和窗是建筑物的重要组成部分。门的主要作用是交通或疏散；窗的主要功能是采光、通风，兼起装饰作用。

（1）门。

① 门的种类。门的种类很多，按所用的材料分有木门、钢门、塑料门和铝合金门；按用途可分为普通门、车间门、防火门、安全门等；按门的开启方式可分为平开门、弹簧门、推拉门、折叠门和卷帘门等。

② 门的开启方式。平开门构造简单，开启灵活，安装维修及制作均较方便，在粮食加工厂使用较多，设计时外墙上的门应向外平开。弹簧门形式同平开门，其特点是用弹簧铰链代替普通铰链，开启后能自动关闭。推拉门开关时沿上下轨道左右滑行，开启时不占室内空间，但构造较复杂，开关不便。卷帘门采用铝合金制作，外形美观、强度比木门大，开启时呈卷帘形式，目前使用较多。

③ 门的组成。门主要由门框、门扇组成。门框由边框和上框构成，门框与砖墙相镶，门框是门扇的支撑杆，对门起支撑和固定作用。门扇安装在门框上，主要起关闭和分隔作用。

④ 门的尺度。粮食加工厂门的尺寸，应根据设备和运输工具以及结构条件来决定，一般常用尺寸如下：内墙门，主要供人员出入的门，其高宽尺寸一般为 2000mm×1000mm；外墙门，主要设备进出的大门，其高宽尺寸一般为 2400mm×1800mm；仓库大门，可根据运输机械的大小决定；供原料及成品出入的门，一般可做成 2200mm×1500mm。

（2）窗。

① 窗的种类及组成。窗的种类很多，依开启方式可分为平开窗、推拉窗、旋转窗、固定窗和百叶窗；依材料不同可分为木窗、钢窗、塑料窗、铝合金窗、塑钢窗等。窗不论材料如何，一般均由窗框与窗扇两部分组成。

② 窗口面积。根据不同的采光要求，通常利用窗的洞口面积与房间的地面面积的比值来确定窗的面积，这个比值称为采光系数，粮食加工厂生产车间的采光系数为1/3。由于窗洞口中有玻璃和框料两部分，各种截面的料型都有一定的遮光性，所以窗洞面积并不等于窗的采光面积，而且采光面积总是小于窗洞面积。窗洞面积乘以遮光系数后才是窗的采光面积，不同窗型的透光系数会有很大差距，一般为 50%～80%。

③ 窗洞尺寸和位置。估算出窗洞面积后，即可设计确定窗口的位置和尺寸。实践证明，面积相同而形式和位置不同的窗，采光效果差别很大，因窗的高低不同，光线的照射深度也不同。另外，因外墙上设有圈梁、过梁等也需要占有一定的高度，所以窗口上部离

顶应有 300～500mm 的距离，窗口下部的窗台距离楼地面（窗台净高）为 900～1000mm。有了窗口的大致高度，就可由窗的面积得到窗洞口的宽度，再根据模数进行综合考虑。砖混结构的建筑，一般取窗口宽度接近窗间墙宽。

8. 变形缝

建筑物由于受温度变化、地基不均匀沉降以及地震的影响，结构内将产生附加的变形和应力，如不采取措施或措施不当，会使建筑物产生裂缝，影响使用与安全。

（1）伸缩缝。在长度或宽度较大的建筑物中，为避免由于温度变化引起材料的热胀冷缩导致构件开裂，而沿建筑物的竖向将基础以上部分全部断开的垂直缝隙称为伸缩缝。

伸缩缝要求将建筑物的墙体、楼层、屋顶等地面以上构件全部断开，基础因受温度变化影响较小，不必断开。

伸缩缝的设置间距，即建筑物的允许连续长度与结构所用的材料、结构类型、施工方式、地理位置和环境有关。整体式钢筋混凝土结构为 50m；黏土砖砌体为 100m；石砌体为 80m。

伸缩缝的宽度一般为 20～30mm。

（2）沉降缝。为减少地基不均匀沉降对建筑物造成的危害，在建筑物某些部位设置从基础到屋面全部断开的垂直缝隙称为沉降缝。

凡属下列情况应考虑设置沉降缝：同一建筑物两相邻部分的高度相差很大，荷载相差悬殊或结构不同时；同一建筑物建造在不同地基上，难于保证均匀沉降时；建筑物形体较复杂，连接部位较薄弱。

沉降缝要求从基础到屋顶所有构件均须设缝分开，使沉降缝两侧建筑物成为独立的单元，各单元在竖向能自由沉降不受约束。

沉降缝的宽度与地基的性质和建筑物高度或荷载大小有关。沉降缝宽度的选择：

一般地基，当建筑物高度在 10m 以内时，缝宽为 50mm；当建筑物高度在 15m 时，缝宽为 70mm；

软弱地基，当建筑物 4～5 层时，缝宽 80～120mm；当建筑物在 6 层以上时，缝宽应大于 120mm。

沉降缝可与伸缩缝合并设置，兼起两种作用。当建筑物既要做伸缩缝，又做沉降缝时，只做沉降缝。但伸缩缝不能代替沉降缝

9. 屋顶

屋顶是覆盖在房屋顶部的围护和承重构件，由屋面层和结构层两部分组成。屋面层起着抵御自然界风、雪、雨的侵袭以及隔热保温作用；结构层则承受屋顶上部的各种荷载，如风载、雪载及屋顶自重，并把这些荷载传递给墙或柱。因此，屋顶应满足防水性能好、排水畅通、不渗漏、坚固耐久的需要，并且具有所需要的保温隔热能力，同时又要求其自重轻、便于施工并且应考虑建筑造型美观等要求。

（1）屋顶的类型。屋顶按材料和结构的不同有各种类型，粮食加工厂的屋顶多采用

坡屋顶和平屋顶两种形式。

坡屋顶由屋面、支撑结构和顶棚三个主要部分组成。坡屋顶屋面坡度大，大多采用瓦材防水，排水容易，经久耐用，缺点是重量大，不便于机械化施工。

平屋顶主要由承重层、隔热保温层、防水层三个基本层次组成。平屋顶的承重层与钢筋混凝土楼板层基本相同。粮食加工厂的厂房跨度较大，而且屋面常留有风帽孔，故大多数采用现浇梁板式钢筋混凝土结构，屋面板厚为70～80mm。平屋顶的屋面坡度很小，排水缓慢，防水问题必须小心慎重，要求有较好的防水材料和施工质量，否则容易渗漏，维修也较麻烦。平屋顶的防水材料有油毡和现浇混凝土等。

选择何种屋顶形式，应综合考虑屋面防水材料、屋顶承重结构、施工、经济以及建筑上的美观要求等因素。坡屋顶的坡度较大，有利于排水，防水问题比平屋顶好解决；平屋顶较之坡屋顶节约材料，节约建筑面积，而且屋顶平面可供利用，若建筑物的平面形状较复杂，则做平屋顶就比较简单。粮食加工厂中的房式仓多采用双坡屋顶，生产车间多采用平屋顶。

（2）屋面坡度。为保证顺利排除屋顶积水，各类屋顶均应具有一定的排水坡度。

屋面坡度可用坡度比值和百分比表示。坡度比值是指屋顶高度（H）与 1/2 跨度（L）的比值，如 $H：L＝1：3$。而百分比是表示屋顶高度与坡面水平投影长度的百分比。

平屋顶的坡度一般为 2％～5％；坡度比值为 1：50～1：20。因平屋顶的坡度很小，常用百分比表示。

坡屋顶的坡度一般大于 10％。坡屋顶的形式有单坡、双坡和四坡等。

任务二　配置粮食加工厂生产车间

配置生产车间是粮食加工厂工艺设计的重要组成部分，它不仅对建成投产后的车间生产运行有很大关系，而且将影响到整个工厂生产管理。车间布置一经施工就不易更改，所以，在设计过程中必须全面慎重考虑。

配置生产车间的任务是：根据生产工艺等要求，确定出生产车间的布置形式，以把车间的全部设备（包括操作平台等），在一定的建筑面积内作出合理安排。

一、配置生产车间的原则

进行车间配置时，应根据下列原则进行：

（1）根据生产规模、加工产品等级、工艺流程图等综合考虑。

（2）各工序的配置应有利于操作和管理。

（3）配置紧凑，所用的车间面积要小。

（4）保证有良好的采光和通风。

（5）对噪声大，灰尘大的设备尽可能单独配置房间。

（6）尽可能使厂房的长度比不要超过 3：1，比值越小获得的厂房面积越大。

（7）车间厂房超过 30m 时，应设置主、次楼梯。

二、配置面粉厂生产车间

1. 面粉厂车间的组成

在建筑形式上，面粉厂的主车间一般为多层建筑。其生产部分有清理车间、制粉车间、配粉车间；辅助部分一般有拉丝间、打包间、中心控制室、筛格存放间等；仓库部分有毛麦仓、润麦仓和成品库；此外，还有楼梯间、更衣室等少量服务性房间。

根据制粉工艺的特点，清理车间、制粉车间、配粉车间三大部分的配置通常是制粉车间在中部，清理和配粉车间在两侧。清理间和制粉间的生产性质不同，清理部分往往有灰尘散发，而制粉部分则要求有比较清洁、卫生的环境，因而这两部分应该分隔；同样制粉部分与拉丝、控制室等部分的工作状况和卫生要求也不同，也应有分隔。

仓库的布置是面粉厂主车间设计的一个重要问题。毛麦仓的位置应靠近原粮的来向，布置在清理间的一端。成品仓的位置应靠近面粉打包部分。容量不大的润麦仓，当地基土质条件较好时，则麦仓与厂房其他部分之间地基沉降差异不大，在非地震设防地区，可布置在清理间内，这样可减少润麦的水平输送长度，麦仓与其他部分之间也不需设沉降缝；当润麦仓容量较大时，麦仓部分的基础下沉往往大于厂房的其他部分，此时应采用沉降缝把麦仓与厂房其他部分分开，为了减少建筑成本，可将润麦仓和毛麦仓结合一起，布置在清理间的端部。

面粉厂主车间内操作管理人员很少，因此服务性房间也较少，在厂房中另辟一个区域设置服务性房间的布置形式较少，而多是利用楼梯间某些平台或空余面积布置更衣室或休息室等。

2. 面粉厂车间的配置形式及特点

各类型面粉厂主车间的配置无原则性的区别，只是所需车间面积不同。面粉厂主车间的常用配置形式如图 3-5～图 3-8 所示。

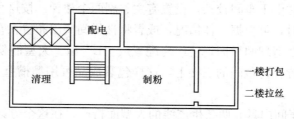

图 3-5　面粉厂的车间配置形式之一

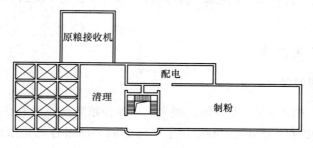

图 3-6　面粉厂的车间配置形式之二

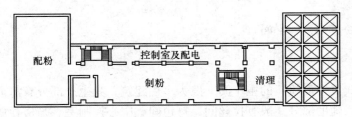

图 3-7　面粉厂的车间配置形式之三

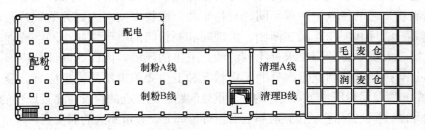

图 3-8　面粉厂的车间配置形式之四

图 3-5 适用于小型面粉厂。将清理间和制粉间用楼梯间隔开，润麦仓设在清理间后部，靠近清理间可设原粮仓库；制粉间右侧设打包间、拉丝间等。根据制粉厂规模，主厂房采用四层建筑时，打包设备可设在一楼，打包间上楼可设置拉丝间，三楼可作筛格存放间。打包间旁边设成品仓库。吊物洞可利用楼梯间中间位置。

图 3-6 适用于中小型面粉厂。该形式与图 3-5 并无原则性的区别。只是车间面积较大，建厂规模也比较大。主要不同点在于将麦仓（润麦仓和毛麦仓）配置在清理间的一端，楼梯间开间较大，为三跑楼梯，因而吊物洞可利用楼梯间的梯井，楼梯间的后面可设置为卫生间和更衣室。

图 3-7 适用于大中型面粉厂。该形式与图 3-5、图 3-6 的主要区别是具有配粉工艺，设置有配粉间，同时由于车间较长，设置有主、副两个楼梯。按这种方案配置，整个厂房长度伸延有困难时，可根据具体情况，或者将楼梯间突出布置在车间后面，或者将毛麦仓和润麦仓布置在清理间后面，使厂房配置成"L"型。大型制粉厂若采用较高楼层时，可将打包机布置在打包间的三楼上，这样包装成品可用溜槽直接输送到成品仓库，简化输送设备。

图 3-8 适用于车间内具有两条生产线的大型面粉厂。在这个方案中，两组制粉设备采用平行排列形式。打包间一端还配置有面粉及麸皮散装仓，成品和副产品可以进行散存、散运。

三、配置制米厂生产车间

1. 制米厂车间的组成

制米厂主车间由清理间、砻谷间、碾米间、各种粮贮仓斗（毛谷仓、净谷仓、净糙仓、成品仓等）、楼梯间等组成。制米厂生产部分的平面组合都是依照清理、砻谷和碾米的工序依次直线排列。

2. 制米厂车间的配置形式及特点

制米厂主车间的常用配置形式如图 3-9～图 3-11 所示。

图 3-9　制米厂的车间配置形式之一

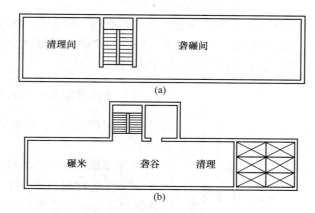

图 3-10　制米厂的车间配置形式之二

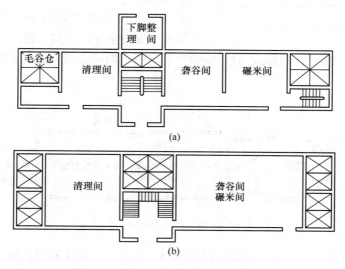

图 3-11　制米厂的车间配置形式之三

图 3-9 适用于小型米厂。小型米厂由于产量小、设备少、工艺简单，一般可将清理、砻谷、碾米、打包各道工序配置在一个车间内，这样可以简化厂房建筑结构。

图 3-10 适用于中型米厂。中型米厂的车间配置，通常按生产工序作直线型排列。

清理间因为易产生灰尘，而且对下脚要作分类处理，一般宜与砻谷、碾米间隔开，见图 3-10(a)。但若通风除尘条件较好时，清理间和砻谷、碾米间可以不分隔，在这种情况下，楼梯间可突出在车间后面，见图 3-10(b)。

图 3-11 适用于大型米厂。图 3-11(a) 是采用单跨建筑的大型碾米厂车间配置方案。这种配置方案，厂房所需长度较大，假如想缩短厂房长度，可采用双跨建筑，其配置方案如图 3-11 （b） 所示。

四、配置饲料厂生产车间

1. 饲料厂车间的组成

饲料厂的主车间由原料仓（主原料仓、副原料仓）、清理间、粉碎室、配料混合工段、颗粒压制工段、打包等组成。由于各道工序所用的设备数量较少，而且又无必要分隔，所以通常都将这些工序按顺序配置在一个车间内。

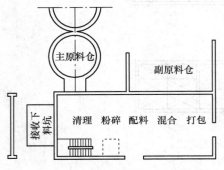

图 3-12　饲料厂的车间配置形式之一

2. 饲料厂车间的配置形式及特点

饲料厂主车间的常用配置形式如图 3-12 和图 3-13 所示。

图 3-12 主车间内配置从清理到打包的全部生产工序。主原料仓和副原料仓均配置在主车间后面，楼梯间和吊物洞配置在车间的左前侧，该配置形式适合较小型的饲料厂。

图 3-13 与图 3-12 的配置形式基本相同，但主原料筒库布置在主车间左侧，清理工序与其他工序用楼梯间隔开，成品仓布置在右侧，使整个厂房各车间呈直线型排列，该配置形式适合较大型的饲料厂。

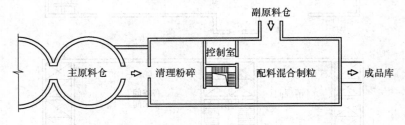

图 3-13　饲料厂的车间配置形式之二

对于大型饲料厂，为了应用微机控制配料，在进行车间配置时，还须考虑自动控制和模拟屏室的位置。

任务三　确定生产车间建筑尺寸

车间建筑尺寸包括车间平面尺寸和楼层高度。平面尺寸通常指的是车间宽度和长度。

一、确定生产车间开间和长度

开间是指厂房纵向相邻近的两梁（或两柱）中心线之间的距离。若厂房的开间大小是一致的，则车间总长度＝开间大小×开间个数。

在确定生产车间开间和长度时，可参考同类厂房确定，也可根据工艺要求及设备布置先计算出车间的总长度，再根据工艺和建筑要求确定出开间大小和个数。

确定车间长度应以主要设备布置所需最长的一层楼面为依据，根据设备所占长度的总和、一般走道的总和、设备的间距总和、墙的厚度以及楼梯间、麦仓等的总和所需的长度等方面所决定，其值通常要符合国家建筑模数的规定。车间长度 L 的计算公式如下：

$$L＝L_设＋L_走＋L_间＋L_墙＋L_仓$$

式中：$L_设$——所有设备占用车间长度之和，应选用设备最多的楼层（如，面粉厂：选用磨粉机所在的楼层；米厂：选用米机所在的楼层；饲料厂：选用配料仓所在的楼层）；

$L_走$——主次走道的大小，如表 3-1 所示；

$L_间$——设备之间应留有的间距，如表 3-1 所示；

$L_墙$——实际墙厚；

$L_仓$——麦仓、楼梯间等占车间长度。

表 3-1　车间走道宽度与设备间距参考值

名　称	最小尺寸/mm	名　称	最小尺寸/mm
纵向总走道	1 500	成组机器之间走道	1 000
纵向一般走道	1 000	平转设备四周的间距	1 000
横向走道	1 500	单个设备之间的横向走道	800～1 000
各排机器之间走道	1 000	升运机输料管到墙边的间距	250～350
同类机器之间间距	250～1 000	—	—

确定开间大小时应从如下方面进行考虑：

（1）从建筑要求上考虑，应尽量选用 300mm 的倍数，但因目前楼板大都现浇，受到限制较少，故也可按照工艺要求确定开间大小。

（2）从建筑结构上考虑，当厂房是框架结构时，开间较大，一般可选用 3.0～6.0m。当厂房是砖混结构时，开间较小，一般可选用 2.4～3.0m。

（3）从机器设备的排列及其重量、振动情况考虑。

（4）从设备的出料口、传动带穿过楼板的位置与梁的关系上考虑。

（5）粮食工业厂房的开间大小，一般是统一的，规格是一致的；因考虑在楼梯中间布置吊物洞，所以楼梯间的开间大小可适当加大。

车间开间和长度初步确定后，在设备具体排列时，也可能因梁柱影响出料口、传动带孔的位置而需适当修正开间大小或长度。对于有扩建意向的企业，在长度方向上还应留有机动余地，以适应将来扩建的需要。

二、确定生产车间跨度和宽度

跨度是指厂房横向相邻近的两墙（或两柱）或墙与柱中心线之间的距离。跨度的数量叫跨数。目前在我国的粮食加工厂中，常见的有单跨和双跨两种形式。

粮食加工厂车间的跨度与跨数是根据生产规模、流程繁简、设备数量等因素而决定的。一向情况下，跨度和跨数与主要机器设备的排列形式及机器设备所占的宽度、走道宽度、墙壁厚度等有关。一般 8m 以下采用单跨结构，8m 以上采用双跨结构。粮食加工厂车间跨度与跨数及机器设备排列形式的关系见表 3-2。

表 3-2　粮食加工厂车间跨度与跨数参考值

跨　　数	主要设备排列形式	制米厂	面粉厂	杂粮厂	饲料厂	工作塔
单跨/m	单排	6～6.5	6～6.5	6～6.5	6.5～7.5	5.5～6
	双排	7.5～8	7.5～8	7.5	9	7.2～7.6
双跨/m	双排	8～9	8～9	8～9	9～10	—
	三排	—	13～14	—	—	—
	四排	—	15～16	—	—	—

采用单跨结构时，车间宽度＝跨度＋墙的厚度；采用双跨结构时，车间宽度＝两个跨度之和＋墙的厚度。

车间宽度应以主要设备所在那层宽度为依据。粮食加工厂主车间宽度的大小是由机器设备布置所占的宽度总和、走道宽度的总和、设备间距的总和、墙的厚度等方面所决定的，并由此选择车间的跨度和跨数。

三、确定生产车间层数和层高

厂房的层数与工厂的规模以及工艺流程有密切关系，一般生产能力大和生产工艺过程复杂的工厂，其厂房通常采用多层建筑；生产能力小和生产工艺过程简单的工厂，可采用较低层的建筑。在地基承载能力满足要求并符合城市规划要求的前提下，粮食工厂厂房主要根据工艺设计要求确定，一般可参考表 3-3 选定。

表 3-3　粮食加工厂楼层层数参考

加工厂	小型厂（100t/d）以下	中型厂（100～150t/d）	大型厂（180t/d 以上）
粉厂	1～4	3～5	4～7
米厂	1～3	2～4	3～5

层高是指地面到上一层楼面或下一层楼面到上一层楼面之间的距离。净高是指从室内底面到顶面的距离，净高加上楼板的厚度等于层高。标高是对设计地面±0.00（底层室内地平）相对而言的尺寸。如图 3-14 所示是剖面高度的关系图。

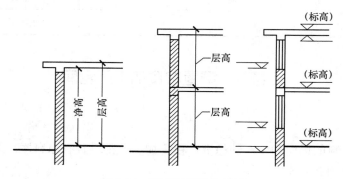

图 3-14　剖面高度的关系图

楼层高度应选择合适，不宜太高或太低，楼层高度大，虽然可以保证物料自溜管有足够的倾角，彼此联系方便，但楼层高度过高，会对悬挂在楼板上的设备（如绞龙、传动轴、通风管）的维护和操作带来困难。当然楼层过低也不恰当，不利于物料自溜输送。

由于各楼层设备类型与设备高度不尽相同，因而粮食加工厂车间的楼层层高往往不尽一致。厂房层高是由以下几个方面确定的：

（1）本层布置的最高设备的高度。

（2）设备安装和检修高度。

（3）设备上方可能安装吸（排）风管道的高度。

（4）如果设备刚巧安排在梁的下面，则楼层的层高为设备高加安装操作距离，再加梁高。

（5）连接上层和本层设备的物料自流管所需高度。

（6）还应考虑采光、通风的要求，厂房的造价以及建筑规则等诸因素。

（7）车间内的操作平台对厂房层高也有一定的影响，设计中也应予以考虑。操作平台上、下净高一般不小于 2m。粮食加工厂各楼层高度的选择参考表 3-4。

表 3-4　粮食加工厂楼层高度参考

面　粉　厂		碾　米　厂		饲　料　厂	
楼　　层	高度/m	楼　　层	高度/m	楼　　层	高度/m
顶层	4.5～5.0	顶层	4.5～5.0	顶层	4.5～5
平筛层	4.0～4.2	清理筛、流筛、仓等	4.5～5.0	清理筛、料仓等	4.5～5
清粉机	4.0～4.2	砻谷机、米机	4.5～5.0	配料秤、压粒机	4.5～5
分配层	4.0～4.2	底层	4.5～5.0	底层	4.5～5

续表

面　粉　厂		碾　米　厂	饲　料　厂
磨粉机层	4.0～4.2		
底层	3.8～4.0		

任务四　配置粮食加工厂仓库

一、原料库

为了保证原料的供应和生产的稳定，粮食加工厂都设置有原料库。原料库按建筑形式可分为房式仓和立筒库。

1. 房式仓

房式仓分平房仓和楼房仓。根据保管储存特点，又可分为低温仓、准低温仓和常温仓等。通常所说的房式仓一般指平房仓。

平房仓可根据实际需要设计，仓容可大可小，且可分隔，散装、包装都可，适应面广，造价低，构造简单，施工简便，建筑周期短，发挥效益快。但它也有许多缺点：因仓房高度有限，只能向平面发展，故占地面积大，物料进出机械化困难，周转费用大，劳动生产率低，劳动条件差，其密闭性能较立筒库差。

低温仓（仓温在15℃以下）和准低温仓（仓温在15～20℃，通常也统称为低温仓）是为了适应大米及某些特殊粮种保鲜和安全过夏的仓型，一般是包装仓，适用于大城市和南方温热地区的成品供应仓。

散装平房仓的仓容量可根据仓房面积、堆粮高度、堆粮方式和粮食容重估算。堆粮高度一般平堆 4.0～5.0m，平堆部分的体积按长方体计算，仓容计算按平堆考虑。

$$仓容量＝仓房建筑面积×堆粮高度×粮食容重×修正系数$$

修正系数一般可取 0.75～0.85。

2. 立筒库

立筒库由筒仓群和工作塔构成。筒仓群是由几个或几十个筒仓按一定平面形式组成的，筒仓是储存粮食的构筑物。工作塔是立筒库的主要生产中心，它的主要功能是将接收装置送来的粮食，经过初清、计量等工序后分配进各个筒仓，也可将筒仓中的粮食输送到生产车间或进行倒仓作业。

根据建筑结构的不同，立筒库可分为钢板结构、钢筋混凝土结构和砖结构。一般大中型厂多采用钢板仓，小型厂采用钢筋混凝土仓或砖结构仓。圆形钢板立筒库是现在大多数粮食加工厂和粮食储备库的首选结构。

1）立筒库的优点

立筒库与其他仓型比较，具有以下优点：

（1）节约建仓用地。因其向高空发展，筒内粮堆高度达 20～30m，根据具体条件，还可以超过 30m，与建造仓容量相同的平房仓相比，可节约占地面积。

（2）作业易于机械化、自动化，劳动生产率高，吞吐能力大，占用劳动力少，因而降低了粮食的流通费用。

（3）密封、薰蒸、防虫、防鼠条件好，粮食损失少。

（4）防火条件好。

2）立筒库的配置形式

筒仓的平面形式宜选用圆形及正方形，其平面组合通常采用行列式排列。考虑到仓容、筒下层的采光和通风条件等因素，一般采用单行式、二行式、三行式和四行式，如图 3-15 所示。

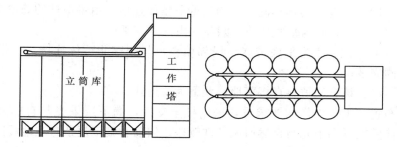

图 3-15　立筒库

圆形立筒库两行之间部分称为星仓，也可储存粮食。虽然使用星仓可显著提高仓容量，但由于受力不均，在圆形钢板仓中已不再使用。

由于筒仓荷重比工作塔大得多，考虑到筒仓群和工作塔不均匀沉降和倾斜的影响，一般都将两者的基础分别处理，并使两建筑物相隔一定距离（工作塔与筒群之间如拉开一段距离，通过输送机的位置，需设上、下联廊联结）。当地基可靠，经过计算可不留间距，但必须设置一定的变形缝。

3）立筒库筒仓尺寸的确定

筒仓的结构可分为仓上建筑物、仓顶、仓壁、仓底、仓下支承结构（筒壁或柱）及基础等六部分。仓顶以上部分称为筒上层，供放置进粮用的水平输送设备；仓底以下部分称为筒下层，供安放出粮用的水平输送设备；中间部分为筒身，是储存粮食的地方。

设计筒仓尺寸时，主要应考虑用料省、造价低、使用管理方便，同时符合建筑模数制。作为储存粮食的部分，增加筒身的高度可以扩大仓容，但随着筒身的增高，粮食压力加大，筒下层的墙身需加厚，随之基础也要加大、加深，以至基建投资增大，因此，筒身高度一般以 20～30m 为宜，滑模现浇钢筋混凝土筒仓，不宜低于 21m，可取 24m、27m、30m，目前最高的达 45m；砖砌筒仓一般低于 15m，可取 12m、15m，如地耐力许可，也可超出上述数值。

　　确定筒身直径的原则是，直径过小不经济，过大则增加墙身及基础费用，同时仓底填料所占仓容也多。当采用钢板及钢筋混凝土结构时，圆形筒仓的直径（指内径）可取6m、8m、10m、12m 或 15m 均可；当采用砖砌结构时可取 6m、8m、10m 或 12m。方形筒仓边长取 3m，也可设计成 2.4m、2.7m、3.3m。

　　筒壁的厚度：钢筋混凝土结构的圆筒仓直径为 6m 时取 160mm，直径为 8m 时取180mm，直径为 10m 和 12m 时取 200mm，砖砌结构取 240mm。

　　筒上层建筑根据筒顶的总宽度可采用单跨和双跨建筑，高度视仓顶输送机及出料口的位置而定，如图 3-16 所示。

　　筒下层的高度及构造要求，既要照顾到筒下层输送机的位置、出粮溜管的角度、星仓的出粮与工作塔的衔接等问题，又要考虑结构的坚固性、施工的方便以及采光和通风问题。筒仓仓底与支撑结构常用的有 5 种形式，如图 3-17 所示。

　　图 3-17（a）：该仓底为锥形漏斗，与筒壁整体连接，由筒壁支承；

　　图 3-17（b）：该仓底为锥形漏斗，与筒壁非整体连接，由带壁柱的筒壁支承；

　　图 3-17（c）：该仓底为平底加填料漏斗，由柱子支承；

　　图 3-17（d）：该仓底为平底带漏斗局部填料，与仓壁非整体连接，由带壁柱的筒壁与内柱共同支承；

　　图 3-17（e）：该仓底填料直接落地，仓下为通道式；

　　从设备布置和工艺操作的要求看，采用柱子支撑，筒下层采光与自然通风条件较好；而采用筒壁支撑则采光与自然通风条件较差。但前者施工复杂，在地震区应优先采用筒壁支撑或筒壁与内柱共同支承。

　　筒仓卸料口孔径按 $D/10$ 选取，一般不大于 600mm，不小于 300mm。

　　4）立筒库仓容量的确定

　　粮食加工厂立筒库的仓容量可根据建厂规模、地质条件、投资多少等综合考虑，一般可为半个月至一个月的生产量。如果是仓储结合的加工厂，则需另加上储备的仓容量。

　　立筒库的仓容量可根据筒仓横截面积、筒身高度和粮食容重估算，估算方法：

　　仓容量＝筒仓横截面积×筒身高度×粮食容重×修正系数

　　修正系数一般可取 0.75～0.85。

　　5）工作塔的建筑尺寸

　　工作塔内部根据工艺流程要求，布置有输送、称重、清理、发放和除尘等设备。

　　工作塔的平面形状呈矩形，平面尺寸按工艺设备布置要求而定，也与筒仓群的宽度有关。一般跨度（平面尺寸的宽度）可采用 6m、6.6m 和 7.2m，柱间距可采用 2.4m、2.7m 和 3m。工作塔的高度应为 300mm 的倍数。工作塔的结构可采用钢筋混凝土或混合结构。钢筋混凝土结构的工作塔具有耐久、防火和便于用活动模板施工等优点。砖砌立筒库工作塔，一般采用混合结构，即用钢筋混凝土梁板，砖承重墙。

　　6）立筒库工作塔设计图例

　　立筒库工作塔设计图例如图 3-18 和图 3-19 所示。

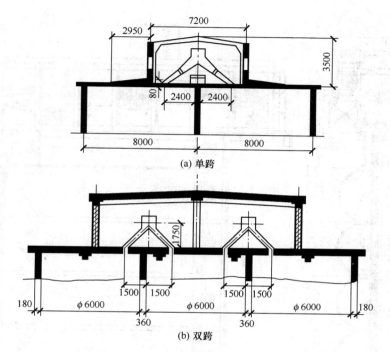

(a) 单跨

(b) 双跨

图 3-16　筒上层结构

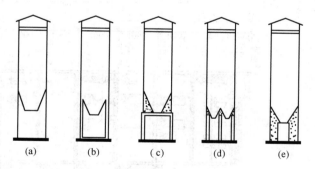

(a)　　　(b)　　　(c)　　　(d)　　　(e)

图 3-17　筒仓仓底与支撑结构形式

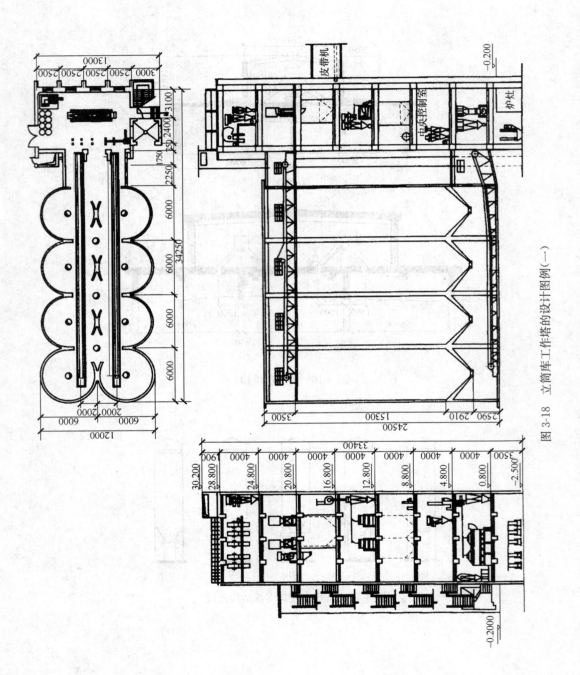

图 3-18　立筒库工作塔的设计图例(一)

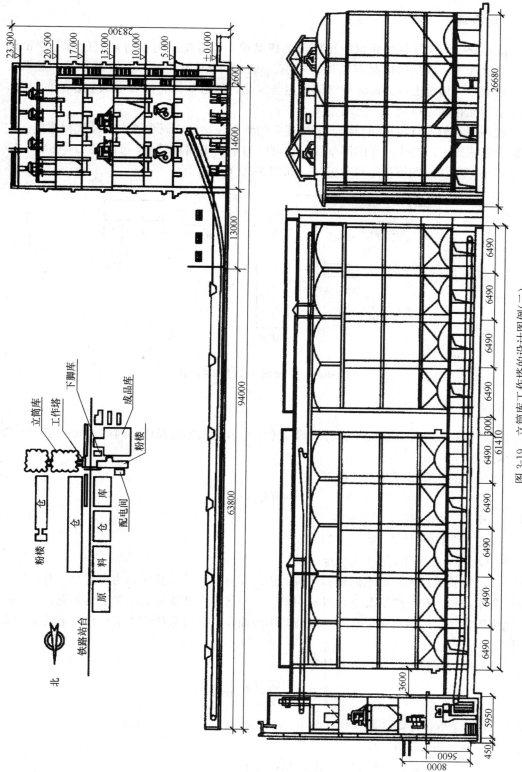

图 3-19 立筒库工作塔的设计图例（二）

二、成品库

成品仓库的主要任务是保管出厂前的成品粮，起着生产与销售之间的调节平衡作用。粮食加工厂成品库应具有隔热、防潮、和良好的通风性能，以保证成品的储藏安全。在我国，传统上成品库多用以储存包装成品，但近年来，随着对散装运输的推广，成品散装储存库也得到了一定的发展。

成品库一般与打包车间衔接，另外还应与专用线站台或码头等发放系统相连接。它的组合形式既可以与生产车间同轴线，也可以与生产车间相垂直，如图 3-20 （a）、（b）所示，小型厂往往和原粮库对称排列，如图 3-20 （c）所示。

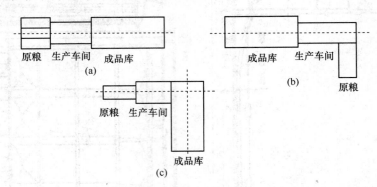

图 3-20　生产车间与成品库的形式

1. 包装成品库

（1）包装成品库仓容量的计算。成品库的仓容量根据成品库存时间长短而定，一般库存时间为 3～10d。

成品库的仓容量可按下式计算：

$$E = TQ_\text{天}(t)$$

式中：E——总仓容量，t；

T——库存时间，天；

$Q_\text{天}$——粮食工厂生产能力，t/d。

（2）包装成品库的建筑形式和建筑面积的计算。包装成品库多为房式仓，有单层和多层仓库两种。在一般情况下，以采用单层仓库居多。如成品周转量大而频繁，当地的土地比较紧张，可以建多层仓库，以节约用地面积，并可采用重力溜槽作业适应大的发放能力。

成品库的建筑面积可按下式计算：

$$F = \frac{1000Ef}{nq\eta}(\text{m}^2)$$

式中：F——成品库的建筑面积，m²；

E——总仓容量，t；

f——一个粮包或桶、箱占地面积，m²；

n——粮包（桶、箱）的层数；

q——每包（桶、箱）粮重，kg/包（桶、箱）；

η——成品库面积的利用系数，取 $\eta=0.65$。

25kg 装面粉包的尺寸为长 700mm、宽 370mm、厚 160mm。每包占地面积为 $0.26m^2$，每 100 包的体积为 $4.14m^3$。面粉包堆柱体积及地面负荷见表 3-5。

表 3-5　面粉包堆柱体积及地面负荷

堆高/袋数	堆包高度/m	每平方米堆包数	地面负荷/(kg/m²)
10	1.6	38.5	963
11	1.76	42.3	1 058
12	1.92	46.2	1 150
13	2.08	50.0	1 250
14	2.24	53.8	1 345
15	2.04	57.7	1 443
16	2.56	61.5	1 538
17	2.72	65.4	1 635
18	2.88	69.2	1 730
19	3.04	73.1	1 828
20	3.02	76.9	1 923

100kg 装大米包的尺寸为：长 800mm、宽 600mm、厚 300mm。每包占地面积为 $0.48m^2$，每 100 包的体积为 $14.4m^3$。大米包堆柱体积及地面负荷见表 3-6。

表 3-6　大米包堆柱体积及地面负荷

堆高/（袋数）	堆包高度/（m）	每平方米堆包数	地面负荷/(kg/m²)
6	1.8	12.5	1 250
7	2.1	14.6	1 460
8	2.4	16.6	1 660
9	2.7	18.7	1 870
10	3.0	20.8	2 080
11	3.3	22.9	2 290
12	3.6	25.0	2 500

包装成品库的开间可按 6m 的模数设计，跨度按 6m、9m、12m、15m、18m 等（3m 的倍数）设计。单层仓库如采用桥式堆包机堆包，采用的跨度为 15m。跨度小，会增加堆包机数量。成品库高度，单层仓库一般取 4.5m（从仓内地坪至屋架下弦底部），其中堆包高度为 3～3.5m。装有桥式堆包机时高度应为 5.5m。多层成品库，采用溜槽人工堆包时，高度取 3～3.6m，底层进汽车和火车车厢时高度取 4.5～5m。装货月台高度应与汽车或火车车厢相平。

2. 散装成品库

散装散运在节约劳动力和包装器材、节省搬运费用、减少粮食浪费和污染、改善经济管理方面都大有益处。成品散装储存是推广粮食散装运输工作的重要环节之一。下面以面粉散装仓为例对散装成品仓的配置进行简单介绍。

在选择面粉散装仓仓数和单个仓的仓容量时，应考虑以下两个因素：第一，为了使粉厂产品的周转具有较大的灵活性，不应选用单个大容量散装仓；第二，宜采用适当数量的小仓，但仓数也不宜过多，否则会使储存每吨面粉的设备费用提高。根据国外经验，一个粉厂生产两种以上等级粉时，每种等级粉至少应设有24～30h储存量的面粉散装仓，而且同样的仓应设2个。

面粉散装仓的形状同原粮筒仓一样，可采用圆形、方形或矩形。从受力情况分析，圆仓比方仓、矩形仓好，但圆仓对空间的利用没有方仓和矩形仓好。

为了避免面粉在仓壁之间产生结拱，面粉散装仓的截面尺寸：方仓边长不应小于1.5m；矩形仓的长、宽比不能大于2：1。

面粉散装仓的高度可根据所需储存量而定，但高度过高对结构强度、造价和卸料都是不利的。

面粉散装仓的结构可分为钢筋混凝土和钢板仓两种。在国外，一般仓容量接近或超过400t时才用钢筋混凝土建造。钢板仓最适宜建在现存的建筑物内。面粉散装仓内壁应防潮、光滑。

三、副产品库

生产能力较大的面粉厂应设有专门的麸皮库，其位置应在生产车间和成品库的附近，以便于麸皮运送。麸皮库的仓容量可按3～5d的麸皮生产量计算。面袋房可在车间内部靠近打包间处。

制米厂一般都设有砻糠房以收集砻谷后的砻糠，砻糠房的位置大都设在车间附近，仓容一般为3～7d的生产量。麻袋房可设置在制米车间一楼或打包间内。

任务五　绘制工程设计图纸

粮食加工厂工程设计图纸包括工艺设计图纸和建筑设计图纸两大类。工艺设计图纸包括：工艺流程图、总平面图、每层楼的平面布置图、纵横剖视图、每层楼的洞眼图、风网示意图、自制设备大样图等；建筑设计图纸包括建筑施工图、结构施工图、设备施工图等。本任务重点介绍工艺设计图的画法规定及建筑平面图与剖面图的形成及绘制方法。

一、工艺设计图的画法规定

1. 图幅的规定

（1）图幅规格。图幅分为A$_0$、A$_1$、A$_2$、A$_3$、A$_4$五种。绘制工程图纸时，一般应优先采用这五种基本幅面，幅面确定后应在图纸上先用粗实线绘制出图框，然后再绘制正式的设计内容。图框尺寸见表3-7，图框格式见图3-21所示。

表 3-7　图框尺寸

幅面代号	A₀	A₁	A₂	A₃	A₄
B×L	841×1 189	594×841	420×594	297×420	210×297
c		10		5	
a			25		

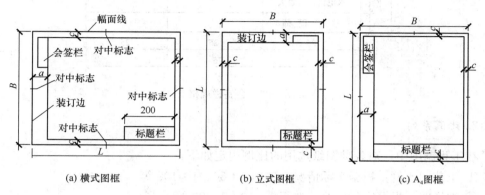

| (a) 横式图框 | (b) 立式图框 | (c) A₄图框 |

图 3-21　图框格式

　　一般在一套图纸中，图纸规格应尽可能一致。A₀～A₃ 图纸宜横式使用，必要时也可立式使用。如果图幅不够时，可将图纸长边加长，加长部分约为边长的 1/4 及其倍数。

　　(2) 标题栏。是为了让设计者和看图人员熟悉图纸种类和特性，了解工程名称、项目种类等。工程上常用的标题栏规格如图 3-22 所示。

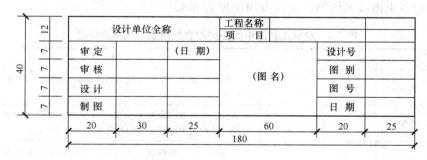

图 3-22　标题栏规格

标题栏每栏的内容：

设计单位全称：某某设计院。

工程名称：某某粮食加工厂。

项目：大米、制粉车间。

图名：平面图、纵剖视图等。

设计号：设计部门对该工程的编号。

图别：工艺、建筑等。

图号：本张图纸在本套图纸中的顺序，No.1、No.2、No.3 等。

（3）会签栏。会签栏是各项设计负责人签字用的表格，它是标明责任分工和具有法律效力的签字。不需要会签的图纸，可不设会签栏。会签栏格式如图 3-23 所示。

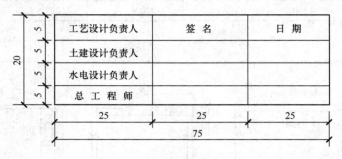

图 3-23　会签栏规格

2. 比例系列

在工程制图中，对各种图纸选用的比例规定如下：

① 工艺图比例：根据实际情况，选用 1：50、1：100 等。

② 大样图：根据实际情况，选用 1：10、1：20 等。

③ 总平面图：1：500、1：1000、1：2000。

在一张图纸中，选用的比例应一致。

3. 线条的运用

（1）线宽与线型。任何工程图纸都是采用不同线宽与线型的图线绘制而成的。建筑工程图中的各类图线的线型、线宽及用途见表 3-8。

表 3-8　建筑工程图中的各类图线的线型、线宽及用途

序　号	名　　称	线　型	宽　度	适　用　范　围
1	粗实线	——	b	立面外轮廓线，平面及剖面的断面轮廓线，结构图中的钢筋、图框线
2	中实线	——	$0.5b$	平、立面上的门窗和突出部分（檐口、窗台、台阶等）的轮廓线，结构图中的混凝土的外轮廓线
3	细实线	——	$0.25b$	尺寸线、尺寸界线及引出线、可见轮廓线、图例线、剖面图中的次要线（如粉刷线等）
4	粗点划线	—·—	b	结构图中梁、屋架的轴线中心位置线
5	特粗实线	——	$1.5b\sim2b$	立面图、剖面图的外地平线，平面图中的剖切位置线
6	细点划线	——	$0.25b$	定位轴线，中心线、对称线
7	中虚线	- - - -	$0.5b$	不可见轮廓线、一些图例（如吊车、阁楼、阁板、高窗等）
8	细虚线	········	$0.25b$	图例线，小于 $0.5b$ 的不可见轮廓线
9	折断线	—⟋—	$0.25b$	不需画全的断开界线
10	波浪线	～～	$0.25b$	表示构造层次的局部界线

表 3-8 中的线宽 b 应依据图形复杂程度与比例大小在下列线宽系列中选取。常见的

线宽 b 值为 0.35mm、0.5mm、0.7mm、1.0mm，当选定粗线线宽 b 值之后，中线线宽为 $0.5b$，细线宽为 $0.25b$。这样一种粗、中、细线的宽度称为线宽组。绘制图时，在同一张图纸中，如果各个图样的比例一致，应采用相同的线宽组，如图 3-24 所示。

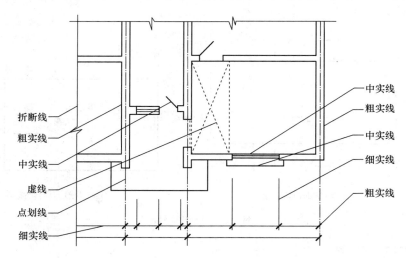

图 3-24　线型示例

图纸的图框线等线宽应依幅面大小而定，可参考表 3-9 选用。

表 3-9　图框及标题栏等线的宽度

幅面代号	画框线/mm	图标及会签栏外框线/mm	幅面及分格线/mm
A₀　A₁	1.4	0.7	0.35
A₂　A₃　A₄	1.0		

（2）图线绘制方法。

① 相互平行的图线，其间隙不宜小于其中粗线的宽度，且不要小于 0.7mm，间隙过小时可适当夸大绘制。

② 当在较小图形中绘制虚线、点划线或双点划线有困难时，可用实线代替。

③ 凡是点划线的两端不应是点，交接时，应是线段交接。

④ 虚线相交或虚线与其他线相交时，应是线段相交；虚线是实线的延长线时，应与实线断开。

⑤ 图线不得与文字、数字或符号重合、混淆，不可避免时，可断开图线，将其书写在断开处。

4. 剖切符号

（1）剖面剖切符号。剖面剖切符号由剖切位置线及剖视方向线组成，均以粗实线表示。剖切位置线长度宜为 6～10mm；剖视方向线应垂直剖切位置线，长度一般为 4～6mm。剖面剖切符号的编号要采用阿拉伯数字，按顺序由左至右、由上至下连续编排，注写在剖视方向线的端部。剖面剖切符号不宜与图面上的图线相接触。需用转折的剖切位置线，在转折处如与其他图线发生混淆，应在转角的外侧加注与该符号相同的编号，如图 3-25（a）所示。

（2）断（截）面剖切符号。只用剖切位置线表示，以粗实线绘制，长度宜为 6～10mm。断（截）面剖切符号的编号，宜采用阿拉伯数字，按顺序由左至右、由上至下连续编排，注写在剖切位置线的一侧，编号所在的一侧应为该断（截）面的剖视方向，如图 3-25（b）所示。

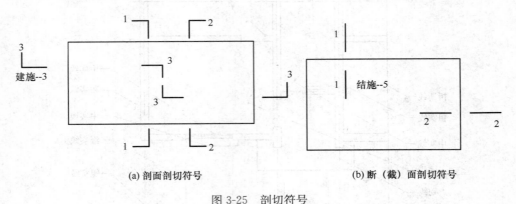

　　　　　　　（a）剖面剖切符号　　　　　　　　　　　　（b）断（截）面剖切符号

图 3-25　剖切符号

5. 引出线

引出线用细实线绘制，可采用水平方向的直线或与水平方向成 30°、45°、90°的直线，或经上述角度再折为水平的拆线。文字说明注写在横线的上方，如图 3-26（a）所示，也可注写在横线的端部，如图 3-26（b）所示。同时引出几个相同部分的引出线，可以相互平行，如图 3-26（c）所示，也可绘制成集中于一点的放射线，如图 3-26（d）所示。

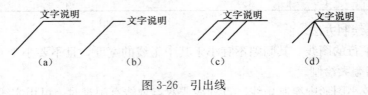

　　　　（a）　　　　　　　　（b）　　　　　　　（c）　　　　　　　（d）

图 3-26　引出线

二、建筑平面图的形成及绘制

1. 平面图的形成

建筑平面图不是俯视图，它是房屋的水平剖切视图，如图 3-27 所示。为了能全部表达房屋的内部情况、门窗布置及墙壁厚度，假设将建筑物从门和窗台以上用一切割平面沿水平方向切开，移去上面部分再向下看，这样就能看清室内安排、设备布置、门窗位置以及墙壁厚度等。根据这个设想，用正投影方法绘制出来的图就叫平面图。

一栋多层建筑，若每层布置各不相同，则每层都应绘制平面图。通常把最下一层叫底层平面图，往上顺序叫二层、三层、四层……顶层平面图。如果上面几层平面的门、窗、楼梯、墙柱的位置及尺寸大小等完全相同，则相同部分只要绘制一个图就可以了，叫做标准层平面图（在图下注明 2～X 标准层平面图）。但底层有大门，顶层有楼梯终止位置，故底层和顶层要分别绘制出。粮食加工厂各楼层的工艺设备布置都不尽相同，因此在绘制工艺设计平面图时，通常每层楼面的平面图都应绘制出。

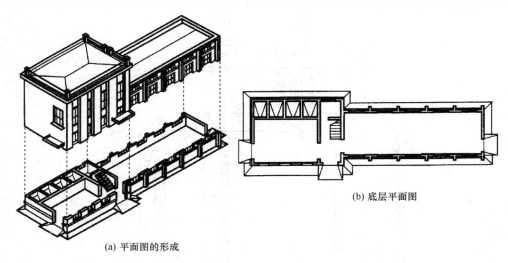

(a) 平面图的形成

(b) 底层平面图

图 3-27　平面图的形成

2. 平面图的内容

以图 3-28 为例，建筑平面图主要包括以下内容：

（1）从图名知道，此图是底层平面图。

（2）从平面图的形状与总的长、宽尺寸，可算出厂房的占地面积。

（3）从图中墙壁的分隔情况和车间名称，可知道房屋内部的配置、用途、数量及其相互间的关系情况。图 3-28 所示平面由清理和加工两个车间所组成，中间夹一楼梯间，楼梯平台下设一卫生间，设有三个对外大门，作为人流及原料、产品出入之用。

（4）从定位轴线的编号及其间距，可了解到车间的跨度、开间大小及各承重构件的位置。所谓定位轴线，就是把房间的墙、柱、屋架等承重构件的中轴线引出来，并进行编号，以便施工时定位放线和查阅图纸之用。

关于定位轴线，国标规定：

① 定位轴线用细点划线表示，轴线编号的圆圈用细实线，直径一般为 8～10mm 左右（根据图幅及图形所用的比例大小而定）。

② 圆圈内写上编号，水平方向自左向右写上 1、2、3、4…，垂直方向自下而上写上 A、B、C、D…，不允许写上 I、O、Z，以避免与 1、0、2 混淆。

③ 在较简单的平面，或前后、左右面基本对称的图形中，平面图的轴线编号一般注在图形的下面及左侧两处，如果房屋复杂又不对称，则上下左右四方都要编注。

④ 不规则的定位轴线，称为附加轴线，编号可用分数表示。分母表示前一轴线的编号，分子表示附加轴线的编号。如果在两个轴线之间有几个附加轴线时，则分子用阿拉伯数字顺次编写，分母不变。

3. 建筑平面图的绘制方法

（1）绘制平面图的步骤（图 3-29）。

① 按比例先绘制纵横墙轴线。

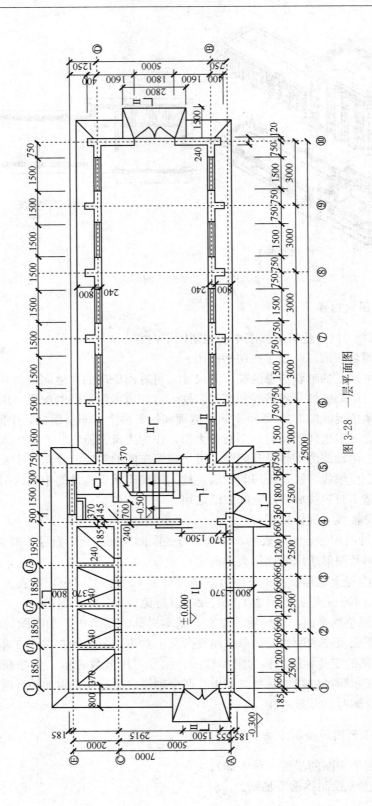

图 3-28　一层平面图

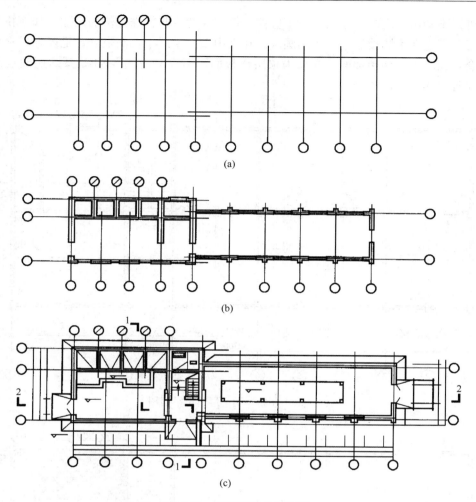

图 3-29　平面图的绘制步骤

② 绘制墙身、柱，确定门、窗洞口位置。

③ 绘制细部，如门扇（内外开启方向）、楼梯、卫生间等。

④ 绘制标高符号、剖切位置线等。

⑤ 标注尺寸、门窗编号、标高、图名以及文字说明等。

（2）绘制平面图应注意的问题。

① 首先应选择好图幅，确定出绘图比例。

② 布置图面：周围应留有充分的尺寸线和写字的余地。

③ 三道尺寸线之间的距离约为 8mm，第三道尺寸线距图形最外边线为 20mm 左右（根据图面之间空隙安装，以文字、数字不混淆图形为原则）。

④ 除两端尺寸界线要接近所指图形，其余尺寸界线可用短线表示。

⑤ 窗台线用两根细实线表示。

⑥ 图形名称有写在标题栏内，也有注写于所属图下方的，比例则写在图名后或下面。

⑦ 粮食加工厂工艺设计图中所用的建筑平面图，制图标准没有建筑制图严格，如

窗户可以不画出，门的尺寸也可以不标注，但应注意一些特殊部位的画法，如面粉厂润麦仓、毛麦仓在不同楼层平面图的画法。在大中型面粉厂中，润麦仓、毛麦仓通常采用悬空仓，仓底为二楼楼板面，仓顶为顶层楼板面，图 3-30～图 3-33 是某六层建筑的制粉车间各层建筑平面图。

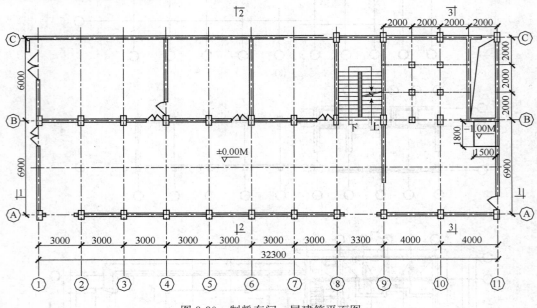

图 3-30 制粉车间一层建筑平面图

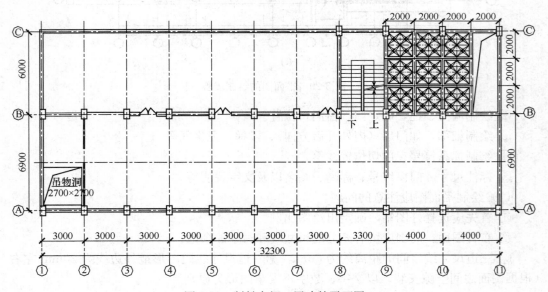

图 3-31 制粉车间二层建筑平面图

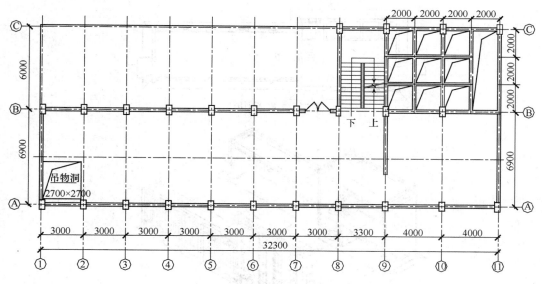

图 3-32　制粉车间三、四、五层建筑平面图

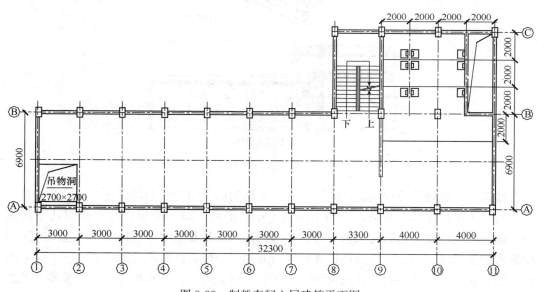

图 3-33　制粉车间六层建筑平面图

三、建筑剖面图的形成及绘制

1. 剖面图的形成

假设用一切割平面把建筑物沿垂直方向切开，将前面部分移去向后看，这样就能看清建筑物内设备布置、楼层高度、门窗布置、楼板厚度等。根据这个设想，对后面部分用正投影的方法绘制出来的图叫剖面图，见图 3-34。

如果用竖向剖切，所需要看的部位没有全被切到，就要采用转弯的办法来剖切（称作阶梯剖面）。所剖切的地方是用直剖还是用阶梯剖，要在底层平面图形外加绘制剖切

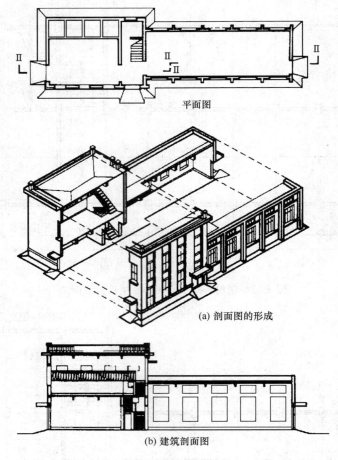

平面图

(a) 剖面图的形成

(b) 建筑剖面图

图 3-34　剖面图的形成

位置线表示。如果是阶梯剖面，还要在底层平面图形内用转弯剖切线表示。

　　有时房屋形体构造复杂，一两个剖面不能看清楚，则需要相应的多绘制几个剖面图。选取剖面的原则是以便利施工为主。因此，要从最复杂的地方切开。土建图的剖切位置常取楼梯间、门窗洞口及构造比较复杂的典型部位，以表示房屋内部垂直方向上的内外墙、各楼层、楼梯间的梯段板和休息平台、屋面等的构造和相互位置关系等。工艺设计图中的剖切位置主要是从需要在高度上反映设备布置的地方剖开，如：架高的设备、风管的安装高度、提升机的操作平台、地坑深度等，工艺设计图中剖面图的数量通常是纵向一个至二个，横向各车间（清理、制粉、配粉）最少各一个。

　　2. 剖面图的内容

　　以图 3-35 为例，建筑剖面图主要包括以下内容：

　　（1）将图名和轴线编号与平面图（图 3-29）上的剖切线和轴线编号相对照，可知Ⅱ－Ⅱ剖面是一个阶梯纵剖面，剖切面通过全部车间，剖切后移动前面部分，向后进行投影所得的正投影图。剖面图比例 1：100，与平面图一致。

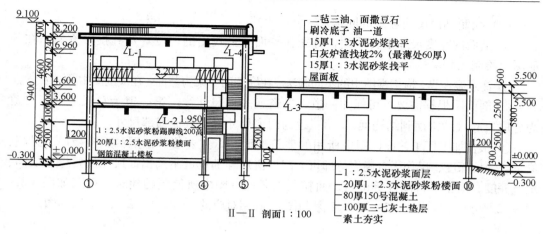

图 3-35　建筑剖面图

（2）图中绘制出了房屋垂直方向，以及从地面到屋面的内部构造和结构形式，如各层梁、板、楼梯、屋面的结构形式、位置及其与墙（柱）的相互关系等。

（3）图中还标注了外部和内部的尺寸和标高。外部尺寸注出了室外地坪、窗台、门窗顶等处的标高和尺寸。内部尺寸注出了底层地面以及各层楼面与楼梯平台面的标高（楼层的高度为结构层面到面的距离）。楼梯一般另有详图，其详细尺寸可以不在剖面图上注出。

（4）房屋的地坪、楼面、屋面是用叠层材料构成的，一般在剖面图中加以说明，方法是用一引出线指着所说明的部位，并按其构造的层次顺序，逐层加以文字说明。若另绘制详图，或另有"构造说明"表，则剖面图中的说明可以省略。

3. 剖面图的绘制方法

（1）绘制剖面图的步骤（见图 3-36）。

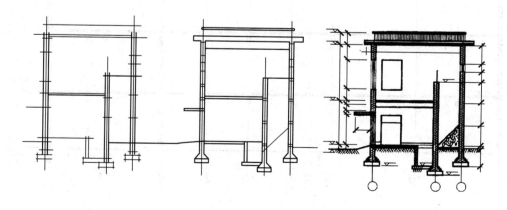

图 3-36　剖面图的绘制步骤

① 按比例先绘制室内、外地坪线，轴线，各层楼面及屋顶线。

② 绘制墙身、门窗洞口、楼梯、梁、板及地面及剖切的轮廓。

③ 注写厂房各部分的标高尺寸、图名、比例以及文字说明等。

（2）绘制剖面图应注意的问题。

① 剖面的宽度尺寸来自平面，可先在平面图上找出剖切位置及其投影方向，在剖面图上绘制出相应的轴线。

② 注意梁在纵、横剖视图中的不同画法，在纵剖图中梁为截面，在横剖图中梁为实体。

③ 剖面图根据需要，可标注一道、二道或多道尺寸线。第一道为总尺寸，第二道为分层尺寸（结构面到结构面），第三道为门窗尺寸以及其他细部尺寸。

④ 粮食加工厂工艺设计图中所用的建筑剖面图，主要绘制出层高、楼板厚、梁高、梁宽、地坑深度、操作平台高度等即可，门、窗户等部位可不画出，尺寸注要标注层高、地坑深度、操作平台高度等即可。面粉厂工艺设计图中所绘制的建筑剖面图如图 3-37、图 3-38 所示（注：图 3-37、图 3-38 是与图 3-30 相对应的 1—1、2—2、3—3 剖面图）。

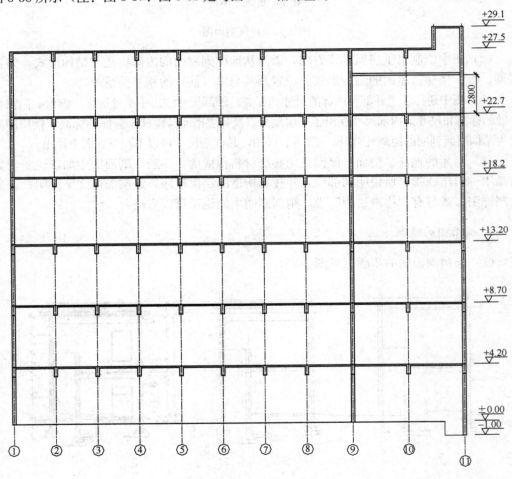

图 3-37　1—1 剖面图

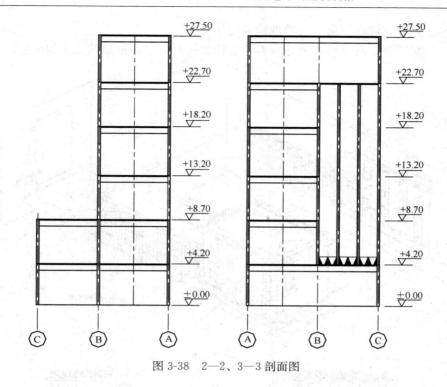

图 3-38　2—2、3—3 剖面图

四、建筑立面图的形成及绘制

1. 立面图的形成

每幢建筑总有四个朝向，表示各个朝向外形情况的图，就叫立面图。在四个立面图中，必有一个主要的立面，如主要大门出入口，或沿街临马路的面，通常要把它装饰得好些，比较显著地表示出房屋的特征，我们便把这个主要的面称为正立面图。与之相对背后的面称为背立面图。两个侧面称为左侧或右侧立面图；但也有按厂房建筑的朝向命名的，如南立面、北立面、东立面、西立面。立面图以能准确表达建筑物的形体为原则。如果房屋形体简单，或基本对称，立面形体变化不大，只需一两个立面就可以表达清楚的，则不必四个面都绘制；反之，如果四面完全不相同或形体复杂，则必须绘制出四个或更多的立面。房屋建筑的立面图，就是建筑物的正投影图与侧投影图，如图 3-39 所示。

2. 立面图的内容

以图 3-40 为例，建筑立面图主要包括以下内容：

（1）从图上可看到该房屋的整个外貌形状，也可看到房屋的屋顶护栏、门窗、雨棚、门外坡道等细部的形式和位置。

（2）在立面图中，其主要结构高度的位置处要注写标高和简要的尺寸。通常在室外地坪、出入口地面、楼梯、门窗洞口、出檐及屋顶护栏等处注写标高。

（3）图上注有外墙表面装修的做法，可用材料图例或用文字来说明粉刷材料类型、配合比和颜色等（注在墙面上或单独编号写说明）。

（4）如果需要，在立面图上还应有索引标志符号，这表示局部放大的位置。

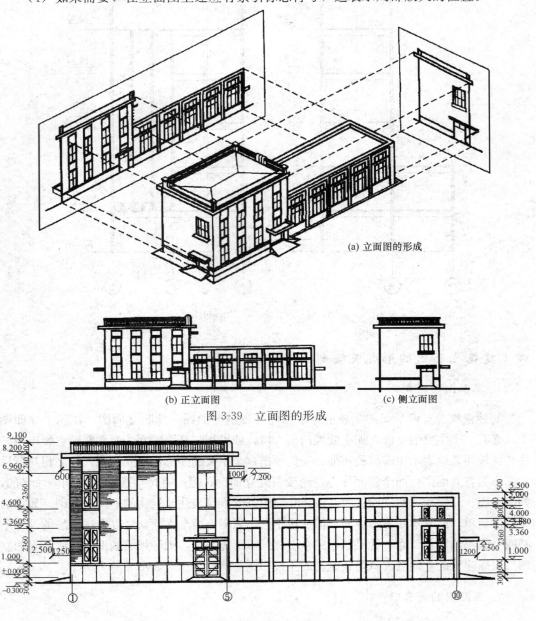

(a) 立面图的形成

(b) 正立面图　　　　　　　　　　(c) 侧立面图

图 3-39　立面图的形成

图 3-40　立面图

3. 立面图的绘制方法

（1）绘制立面图的步骤（图 3-41）。

① 先绘制地平线，再绘制两端及转折处的轴线。各线可以从平面图引来，量取高度，把室内地面、楼面、屋檐及女儿墙等线绘制上；再绘制外墙面、勒脚、出檐的轮廓线。

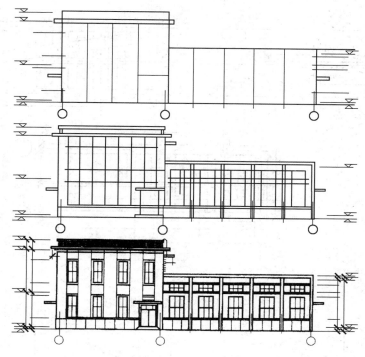

图 3-41　立面图的绘制步骤

② 绘制细部，如门窗洞、窗台、台阶、坡道、女儿墙、栏杆等。

③ 用粗线条加粗主要的轮廓线，用中线加深次要轮廓线（如门窗洞口及雨棚、台阶、坡道等），再用细线绘制门扇窗框，然后注写标高、尺寸和文字说明等。

（2）绘制立面图应注意的问题。

① 立面高度主要用标高符号和必要的尺寸数字来表示。

② 立面图上门、窗扇、阳台、栏杆等详细外形，可分别绘制出一两个较为详细的图形，其余的只要绘制出它们的外轮廓线即可，但所有窗洞和窗台应该绘制全。

③ 绘制平屋顶的立面图和剖面图时，因其房屋顶面坡度很小，所以屋顶坡度可以简化不绘制。

五、楼梯的绘制方法

在绘制图之前，应首先了解所绘制楼梯每层分几段，每段有几阶，每级踏步的尺寸等设计要求，才能动手绘制图。其绘制方法为：根据楼梯间的具体尺寸（开间、进深、层高），计算确定平台的深度 s、梯段宽度 a、踏步宽 b、踏步高 h、踏步基数（$n-1$）、两个梯段长度 L_1 和 L_2、楼梯井宽 k（s、a 均为至墙中线的距离）。

1. 楼梯平面图的绘制步骤（图 4-42）

（1）确定轴线位置，绘制出 s、L、a、k 等距离。

（2）绘制出墙身，确定门窗位置。根据 L、b、n 的尺寸，可用等分两平行线间距的方法，分出踏步级数。要注意：平面上的踏步格数等于实际级数（$n-1$）。

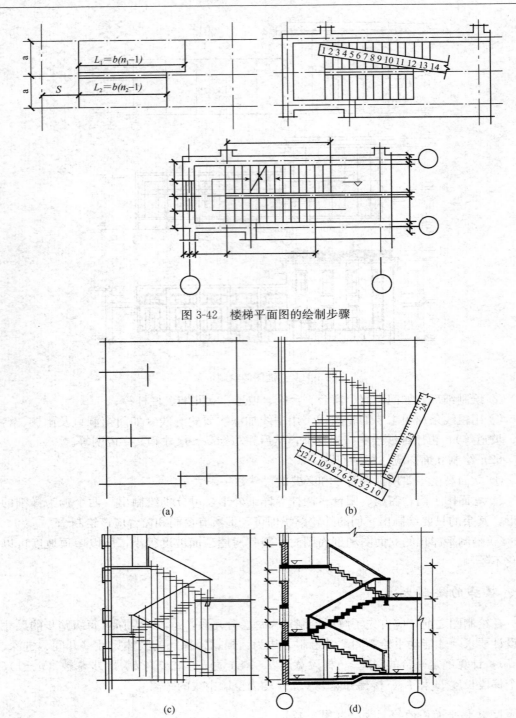

图 3-42　楼梯平面图的绘制步骤

图 3-43　楼梯剖面图的绘制步骤

（3）绘制栏杆、上下方向箭头及剖切线，加深各种图线，注写标高、尺寸、图名、比例以及必要的文字说明等。

2. 楼梯剖面图的绘制步骤

根据楼梯平面图所示的剖切位置，绘制出楼梯的剖面图（如图 4-43 所示，仅绘制底层部分，其余类似），绘制步骤介绍如下：

（1）绘制轴线，确定地面、平台的高度以及 s、L_1、L_2 长度方向的位置。

（2）绘制墙身，再用等分平行线间距的方法来确定踏步格的位置。

（3）绘制细部，如窗、梁、板、栏杆等（注意栏杆的坡度应与梯段相同）。

（4）加深各种图线，标注标高、尺寸、图名、比例以及文字说明，如引详图，还要绘制索引符号等。

项目小结

（1）建筑模数标准。

（2）建筑物的组成及作用。

（3）粮食加工厂生产车间的配置原则。

（4）面粉厂、制米厂、饲料厂生产车间的配置方法。

（5）粮食加工厂生产车间开间和长度的确定方法。

（6）粮食加工厂生产车间跨度和宽度的确定方法。

（7）粮食加工厂生产车间层数和层高的确定方法。

（8）粮食加工厂原料库采用房式仓和立筒库的优缺点。

（9）立筒库的配置形式及筒仓尺寸、仓容量的确定方法。

（10）包装成品库仓容量的计算、建筑面积的计算方法。

（11）工艺设计图的画法规定。

（12）建筑平面图的形成及绘制方法。

（13）建筑剖面图的形成及绘制方法。

（14）建筑立面图的形成及绘制方法。

（15）楼梯的绘制方法。

技能训练

（1）绘制某面粉厂制粉车间平面图和剖面图。

车间建筑形式及规格如下：清理间 2 间，每间开间为 4 米；制粉间 6 间，每间开间为 3.3m；楼梯间位于清理与制粉间的中间，楼梯为双跑平行式楼梯，楼梯间开间为 3.6m；车间跨度为 6.6m，润麦仓和毛麦仓位于清理间后，共 12 个（长、宽均为 2m，均为悬空仓）；五层建筑，层高从 1～5 层分别为 4.5m、5.0m、5.0m、4.5m、4.8m；主梁宽 0.3m、高 0.5m；柱宽同梁宽、柱长 0.6m，柱外缘与外墙取齐；楼板厚 0.1m。

（2）为大中型面粉厂或碾米厂或饲料厂配置生产车间建筑形式及建筑尺寸，并说明其优缺点。

复习与练习

(1) 什么是建筑模数？制定建筑模数的目的是什么？

(2) 模数数列的适用范围是什么？

(3) 地基和基础都是建筑物的组成部分吗？

(4) 如何估算主、次梁的截面尺寸？

(5) 粮食加工厂设置双跑平行式楼梯和三跑式楼梯各有何优缺点？

(6) 配置粮食加工厂生产车间的原则是什么？

(7) 什么是开间、跨度、层高？

(8) 如何确定粮食加工厂厂房的开间、跨度、层高？

(9) 比较说明房式仓与立筒库的优缺点。

(10) 粮食加工厂如何确定立筒库的仓容量？

(11) 什么是定位轴线、附加轴线？

(12) 在建筑平面图中，定位轴线、附加轴线如何编号？

项目四　设计粮食加工厂工艺流程

☞ **学习目标**

● 知识目标：

1. 了解制粉、制米和饲料工艺流程的设计原则及设计依据；
2. 熟悉制粉、制米和饲料工艺流程的组合原则；
3. 掌握制粉、制米和饲料工艺流程的设计步骤与内容；
4. 学会分析制粉、制米和饲料工艺流程；
5. 学会通风除尘及气力输送风网的分析与设计。

● 能力目标：

1. 能够进行科学、合理、先进的工艺流程设计；
2. 能够正确确定设备主要工作参数；
3. 能够对工艺流程进行分析；
4. 能够对工艺流程进行优化和改造；
5. 能够设计通风除尘及气力输送风网。

☞ **职业岗位**

　　通过本项目的学习可从事制粉、制米和饲料工艺设计及制粉、碾米和饲料的工艺改造，生产管理和风网管路的设计与维护等工作。

☞ **学习任务**

任务一　设计制粉厂工艺流程

　　制粉厂工艺流程一般包括清理工艺流程和制粉工艺流程，分别简称麦路和粉路。设计制粉厂工艺流程也可理解为麦路设计和粉路设计。

一、设计清理工艺流程

（一）清理工艺流程设计的内容、依据与要求

1. 清理工艺流程设计的内容

一般包括：确定流程、选用有关设备及提供有关设计资料。

2. 清理工艺流程设计的依据

(1) 入磨净麦的质量标准：入磨小麦中尘芥杂质不超过 0.3%，其中砂石不超过 0.02%，粮谷杂质不超过 0.5%；入磨水分及原料搭配符合指定要求。

(2) 原料的品质与含杂情况。清理工艺流程中工艺手段的设置须与原料的品质、水分及含杂情况对应，原料的品质与含杂情况越复杂多变，就要求麦路的适应性越强，工艺手段越完善。如含砂石多应加强去石工序的清理；含荞子或草子多应加强精选工序；含灰尘多应加强表面清理和吸风，吸风可采用二级除尘。

(3) 工厂规模。工厂规模的大小和麦路的简繁关系不是很大，不论厂型大小，通常都应有较完善的清理流程（特别小的厂例外）。大型厂每一道清理工序可能选用多台清理设备并联布置，占用车间面积比较大。大型厂一般还设计有下脚处理工段或车间，收集并重新利用清理设备排出的可利用的杂质。此外，大型厂为减少车间除尘风网管道的组合，一般多采用自循环吸风的设备。

工厂规模的大小是选用工艺设备及其工作参数的重要依据。

(4) 设备条件。采用高效、适用、易控制操作的工艺设备组合麦路可保证运行效果及其稳定性。

(5) 其他条件。设计性质、气候、地理位置条件对麦路设计也有影响。如：改造现有麦路将受到较多的限制；在气候寒冷地区，小麦需要加温水分调节，润麦仓需要隔热保温措施；在离城区较远的郊区或农村可考虑采用去石洗麦机进行湿法表面清理。

3. 清理工艺流程设计的要求

(1) 清理工艺流程的工艺手段应齐全，工艺顺序应合理。

(2) 应尽量采用体积小、效率高、性能先进可靠的标准系列工艺设备，并配备适宜的技术参数。

(3) 工艺流程应具有一定的灵活性，以适应加工原料品质与含杂情况的变化。

(4) 配置易精确控制着水量和着水均匀度的水分调节设施，合适的水分调节工艺，以保证适宜的入磨净麦水分和足够的润麦时间。

(5) 应在工艺流程中安装小麦的搭配与流量检测设备，以准确而方便地进行小麦的搭配与流量的检测和控制。

(6) 清理设备和机械输送设备都应配置必要的通风系统和合适的吸风量，以改善车间环境卫生和工作条件。

(7) 清理工艺流程设计应有利于安全生产，保证生产过程的连续性和稳定性。

(8) 应尽量采用先进的自动控制系统与麦路配套，提高其运行的可靠性与稳定性。

(9) 节约投资，降低消耗。结合厂房建筑，做到合理布局，尽量减少平运和升运设备。

(10) 要考虑下脚的收集和利用，尽量设置下脚处理工序，节约粮食，提高综合效益。

（二）清理工艺流程设计的方法与步骤

（1）根据设计依据，收集有关资料，制定基本方案。如主要除杂设备的道数、搭配、水分调节、计量的方式及工艺流程的控制方式。

较完整的小麦清理流程主要由原料的接收与初清、毛麦清理、水分调节、光麦清理四个阶段组合而成。还包括原料搭配与流量控制及下脚处理等工序。

① 原料的接收与初清。接收运输工具送入的原料，经初步清理，去除对后续生产设备易产生危害的杂质后送入贮存仓，这个过程称为原料的接收与初清。一般过程为：接收输送→初清→计量→（初清）→原料贮存仓。

原料接收与初清工序的特点是工艺过程较简单，设备较少，物料流量大且不稳定；原料中含杂较多；设备的损耗较大，易发生堵塞。初清设备常采用圆筒初清筛或振动筛，并辅以吸风。若选用振动筛作为初清筛，其技术参数要与接收物料流量相适应。

原料按品种分类送入贮存仓后，再根据加工的要求，选择原料送入清理车间处理。

② 毛麦清理。毛麦清理是麦路中工作环节最多的工序，通过毛麦清理，应使小麦的纯度接近入磨净麦要求，因此毛麦清理的效果对整个麦路工艺的影响较大。

在毛麦清理工序中一般设置筛选、风选、去石、精选、打麦及磁选等设备。

毛麦清理的第一道清理设备可选用磁选设备，以保护后续生产设备的正常进行。其后为带风选的筛选设备，除去大部分轻杂和大、小杂质，这一道设备的作用是初清筛不能取代的。

除去大部分轻杂和大、小杂质后就可采用去石机去除较难去除的并肩石，第一道去石机一般设置在精选、打麦之前，可减少并肩石对袋孔或打板机构的磨损。精选设在打麦之前，以减少碎麦对精选效果的影响，若因工艺需要设在打麦之后时，应注意适当控制打麦机的打击强度。

毛麦清理中的打麦应采取轻打；在打麦之前应设置一道磁选工序，以保证打麦设备高速旋转机构的安全。打后的物料必须采用筛选与风选结合的方式清除物料中重新形成的小杂、灰尘和麦壳等轻杂，打麦设备和筛选设备之间不应间隔有其它清理设备或机械输送设备。

在第一道筛选设备之前可设置自动秤或在毛麦仓下设置配麦器，对毛麦流量进行控制与计量，并可进行毛麦搭配。

毛麦清理的一般流程为：车间毛麦仓（包括搭配与流量控制）→（中间仓→自动秤）→磁选→筛选→风选→去石→精选→磁选→打麦→筛选→风选→（去石）→水分调节。

③ 水分调节。水分调节一般包括着水与润麦两个环节，根据要求，可采用一次着水工艺或二次着水工艺。着水机最好配套采用自动、精确控制着水量的控制机构，润麦仓中设置上下料位器与中控室相联，以实现水分调节工序的远程控制和精确操作。润麦仓下的配麦器控制光麦清理工序的流量。入磨之前一般设置有喷雾着水工序，以湿润皮层，增强皮层韧性，减少面粉中混入麸星的数量。

④ 光麦清理。为彻底清除原料中的各类杂质，确保入磨麦的纯度，对水分调节后

的小麦还应进一步进行清理，麦路的这一部分称为光麦清理。一般设有磁选、打麦、筛选、风选、去石等清理工序。精选根据需要也可设置在光麦清理阶段。在入磨前设置自动秤，可较精确地了解入磨流量，有利于生产的管理。自动秤前设置净麦仓以稳定流量，净麦仓前现一般都设置有喷雾着水工序。

针对光麦的打麦应为重打，打麦后必须设置筛选与风选。第二道去石一般应设置在光麦清理的第一道位置。原料进入净麦仓前如设置刷麦工序，其后要设置风选或筛选工序。

光麦清理工序的一般流程为：润麦仓→流量控制→磁选→（去石）→打麦→筛选→风选→（喷雾着水）→净麦仓→自动计量→1 皮磨粉机。

⑤ 原料搭配与流量控制。原料搭配一般在车间毛麦仓或润麦仓下设置配麦器，分别称为毛麦搭配和光麦搭配。车间毛麦仓中的原料由贮存仓输入，一般按日处理量组织进料，按搭配的要求分品种进仓。仓下的配麦器控制搭配比例及后续清理工序的流量。自动化程度高的制粉厂通常选用重力式配麦器。

⑥ 下脚的处理。各道清理设备排出的下脚中难免混有小麦。工艺中设置下脚处理工序可将小麦提取出来加以利用，并对杂质进行分类处理。

下脚处理工序可另采用小型筛选、去石设备，经多次分选，将混入各类下脚中的小麦提取出来。中小型厂一般采用人工处理，大型厂可采用由小型设备组成的流程来进行下脚处理。

选出的杂质主要分为两类，一类为工业垃圾，如去石机选出的并肩石、各类筛选设备选出的大型无机杂质、磁选设备选出的铁杂等，工业垃圾须妥善处理；另一类为还有利用价值的物料，如筛选设备提取的小杂、精选设备选出的粮谷类杂质等，这类杂质收集后采用粉碎机粉碎，输送至粉间麸皮绞龙。

（2）确定基本流程，绘出麦路草图，确定各类设备工作位置、风网组合方案。

（3）计算麦路的主要参数。如小麦接收与初清流量、毛麦清理流量、光麦清理流量、各种麦仓的容量、润麦时间等。

（4）选择设备型号规格，计算设备的数量及主要工作参数。

（5）绘制麦路图，填写设备明细表。

麦路图为制粉厂清理工艺流程图的简称，是面粉厂的主要技术文件之一，用来表示各工序设备的排列方式，设备的主要工作参数等内容。麦路图的示例见图 4-1。

通常麦路图包含有流程图及设备明细表两部分内容。

麦路图中的中实线表示主流物料的流向，可用细实线来表示付流及下脚的流向，点划线表示风网管线。各类设备图形在麦路图中的分布，通常与设备实际所处楼层的位置大致对应。

各类设备与工艺有直接关系的工作参数应写在明细表中，如工作流量、筛选设备的筛孔、打麦机的转速、设备的吸风量等。

麦路图中的各类设备均用专门的图形符号表示，这些图形符号一般都是根据对应设备的外形、基本特点简化而成。

（6）编写设计说明书。

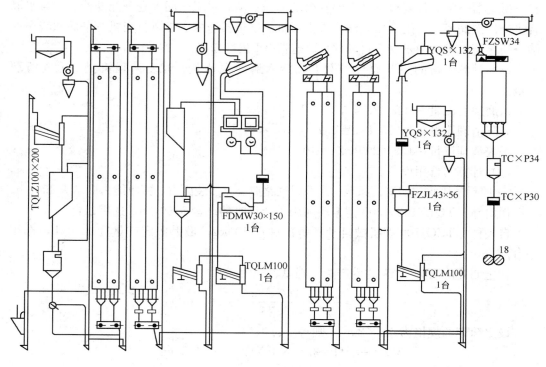

图 4-1　麦路图

（三）设计举例

1. 设计依据

（1）原料情况：国产小麦为主，来源较广，含杂 1.5% 左右（其中含砂石约 0.5%，含有一定量的荞子和大麦）容重 750g/L，灰分为 1.8%，水分为 11%～13%。

（2）成品要求：生产等级粉，主要产品为特一粉，出粉率 70%。

（3）生产能力：日处理小麦 200t，三班生产。

（4）采用国产设备。

（5）原料由铁路与公路运输，有散装与包装两种形式。

（6）其他要求：原料接收后送入立筒仓贮存，生产原料由初清塔经天桥送入搭配毛麦仓。原料须进行搭配，毛麦仓每天一班进料。不考虑扩大生产。

2. 设计过程

（1）制定基本方案。由于原料情况较复杂，麦路拟采用三筛二打二去石一精选四磁选的干法清理工艺；采用室温水分调节，二次着水润麦，润麦时间 20～36h，入磨前喷雾着水；进行毛麦搭配；原料接收、净麦两次计量。

（2）确定基本流程。该麦路的基本流程为：原料接收→圆筒初清筛→中间仓→自动秤→初清振动筛→立筒库→毛麦仓→配麦器→磁选器→振动筛→分级去石机→组合精选机→磁选器→卧式打麦机→平面回转振动筛→自动着水机→润麦仓→配麦器→（着水混合机→二次润麦仓→配麦器）→比重去石机→磁选器→撞击吸风打麦机→平面回转振动筛→喷雾着水机→净麦仓→自动秤→磁选器→1 皮磨粉机。

（3）计算麦路的主要设计参数。确定入磨净麦流量、光麦清理流量、毛麦清理流量。

入磨净麦流量＝200÷24≈8.3（t/h）；

光麦清理流量＝1.05×8.3＝8.7（t/h）≈9t/h

毛麦清理流量＝1.2×200÷24＝10（t/h）

（4）计算与选用设备。

① 原料的接收与初清。原料的来源以铁路或公路散装为主，接收能力确定为 100t/h。

初清筛：TQLZ100×200 型振动筛用于初清时的产量为 60t/h，选用二台。

自动秤：TCGJ700 型机械自动秤每次称量 700kg，最大额定产量为 115t/h，选用一台。

初定储存能力为 30 天的生产量，则总容积为

$$V_{总}＝\frac{G \cdot t}{\gamma}＝\frac{200×30}{0.75}＝8000（m^3）$$

设立筒库的规格为 Φ8×20m，则每个容积为

$$V_{单}＝\pi R^2 H＝3.14×4^2×20＝1004.8（m^3）$$

立筒库的个数为 $Z＝V_{总}/V_{单}≈8$ 个

② 筛选设备。按工艺要求，毛麦清理工序的产量为 10t/h，光麦清理工序的产量为 9t/h。考虑设备维修、操作、管理等工作的方便，一般两工序选用同规格的设备。TQLM100 型平面回转筛的产量为 12t/h，选用三台，分别用于一、二、三道筛理。

③ 分级去石设备。

重力分级去石机：TQSF63 型分级去石机的产量为 4～5t/h，选用二台。

吸式去石机：TQSX132 型吸式去石机的产量为 8～9t/h，选用一台。

④ 表面清理设备。

FDMW30×150 型卧式打麦机轻打时的产量为 8～12t/h，选用一台用于毛麦清理工序的轻打；FZJL43×56 型撞击吸风打麦机的产量为 10t/h，选用一台用于光麦清理工序的重打。

⑤ 精选设备。按工艺要求，分级后约 30％的轻质麦需要精选。因原粮中既有荞子也有大麦，为简化流程，选用 FJXZ63×27 型碟片滚筒组合精选机，其额定产量为 5t/h，实际产量为 10t/h×30％＝3t/h，满足要求，选用一台。

⑥ 磁选设备。

TCXP30 型平板磁选器的产量为 10t/h，选用三台。

⑦ 称重设备。TCGJ50 型机械自动秤每次称量为 50Kg，最大额定产量为 12t/h，选用二台。

⑧ 着水设备。着水机：FZSH32×200 型着水混合机的产量为 12t/h，选用二台。

喷雾着水机：FZSW34 型喷雾着水机的产量为 10t/h，选用一台。

⑨ 仓柜计算。

毛麦仓：为满足搭配和稳定生产的需要，取毛麦仓储存时间为 30h。设每个毛麦仓的规格为 $2.5 \times 2.5 \times 16 = 100m^3$（不包括仓底高度），则毛麦仓的个数为

$$Z_毛 = \frac{G_毛 \cdot t}{V\gamma} = \frac{10 \times 30}{100 \times 0.75} = 4 （个）$$

润麦仓：润麦仓的仓容量取决于润麦时间，本设计一次润麦时间取 24h，二次润麦时间取 12h，润麦仓体积与毛麦仓体积相同。

第一次润麦仓个数为

$$Z_1 = \frac{G_毛 \cdot t_1}{V\gamma} + 1 = \frac{10 \times 24}{100 \times 0.75} + 1 \approx 5 （个）$$

第二次润麦仓个数为

$$Z_2 = \frac{G_毛 \cdot t_2}{V\gamma} + 1 = \frac{10 \times 12}{100 \times 0.75} + 1 \approx 3 （个）$$

净麦仓：净麦仓仓容量一般为 20～60min 的生产量，本设计取存放时间 30min，采用直径为 2m 的钢板仓，钢板仓的截面积 $A = \pi R^2 = 3.14 \times 1^2 = 3.14$，则无锥度部分的高度为

$$H = \frac{G_净 \cdot t}{A\gamma} = \frac{8.3 \times 0.5}{3.14 \times 0.75} \approx 1.8 （m）$$

考虑出口锥度，取净麦仓的高度为 2.8m。

⑩ 配麦器。为满足搭配和流量控制的要求，在毛麦仓和润麦仓下均设置配麦器，TPLR20 型容积式配麦器的产量为 10t/h，选用 12 台。

为自动控制料位的变化，保证生产连续正常的进行，在立筒库、毛麦仓、润麦仓内设高、中、低料位器；在净麦仓和自动秤前麦柜中设高、低料位器。在绞龙、刮板输送机、斗式提升机等输送设备上安装失速监控器和防堵保护装置。

（5）制订设备明细表。设备明细表是麦路设计的内容之一，也是购置和调整设备的重要依据。其内容与格式见表 4-1。

表 4-1 清理车间设备明细表

序号	设备名称	型号规格	台数/台	产量/(t/h)		主要技术参数	配备动力/kW	生产厂家	备注
				额定	实际				

（6）绘制麦路图。见图 4-1。

（7）编写设计说明书。

设计说明书主要包括以下内容：

① 说明设计的指导思想、设计依据和要求等。

② 设计过程简述。主要说明工序的组成、顺序的确定、设备的计算与选择、操作指标和技术参数的确定等。

③ 对保证产量、设备效率、电耗、水耗、净麦质量等经济技术指标达到要求，所采取的工艺和技术措施加以论证。

④ 说明麦路的操作使用要点和注意事项等。

⑤ 说明下脚的收集与整理方法和利用情况。

二、设计制粉工艺流程

（一）设计粉路的注意事项

在设计粉路之前，应根据设计的要求，认真进行调查研究，收集相关的资料，确定设计依据，以提高粉路设计的可靠性。在设计中应认真参考资料，按照粉路组合的规律，选用适当的操作指标，合理制定工艺流程、选用制粉工艺设备，配置适用的工艺参数。

（二）设计粉路的主要步骤

（1）进行调查研究，确定设计依据。

（2）根据设计依据，确定基本设计参数。心磨出粉工艺中各主要设备的总流量指标为：磨粉机 $8 \sim 13mm/(100kg$ 麦·d)，平筛 $0.07 \sim 0.09m^2/(100kg$ 麦·d)，清粉机 $1 \sim 2.5mm/(100kg$ 麦·d)。基本设计参数中还包括各道磨筛设备的单位流量指标。

（3）确定研磨道数和基本工艺流程。由设计依据及确定的基本设计参数情况，确定制粉基本工艺流程，绘出粉路简图，初步确定出在制品的来源与去向。

（4）编制流量平衡表。按照粉路简图的顺序及制粉规律，确定各系统操作指标和物料分配比例，根据初定的物料分配比例，按一定的顺序填写流量平衡表。

（5）确定主机设备的数量。根据流量平衡表表中初定的各道设备的流量以及选定的设备单位流量，设计选用主要工艺设备。

一般情况下，可能有少数设备的单位流量不符合要求或设备总数量超出范围，此时应对物料分配比例、流量平衡表或设备的单位流量在允许的范围内进行调整。因此，调整流量平衡表与选择设备的过程可能需要反复若干次。

（6）确定设备的技术参数。根据已定流量与设备的选用情况，确定磨辊表面的技术特性，粉路中的筛网配置等。

（7）绘制正式粉路图，编写设计说明书。

（三）设计举例

设计一日处理小麦 200t 的小麦制粉工艺流程即粉路，绘制出正式的粉路图。任务实施方法步骤如下：

1. 进行调查研究，确定设计依据

调查主要是通过与委托方的沟通，围绕工厂规模、原料情况、成品要求、设备情况等进行。经调查，本设计的设计依据如下：

（1）工厂规模：日处理小麦 200t，三班生产。

（2）原料情况：国产小麦，来源较广。容重平均为 750g/L，灰分 1.8%，硬麦70%，白麦 70%。

（3）成品要求：生产等级粉，主要产品为特一粉，出粉率 70%，适当提取普通粉和麦胚。

（4）设备情况：采用国产先进设备。

（5）采用技术：采用心磨出粉的制粉工艺；粉间物料采用气力输送；具有配粉手段；生产过程采用计算机 PLC 监控。

（6）其他条件：厂房为新建，不考虑扩大生产。

2. 根据设计依据，确定基本设计参数

根据小麦的日处理量与选定的设备单位总流量指标计算出磨粉机总接触长度、平筛总筛理面积、清粉机总筛面宽度等主要设计参数：

磨粉机总流量指标取 12mm/(100kg 麦·d)，则根据小麦的日处理量与选定的磨粉机总流量指标算出磨辊总接触长度为：200×1000÷100×12=24000(mm)。

平筛总流量指标取 0.08m²/(100kg 麦·d)，则根据小麦的日处理量与选定的平筛总流量指标计算出平筛总筛理面积为：200×1000÷100×0.08=160(m²)。

清粉机总流量指标取 2mm/(100kg 麦·d)，则根据小麦的日处理量与选定的清粉机总流量指标计算出清粉机总筛面宽度为：200×1000÷100×2=4000(mm)。

计算出的磨粉机总接触长度、平筛总筛理面积、清粉机总筛面宽度等数据可作为设计的一个重要依据，后续步骤中确定的设备数量若在其范围之内，就说明本设计中设备的选用基本合理。

根据设计依据，特一粉出粉率 70%；选定普通粉为 8%~10%，总出粉率约为 80%。

3. 确定基本工艺流程

由设计依据，确定采用 4B、7M、2S、2T、4P 的心磨制粉工艺。3B 和 4B 分粗细、分磨混筛且筛后打麸，1M 分粗细。按照粉路组合的原则，确定流程的组合形式，绘出粉路简图。

4. 编制流量平衡表

（1）确定各系统的操作指标。按心磨出粉工艺的要求，皮磨系统的剥刮率与取粉率的参考指标见表 4-2。心磨的取粉率参看有关内容。

表 4-2 皮磨系统的剥刮率与取粉率参考指标

名　称	剥刮率/%	取粉率/%	名　称	剥刮率/%	取粉率/%
1B	35	5	3B	40	11
2B	50	10	4B	38	15

（2）确定皮磨系统的物料分配。根据粉路的特点及初定的操作指标，初步选定各道设备物料的分配比例，主要是为制作流量平衡表作准备。

① 确定 1B 的物料分配。1B 剥刮率为 35%，取粉率为 5%，则进入 2B 的麸片为 65%，其余物料按麦渣＞麦心的一般规律分配，取进入 1P 为 13%、进入 2P 为 10%、进入 1D 为 8%（其中含未筛净的粉 1%），粉为 4%。

② 确定 2B 的物料分配。2B 剥刮率为 50%，取粉率为 10%，则进入 3B 的麸片为 50%，因 3B 分粗细，按粗皮＞细皮的规律，取进入 3Bc 为 37%、进入 3Bf 为 13%；余下物料分配为进入 1P 为 14%、进入 2P 为 17%、进入 2D 的混合物为 13%（其中含粉 4%），粉为 6%。

按同样的方法可推算 3B、4B 和 2D 等物料比例。、

（3）确定清粉机的物料分配。

清粉机物料分配的主要依据为筛下物选出率。对本任务，根据物料去向的安排与选出率，参照同类工艺中物料的分配情况，选定处理麦渣的 1P 送至 3Bf 的筛上物为 10%，送至 1S 的筛上物与后段筛下物为 55%，送至 1Mc 的筛下物为 35%。处理粗麦心的 2P 送至 3Bf 的筛上物为 5%，送至 1S 的筛上物与后段筛下物为 14%，送至 1M 的筛下物为 81%。

按同样的方法可推算其余清粉机。

（4）确定心磨系统的物料分配。1Mc 的来料为清粉机提取的渣心，取粉率为 45%，余下的物料为麸屑等粗料与麦心，其中粗料一般占 10%～20%，粗心磨取大值，则选定送往 2M 的麦心为 45%，送往 1T 的粗料为 10%。

按同样的方法可推算其余前中路心磨的参数。后路心磨因全是粉筛，粉筛筛上物的比例可直接按本道取粉率推算。

（5）确定渣磨系统的物料分配。渣磨的计算依据主要是渣磨的取粉率，提取的物料中除粉外，主要是小麸片与麦心，小麸片的提取率一般为 10%～20%。

（6）编制流量平衡表。首先制作流量平衡表空白表格，根据流程的工艺设置确定表格的总行数和总列数，然后按工艺顺序填写各工作单元的名称。

按工艺顺序填写流量数据，一般从 1B 开始。按 1B 的物料分配比例，分别将数据 65、8、13、10、4 填入对应的表格中。其余各道设备分配的物料比例应分别折算为占 1B 流量的百分数再填入表中，如 2B 的物料量为 65，已确定其中 37% 的物料进入 3Bc，对应表格中填入的数据就为 65×0.37＝24。

后续各工作单元的合计物料量必须待所有来料都得出后方能计算填写。如 3Bf 的物料，来自于 2B、1P、2P、1S，就须等这几个单元的物料均已分配后，才可得到合计数 12，此数什与 3Bc 的物料数合并，才可在 3B 的对应表格中填入数值 36。可参看表 4-3 粉路流量平衡表。

流量平衡表可采用电子表格（execl）制作。各工作单元流量的合计值、取粉率及皮磨的剥刮率等都可利用函数关系进行计算，若建立较完善的系统函数关系后，修改一个数据，其余对应的数据均可自动修改，因此采用电子表格能准确快捷地制作流量平衡表。

填写完毕后，应对流量平衡表中的数据进行核对。应核对出粉率是否符合要求，各种产品、副产品的合计数是否为 100%，各系统出粉比例应与制粉方法相符，各主要工艺设备的操作指标应与选定值基本一致。若有问题，应分析原因，对流量平衡表重新计算调整。

由表 4-3 粉路流量平衡表中数据：皮、渣、心磨系统 F1 的出粉率分别为 18%、4%、48%，符合心磨出粉法要求。特一粉出率为 70%，普通粉为 8.5%，次粉为 6%，麦胚为 0.5%，麸皮为 15%，合计为 100%。

皮磨总剥刮率为 90%，大于总出粉率 80%。皮磨系统总出粉率不超过 20%，则皮磨系统提取的渣、心总量约为 90%－20%＝70%。渣、心、尾系统的出粉总量约为 60%。

表 4-3　粉路流量平衡表

系统	%（占1B百分数）	皮磨系统									重筛系统			清粉系统				渣磨系统		心磨系统										产品				
		2B	3Bc	3Bf	1BrF	2BrF	4Bc	4Bf	3BrF	4BrF	1D	2D	3D	1P	2P	3P	4P	1S	2S	1Mc	1Mf	2M	3M	4M	5M	6M	7M	1T	2T	F_1	F_2	F_3	G	Br
1	2	3	4	5	6	7	8	9	10	11	12	13	14	15	16	17	18	19	20	21	22	23	24	25	26	27	28	29	30	31	32	33	34	35
1B	100	65									8			13	10															4				35
2B	65		24	8								8		9	11															5				
3B	36				12								5			6														3				
1BrF	12					10	12																											
2BrF	10							10							11																			
4B	23		2	1					9.5	5			3											2					2.5		1	1		
3BrF	9.5															3		12			6.5	1	1.5					1		1		1		8.5
4BrF	8.5																5	3	4	5	11							2		1.5		2		6.5
1D	8			2			5													1	7	4					1			1				
2D	8			1.5			5									1					3		4				2	2		1.5				
3D	8																								1.5			1.5		3				
1P	22			2														12		8		6.5	1.5						1	1	6			
2P	21		1	1														3		5		11			2		7			6	12.5		0.5	
3P	10				6											3				1			4	9.5		7.5				11				
4P	10						5	5												1	7			7.5				1.5		6				
1S	15			1			0.5									1				1	3								3	4.5				
2S	7									1.5								3		3	4				7.5			1	1	2			0.5	
1Mc	14																				6.5			1.5	2.5			1.5		6				
1Mf	25.5																				11					8.5		2		12.5				
2M	22.5																										7	2		11	1	2		
3M	15																					9.5		7.5				1.5		6	1			
4M	13																							7.5					1	4.5	1			
5M	12.5																								7.5	8.5		1	2	1			
6M	10																											1.5	2.5	2	1	1		
7M	9.5								1.5	2																2.5		2.5		1	4	3		
1T	10						0.5																			1.5				2.5	2			0.5	
2T	8									2																					8.5	1	6	0.5	15
合计		65	24	12	12	10	12	11	9.5	8.5	8	8	8	22	21	10	10	15	7	14	25.5	22.5	15	13	12.5	10	9.5	10	8	70	8.5	6	0.5	15

5. 选用设备

根据流量平衡表中各单元的流量数和选定的单位流量指标，进行主要工艺设备的选用计算。一般采用计算表的形式进行计算选用。具体形式见表 4-4～表 4-7。

表 4-4　磨粉机的计算选用表

系统	流量		单位流量/［kg/（cm·d）］		磨辊接触长度/cm		型号规格及台数/台
	%（占 1B 百分数）	t/d	指标	实标	计算	选用	MDDK10×2
1B	100	200	1000	1000	200	200	1
2B	65	130	600	650	216.7	200	1
3Bc	24	48	350	240	137.6	200	1
3Bf	12	24	300	240	80	100	0.5
4Bc	12	24	300	240	80	100	0.5
4Bf	11	22	250	220	80	100	0.5
1S	15	30	400	300	75	100	0.5
2S	7	14	200	140	70	100	0.5
1Mc	14	28	300	280	93.3	100	0.5
1Mf	25.5	51	250	255	204	200	1
2M	22.5	45	250	225	180	200	1
3M	15	30	200	150	150	200	1
4M	13	26	200	260	130	100	0.5
5M	12.5	25	200	250	125	100	0.5
6M	10	20	150	200	133.5	100	0.5
7M	9.5	19	150	190	126.7	100	0.5
1T	10	20	200	200	100	100	0.5
2T	8	16	150	160	106.7	100	0.5
合计	386				2287.8	2400	12

表 4-5　平筛的计算选用表

系统	流量		单位流量/［t/（m²·d）］		筛理面积/m²		型号规格及台数/台
	%（占 1B 百分数）	t/d	指标	实标	计算	选用	选用 FSFG6×24
1B	100	200	10	8.9	20	22.5	3
2B	65	130	7	5.8	18.6	22.5	3
3B	36	72	5	4.8	14.4	15	2
4B	23	46	3.1	3.1	9.2	15	2
1D	8	16	5	2.1	3.2	7.5	1
2D	8	16	5	2.1	3.2	7.5	1
3D	8	16	5	2.1	3.2	7.5	1

续表

系统	流量		单位流量/［t/（m²·d）］		筛理面积/m²		型号规格及台数/台
	％（占1B百分数）	t/d	指标	实标	计算	选用	选用 FSFG6×24
1S	15	30	5	4	6	7.5	1
2S	7	14	4	1.9	3.5	7.5	1
1Mc	14	25	5	3.7	5.6	7.5	1
1Mf	25.5	51	5	3.4	10.2	15	2
2M	22.5	45	4.5	3	10	15	2
3M	15	30	4.5	4	6.7	7.5	1
4M	13	26	4.5	3.5	5.8	7.5	1
5M	12.5	25	4.5	3.3	5.6	7.5	1
6M	10	20	4	2.7	5	7.5	1
7M	9.5	19	4	2.5	4.8	7.8	1
1T	10	20	5	2.7	4	7.5	1
2T	8	16	4.5	2.1	3.6	7.5	1
粉检	70	140	12	6.2	11.6	22.5	3
合计	386					225	30

表 4-6　清粉机的计算选用表

系统	流量		单位流量/［kg/（cm·d）］		筛理宽度/cm		型号规格及台数/台
	％（占1B百分数）	t/d	指标	实标	计算	选用	选用 FQFD46×2×3
1P	22	44	350	318.5	125.7	138	1.5
2P	21	41	300	297.7	136.7	138	1.5
3P	10	20	200	217.4	80	92	1
4P	10	20	200	217.4	100	92	1

表 4-7　打麸机的计算选用表

系统	流量		单位流量/［t/（m²·d）］		筛理面积/m²		型号规格及台数/台
	％（占1B百分数）	t/d	指标	实标	计算	选用	选用 FFPD45×110
1BrF	12	14	15	16	1.6	1.5	1
2BrF	10	20	15	13.3	1.3	1.5	1
3BrF	9.5	19	10	12.7	1.9	1.5	1
4BrF	8.5	17	10	11.3	1.7	1.5	1

　　对于复式设备，必须选用完整的台数，如磨粉机不得多出一对磨辊，平筛不得多出或空余筛仓。

　　选用计算后，应将主要设备数量与通过总指标计算的数值进行比较，若差别较大时，应适当调整。经核算，本设计磨粉机单位接触长度为 12mm/（100kg 麦·d），平筛的单位筛理面积为 0.08m²/（100kg 麦·d），清粉机的单位筛宽 2mm/（100kg 麦·d），均在有关指标范围以内。

6. 确定设备的技术参数

按所选定的操作要求、流量情况选定磨辊的技术参数，见表 4-8。平筛筛网可参考同类厂的选用情况，结合本设计的具体要求进行选配。

表 4-8　磨辊技术参数表

系统	齿数/（齿/cm）	齿角/（°）	斜度/%	排列	快辊转速/（r/min）	速比	齿顶平面/mm	动力/kW
1B	4	30/60	4	D-D	600	2.5∶1	0.3	22
2B	5.5	30/60	4	D-D	600	2.5∶1	0.2	22
3Bc	6.3	35/65	6	D-D	600	2.5∶1	0.2	18.5
3Bf	7.1	40/60	6	D-D	550	2.5∶1	0.15	15
4Bc	7.1	35/65	8	D-D	550	2.5∶1	0.15	15
4Bf	7.9	40/60	8	D-D	550	2.5∶1	0.15	11
1S	光辊				500	1.25∶1		18.5
2S	光辊				500	1.25∶1		11
1Mc	光辊				500	1.25∶1		22
1Mf	光辊				500	1.25∶1		22
2M	光辊				500	1.25∶1		22
3M	光辊				500	1.25∶1		18.5
4M	光辊				500	1.25∶1		15
5M	光辊				500	1.25∶1		15
6M	光辊				500	1.25∶1		11
7M	光辊				500	1.25∶1		11
1T	光辊				500	1.5∶1		11
2T	光辊				500	1.5∶1		11

7. 绘制正式粉路图，编写设计说明书

正式粉路图见图 4-2。设计说明书的主要内容如下：

（1）粉路设计的依据和要求，设计的主要特点。

（2）操作指标和技术参数的确定。

（3）粉路流量平衡表。

（4）设备计算选用表。

（5）为保证各项经济技术指标的完成所采取的工艺技术措施。

三、设计配粉工艺流程

配粉是指将制粉车间生产出的几种不同组分和性状的基础粉，经过合适的比例（配方）混配制成符合一定质量要求的面粉，在混配过程中也可加入添加剂进行修饰，也就

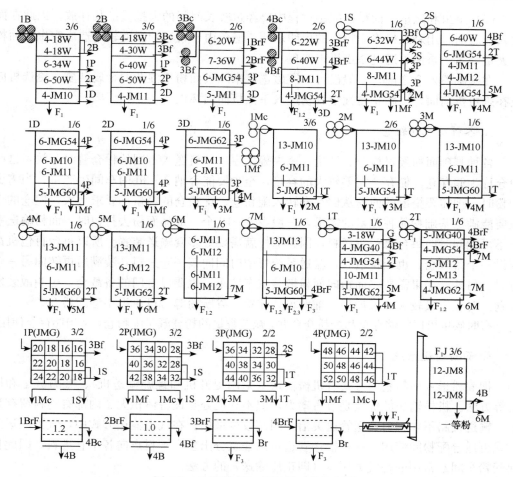

图 4-2　日处理 200t 等级粉工艺流程图

是按各类食品的专用功能及营养需要重新组合、补充、完善、强化的过程。通过配粉，可以将有限的等级粉配制成各种专用小麦粉，以满足食品专用粉多品种的需要，可充分利用有限的优质小麦资源，是生产食品专用粉和稳定产品质量最完善、最有效的手段。

（一）配粉系统的工艺配置

配粉系统的工艺配置是指配粉系统中需要配置的设施、设备或工序等。

1. 面粉入仓前的处理

（1）面粉检查。在配粉之前，应当首先用平筛对基础粉进行筛理检查，以防止制粉过程中因平筛窜仓、筛网破裂等故障造成的不合格基础粉直接进入配粉系统。此外，由于机器故障、人为因素或不可预测因素造成的面粉中出现的杂质，也可以通过检查筛被分离出来，保障整个配粉工艺的稳定进行。

（2）面粉计量。为了掌握每个仓、每种基础粉的数量及了解当班生产的产量、电耗和出粉率，各种基础粉在入仓之前要进行计量。计量工作由自动计量秤完成。

（3）杀虫和磁选。面粉在配制过程中要经过较长时间的大批量散装存放，因此在面粉入仓之前，用杀虫机将面粉中的虫卵杀死，避免由于粉仓的温度较高造成害虫在面粉中大量繁殖。杀虫可通过杀虫机来实现。

在基础粉入仓之前，一般设置一道磁选机来除去面粉里混杂的金属杂质。磁选机应放在杀虫机前面，以防止磁性金属物进入杀虫机而损坏设备。

2. 各种功能的粉仓

各种基础面粉经过检查、计量、杀虫等工序后，可送入不同的粉仓暂时存放，这些粉仓称为储存仓。储存仓需要较大的容量，至少要能容纳 2～3d 的车间生产量。当需要配粉时，把需要搭配的面粉从储存仓转入配粉仓。配粉仓的容量不要求太大，但仓的个数要能满足基础粉品种数量的需求，一般设 6～12 个。成品面粉去打包时，面粉输送系统不可能同时向每台打包机送料，因为那样就需要好多套输送装置。所以每台打包机都要设一个备载仓，也叫打包仓，输送系统集中时间向某一仓进料，装满后再转向另一仓进料。另外，如果需要将面粉向面粉散装汽车装车，也要设专门的备载仓，也叫散装发放仓。对于用量较大的添加剂、辅助粉如淀粉、谷朊粉等，可单设小型配粉仓。

有时候也可以将储存仓和配粉仓合并，众多数量的粉仓既是配粉仓，又当储存仓使用。

3. 面粉输送系统

把面粉送入面粉仓的方式有机械输送（采用提升机和螺旋输送机）、气力吸运和压运等方法。机械输送的优点是节省动力，但不利之处是设备体积大、内部有物料留存死角、输送线路不如气力输送管道灵活，因而较少采用。在气力输送方式中，气力压运的方式更适合配粉间使用，一根输送管道可以任意分出多个卸料点向各个仓进料。因此目前配粉车间最常用的是气力压运（即正压输送）的方法。

4. 配料与混合

（1）配料。配料是配粉的关键工序，配料设备的精度决定着面粉配比的准确度。面粉的配料方式有两种：重量式配料和容积式配料。

重量式配料是利用精确的称量设备（如配料秤），将所要配制的基础粉和添加成分按照工艺配方的比例称量出来，然后一起放入混合机进行混合。重量式配料的精确度较高，缺点是投资较高。

容积式配料是按照体积流量来控制各种基础粉的配比。在每个粉仓下安装一台流量控制装置，如螺旋喂料器、容积式配料器等，根据要求的配比调整好每个喂料器的流量，同时开启各个喂料器，将物料汇集在一条螺旋输送机内，通过螺旋输送机进行混合。微量添加机放置在螺旋输送机上，向面粉中加入添加剂。容积式配料的投资小、可连续生产，但配料精确度低，适用于配粉要求不太高的工艺。

（2）混合。混合设备的效果决定着面粉混合的均匀度。混合的方式有两种：间歇式混合和连续式混合。

间歇式混合主要通过混合机来实现。这种方式的缺点是混合时间较长，投资高、占地大、检修不便；优点是混合效果好，装卸和排料迅速彻底，便于清理维修和实现自动控制，对微量添加的物质有较好的混合效果。该方式一般和重量式配料相匹配。

连续式混合一般是利用螺旋输送机进行，用以将容积式配料设备搭配的物料进行连续地混合。连续式混合的均匀度较差，尤其对添加万分之一级别的微量元素，螺旋输送机很难将其混合均匀。

5. 面粉打包和散装发放

经配粉工序配制好的成品面粉，即可打包发放，或者散装发放。

在打包前必须经过检查筛。检查筛的作用是筛出面粉在储存中可能形成的粉块。

散装发放系统需要设置散装发放仓以及配套的出仓、装车设施，将散装面粉装入散运罐车。

（二）配粉工艺流程的组合

按照面粉入仓、出仓、搭配、混合、发放的作业顺序，将以上的各项工艺配置进行组合与连接，形成图 4-3 所示的流程方框图。

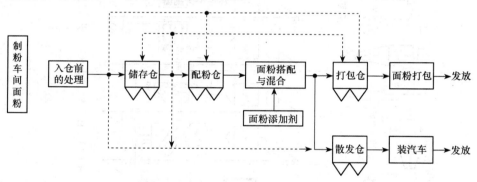

图 4-3　配粉流程方框图

制粉车间来的基础粉，经过入仓前的处理之后，即可进入配粉作业。基础面粉流动的主线是：储存仓→配粉仓→搭配与混合→打包仓或散发仓。除此之外，还要考虑工艺或线路的灵活性：基础面粉除了可以进储存仓，还可以根据需要直接进配粉仓、打包仓和散装发放仓；从储存仓放出的面粉除可以进入配粉仓，还可以直接进打包仓和散装发放仓，另外还要能够返回其它储存仓，实现倒仓功能；配粉仓兼作储存仓时，其出仓的面粉除可以进入打包仓和散装发放仓外，也要能够返回其它配粉仓，实现倒仓。

配粉工艺主要包含四个工段：

（1）入仓工段。该工段包括面粉检查、计量、磁选、杀虫、输送等工序。该工段面粉的主要去向是进储存仓，为体现工艺灵活性，也可入配粉仓、打包仓和散发仓。该工段开车时间和制粉车间一致，产量也和制粉车间匹配。

（2）倒仓工段。该工段包括出仓、输送等工序。本工段包括储存仓之间倒仓、储存仓向配粉仓倒仓、储存仓向打包仓或散放仓倒仓。本工段单独开车，产量较大，和配粉工段产量匹配。

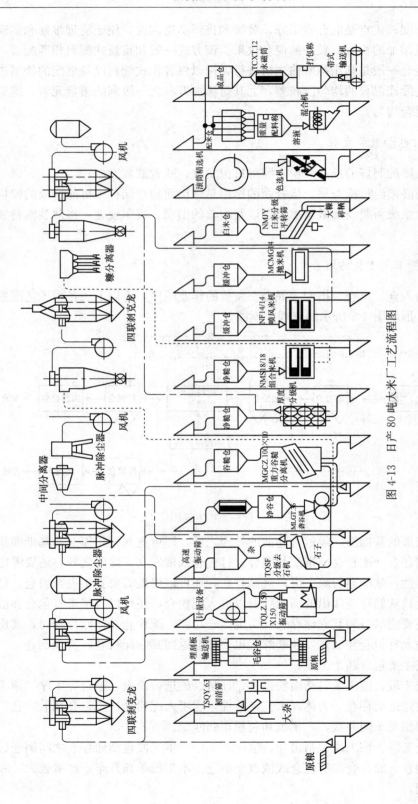

图 4-13 日产 80 吨大米厂工艺流程图

（3）配粉工段。该工段包括出仓、配料、混合、微量添加、输送等工序。本工段主要向打包仓或散发仓输送，有时也考虑向储存仓倒仓。本工段可以和打包与发放工段同步作业，在打包仓或散放仓仓容许可时，也可以单独开车。

（4）打包和发放工段。该工段可以和配粉工段同时作业也可以独立开车。只要打包仓（散放仓）内有面粉，就可以打包或发放。

（三）典型的配粉工艺流程

典型的配粉工艺流程图如图4-4所示。这是一套较为完善的重量式配粉工艺，具有散存仓、配粉仓、打包仓和散装发放仓。

该工艺中面粉储存仓的仓容较大，可以短期储存一定数量的面粉，同时还设有倒仓功能，防止面粉结块。从制粉间来的面粉可以入储存仓也可以直接入配粉仓进行配粉，或直接进后面的打包仓或散装发放仓；储存仓的面粉可以入配粉仓也可以直接去打包或散装发放。该工艺由于单独设了储存仓，多了一道面粉提升次数，动耗较大。

如果将配粉仓兼作储存仓使用，则减少了一道面粉提升次数，易实现多仓面粉配料混合，节省了投资和动耗。但粉仓不能充分利用楼层空间，仓容受到限制，故仅适于储存量小的配粉车间。

任务二　设计制米厂工艺流程

制定米厂工艺流程的任务是：根据原粮的工艺性质及成品米的工艺要求，按照经济合理的原则，研究确定生产工序，选择加工机械设备，科学地组织工艺流程，拟定操作指标，确定设备型号、规格、台数以及技术参数等。

我国工艺流程设计，根据对象不同可分为三种类型，即通用设计、对象设计和改建设计。

（1）通用设计。通用设计是为全国或一定地区能普遍使用而进行的设计，使用该设计，其原粮性质、成品要求、设备的选用及操作方法必须大致相同。其特点是：工艺上通用性比较大，但只限于没有特殊要求的工厂使用。

（2）对象设计。对象设计是根据建厂地区的特殊情况进行的设计。其特点是：能因地制宜，根据建设单位具体要求进行针对性设计，严谨合理，但有一定的局限性，即条件不同的其他工厂一般不宜采用。

（3）改建设计。改建设计是针对现有生产厂的工艺流程的改造而进行的设计。它必须以现有的工艺流程为基础，根据现有的厂房、设备等情况进行通盘考虑，并受上述情况的控制。其设计的特点是：局限性更大，设计的重点一般放在原有工艺流程不合理的部分，并在条件许可的情况下进行设计。

一、设计的原则和要求

（一）工艺流程的设计原则

由于工艺流程设计初步确定以后，才能进行下一步的全厂工艺设计和土建设计，所以工艺流程设计在很大程度上决定了建厂的投资和投产后的产品质量及经济效益等。为此，工艺流程设计时必须遵循以下原则：

（1）根据原粮情况和成品要求，积极采用先进技术、先进经验、先进设备，使生产过程连续化、合理化、自动化。

（2）遵循同质合并、循序后推、减少回路的原则，在保证产品质量的前提下，尽量简化工艺流程，发挥各工序最大效率。

（3）确保生产稳定和工序间的流量平衡，并充分考虑到生产中可能发生的临时故障，以免影响整个工厂的生产。

（4）优先选用国家定型的、生产效率高的设备，以发挥最大的加工效能，减少动力消耗，降低生产成本。

（5）工艺流程要有一定的适应性、灵活性，以满足不同原料和产品的要求。

（6）设备布局合理，尽量减少物料输送环节，同类设备尽量安排同一楼层，便于操作管理。

（7）充分利用原粮，保证合理加工，提高产品的出率，考虑下脚处理与利用，提高综合效益。

（8）一风多用，加强除尘，防火防爆，保证安全生产。

（二）工艺流程的设计依据

1. 设计任务书

设计任务书是由建设单位编制的设计文件，这是设计工作的主要依据。设计任务书一般包括以下具体内容：

（1）生产规模。生产规模包括日产量多少，每天生产的班次，年生产能力。

（2）原粮质量情况。原料的品种产地及主要工艺参数。

（3）对产品的要求。生产大米的等级种类、国家标准和各等级大米生产的产量比例。

（4）物料的输送方式。原料的输送方式是铁路、公路还是水路等。

（5）建厂投资和主要经济指标等。建厂的投资规模、投产后所要求的生产成本以及出米率、电耗等技术经济指标。

（6）其他条件。气候、厂区环境、地质、生产发展的可能性等。

2. 设计标准

有关单位和业务部门，在长期生产和设计实践的基础上，制定了各种有关的设计标准。按照这些标准进行设计，有利于设计工作顺利进行，有利于设备的选用与购置。

3. 有关资料或文件

上级单位或主管部门下达的与工艺流程设计工作有关的文件，或建厂地区提供的与设计工作有关的符合实际情况的各种资料，都可作为设计工作的依据。

二、设计的步骤与方法

（一）资料的收集和整理

接受设计任务后，须研究设计任务书，领会设计意图，构思设计初步方案，列出收集资料提纲。

收集资料的主要内容：

（1）建厂地区的原粮情况及加工产品等。

① 原粮的品种、类型及近几年生产中各种类型的数量和所占总量的百分比。

② 原粮的等级和含杂情况包括出糙率、杂质的种类及重量百分比等。

③ 原粮、杂质及其加工产品的工艺特性，包括粒形、粒度、容重、千粒重、爆腰率、水分、硬度、悬浮速度等。

④ 稻谷出糙率、糙出白率、出米率。

⑤ 产品的种类、等级和数量。

（2）建厂地区现有厂的生产情况，包括：工艺流程、选用设备、经济技术指标、产品质量等。

（3）先进厂的工艺流程、经济指标、技术参数、产品数量、下脚和副产品整理等。

（4）与设计有关的各种机械设备的生产能力、主要结构尺寸、技术参数、工艺指标、工艺流程等。

（5）技术资料。如设备的使用说明书、各种生产测定资料、技术档案等。

（6）标准化设计文件、碾米厂操作规程、粮食加工厂设计手册、产品样本、有关的专业教科书等。

（二）确定工序、组合工艺流程

1. 确定工序

（1）清理工段。一般包括初清、称重、去石、磁选及下脚整理等工序。

① 立筒库、毛谷仓。原粮进入工厂后，先存入仓。立筒库主要起存料作用，仓容量大，一般可供车间一个月使用。毛谷仓有一定存料作用外，主要起调节物料流量、保证连续生产的作用接受，其仓容量可供车间 2～3 班使用。毛谷仓数量应根据生产规模决定，一般以两座以上为好，以便适应不同原粮品种的暂存。大型加工厂一般既有立筒库，又有毛谷仓。中小厂一般只设毛谷仓，其仓容稍大。

② 初清与筛选。初清安排物料进入立筒库（或毛谷仓）之前，使原粮经初清后入仓。采用的设备比较简单，常用一道圆筒初清筛或再设一道振动筛，清除稻穗和部分大杂，称为初清。在毛谷仓后，进入车间，再增加一道振动筛作进一步清理。小型厂的初清，一般设在毛谷仓之后，或原粮送入车间后，直接进入振动筛，除去大、小、轻杂。这种设计简单，但当原粮中含稻穗较多时，物料在筛面上堆积，将会严重影响振动筛的清杂效果和米厂的正常生产。

③ 称重。称重设备设置最好是初清后。如设置在原粮进入车间未经清理之前，可

以正确地反映出原粮的加工数量。但原粮中含杂较多，如未经初清而直接进入称量设备，将会影响称量的准确性，严重时，将使称量设备无法正常工作。

④ 去石。去石工序一般设在清理流程的后端，这样可避免去石机工作面的鱼鳞孔被杂质堵塞，以保证良好的去石效果。

⑤ 磁选。磁选安排在初清之后，摩擦或打击作用较强的设备之前。这样，一方面可使比稻谷大或小的磁性杂质先通过筛选除去，以减轻磁选设备的负担；另一方面可避免损坏摩擦作用较强的设备，也可避免因打击起火花而引起火灾。

当原粮大多数为长芒稻谷时，也可设置打芒工序，用以增加稻谷的散落性减少筛孔的堵塞，提高除杂的效果。

（2）砻谷工段。一般包括砻谷、谷壳分离、稻壳整理、谷糙分离、糙米除碎、糙米精选、糙米调质等工序。

① 砻谷。将清理工段得到的净谷首先进入砻谷机脱去颖壳。

② 谷壳分离。将砻下物中的稻壳分离出来。稻壳体积大，比重小，散落性差，如不首先将其分离，将会影响后继工序的工艺效果。如在谷糙分离过程中混有大量稻壳，将妨碍谷糙混合物的流动性，降低谷糙分离效果。回砻谷中如混有较多稻壳，将使砻谷机产量下降，动力及胶耗增加。所以，稻壳分离工序必须紧接砻谷工序之后。

③ 稻壳整理。谷壳分离工序中分出的稻壳往往带有一些完整粮粒。设置稻壳整理工序，可把混入稻壳中的粮粒、未熟粒、大碎分选出来，回机或生产饲料；同时也可将瘪稻、糙粞、小碎分出，用作饲料、酿酒、制醋、制糖的原料，以免浪费粮食。

④ 谷糙分离。从谷糙混合物中分选出来的净糙送入碾米工段碾白，分选出来的稻谷则重新回到砻谷机进行脱壳。谷糙分离工序设在谷壳分离工序之后。

⑤ 糙米除碎。稻谷经砻谷后，不可避免地会产生糙碎。如糙碎混入糙米中一同碾米，会使糙碎碾成粉状。这不仅影响出率，而且让其混入米糠后，还会引起米糠榨油时出油率的降低。因此，在糙米碾白之前，将糙碎从糙米中分出来。

为了提高分离糙碎的工艺效果，常将筛选设备的筛孔稍放大些，同时还应对分出的糙碎进行整理，将完整粒、未熟粒选出回机，并将小碎和糙粞（糙米胚乳碎粒）进行分级，做到物尽其用。

⑥ 糙米精选。上述工序中得到的糙米中，往往还含有少量杂质（如谷壳、石子等），如不清除，将严重影响大米质量，因此，必须采用筛选、风选等方法将其除去。

⑦ 糙米调质。就是通过对糙米加水或蒸汽，使其皮层软化，并使皮层与胚乳之间结合力降低，糙米表面摩擦系数增加，从而达到减少碎米，提高出率，优化碾米效果，改善大米蒸煮品质和食用品质。

砻谷工段除了上述工序以外，为了保证生产中的流量稳定和安全生产，在砻谷工段之前、之间和最后，还需设置一定容量的仓柜及磁选设备。

（3）碾米工段工序。碾米工段一般包括碾米、擦米、凉米、白米抛光、色选、白米分级、白米精选、配米、计量包装、糠粞分离等工序。

① 碾米。碾米的目的是部分或全部去除糙米皮层。一般设2～3道碾白。

② 擦米。擦去米粒表面的糠粉。擦米工序一般采用柔性材料制成的擦米机，也可

采用铁辊擦米机。在加工光洁度要求较高的米时，可采用着液碾擦，提高成品米外观，这样有利于储藏和米糠回收。

③ 凉米。经碾擦之后的白米温度较高，且米中还含有少量的米粉、糠片，一般用室温空气吸风处理，以利于长期储存。

④ 白米分级。是从白米中分出超过大米质量标准规定的碎米。对含碎高的米，可采用溜筛除去超量的小碎米和部分中碎米；对含碎规定严格的米，要采用精选设备组成较复杂的流程，既要保证各种等级大米所含碎米的量和粒度，又要对提出的碎米进行分级；如出机米含碎不超过规定标准，也可不专门设置白米分级工序。必要时，可将不同等级的碎米配入大米中，使其质量控制在标准规定范围之内，以保证经济效益。

⑤ 白米抛光。白米抛光有干法抛光和湿法抛光两种，其中湿法抛光效果较显著。湿法抛光是加入水、水雾或蒸汽使表面湿润，同时在较大摩擦力的碾磨作用和一定的温度作用下，不仅可消除粘附在米粒表面上的糠粉和划痕，而且还可使米粒表层的淀粉糊化，从而获得色泽晶莹光洁的外观质量。白米抛光工序一般设在白米分级工序之后。

⑥ 色选。米粒经光电色选机精选后，可有效地剔除出异色米粒和带有异色疵点的米粒及异颗粒状杂质。经光电色选机精选提纯后，可以获得完好的、纯净的、透明度和品种纯度高的、具有本品种大米固有的正常色泽的米粒，因而米粒的品质得以显著地提高。一般设置在白米分级工序之后，可根据加工成品档次和数量，确定是全部色选还是部分色选。

⑦ 白米精选。通过白米精选机后，可以做到整米中不含碎米，碎米中不含整米，从而为配米生产提供原料。

⑧ 配米。配米是将不同品种或不同含碎率的大米按一定的比例配合均匀，以改变成品米的食用品质、营养品质或等级。配米可提高大米品质的稳定性，便于形成系列化产品，充分提高经济效益。

配米的设备，一般设置3~4个配米仓，在每个仓下方设置配米计量装置，按配制米的配方进行配料。完成全部配料任务后，即可进行混合，然后输送到成品仓计量包装。

⑨ 成品米的计量包装。计量误差尽量控制在0.2%以内，包装上做到能保持成品的品质，便于运输保管、储存和销售。

⑩ 糠秕分离。由于米糠富有黏性，中小型米厂，一般采用带有橡皮球清理筛面机构的糠秕分离平转筛进行分离；砂辊碾米时，糠秕中含有相当部分粒度相同的糠和秕，可利用其比重不同采用风力分离；着水碾米生产的米糠中淀粉含量较高，且水分较大，应和其他米机生产的米糠分开处理。

碾米工段除了上述工序外，为了保证连续生产，在碾米过程及成品米包装前应设置仓柜，同时还需设置磁选装置，以利于安全生产和保证成品米质量。

2. 组合工艺流程

(1) 清理工段工艺流程组合介绍。去石流程。目前，碾米厂一般采用主流去石、下脚整理的去石流程。在保证主流基本无石时，下脚量一般不会超过进机流量的3%，因数量少，可用人工整理或用一小容量的仓柜暂存，停机后再用比重去石机反复处理这部分下脚，去除含粮粒不超过规定标准的石子，稻谷经反复清理后可并入主流［图4-5（a）］。

大型碾米厂可在副流中单独设置一台小型比重去石机，用以整理下脚［图 4-5 （b）］。在原粮含石较高的情况下，也可采用主流经两道串联的去石流程，以提高净谷质量［图 4-5 （c）］。

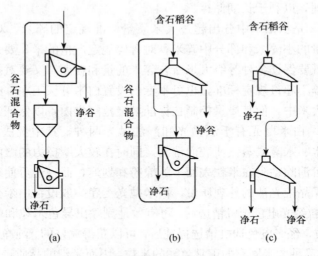

图 4-5　去石流程

产量较高的米厂还可采用 TQSF 型分级比重去石机。该机有两层筛面，第一层为分级筛面，第二层为去石筛面。轻质稻谷浮于第一层筛面上继而排出。重质稻谷与石子则穿过第一层筛面落到第二层筛面上进行去石。分出的轻质稻谷约占进机流量 30％，实际进行去石的物料只占进机流量的 70％，因此产量相应提高。

（2）砻谷工艺流程组合介绍。

① 砻谷流程。由于回砻谷数量较少，并因经过挤压和撕搓，颖壳已经松动，也有一部分谷粒已爆腰，不能承受较大的压力。所以，再次脱壳时，所需线速差、辊间压力等，都应与净谷有所不同，而应进行单独脱壳。在图 4-6 中，（a）为小型厂的砻谷流程，（b）为中型厂的砻谷流程。

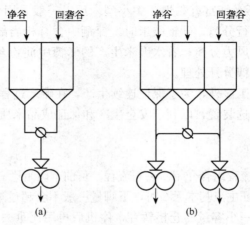

图 4-6　砻谷流程

② 稻壳整理流程。如图 4-7 所示，从砻谷机吸出的稻壳经离心分离器收集，后经分离器二次分离，分出粮粒和稻壳，稻壳再由风机吹送至稻壳房。

③ 谷糙分离流程。由于稻谷的粒形、粒度复杂，所以采用两道分离有利于提高谷糙分离效果。组合形式有二种，一种是谷糙平转筛、重力谷糙分离机串联谷糙分离流程（图 4-8），另一种是两道均用重力谷糙分离机串联谷糙分离流程。

图 4-8 为谷糙平转筛、重力谷糙分离机串联谷糙分离流程。这种流程对品种混杂、粒形大小不一的稻谷适应性较强，它既能满足产量要求，又能提高谷糙分离效果。

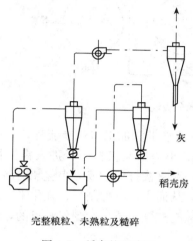

图 4-7　稻壳整理流程

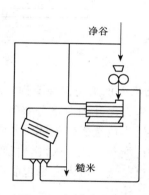

图 4-8　谷糙分离流程

（3）碾米工段工艺流程组合介绍。

① 碾米流程。碾米流程如图 4-9 所示。加工低精度米时，采取一机或两机出白；加工高精度米时，采取两机或三机出白。在实际生产中可根据原粮情况及成品要求，通过分流闸板进行灵活组合。

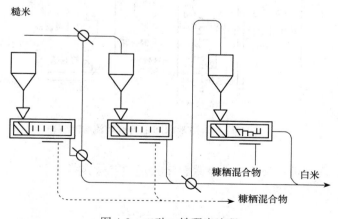

图 4-9　二砂一铁碾米流程

② 白米分级流程。由于加工的稻谷品种、品质不可能完全一样，加工大米的精度等级也不可能完全相同，因此出碎率、出米率以及对大米含碎的要求也不一样。根据不

同的情况和要求，白米分级流程要机动灵活。

平面回转筛用于白米分级时，产量高，同时具有除稗和除糠的功能。但其分离精度低，须用滚筒精选机对一般整米和碎米继续整理。如用滚筒精选机处理平面回转筛的出口物料，则整米的质量和数量都可以提高，其流程如图 4-10 所示。

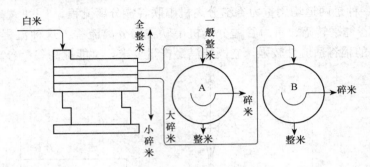

图 4-10　白米分级流程

③ 清洁米深加工与包装流程。图 4-11 是清洁米深加工与包装流程，经抛光达到清洁米要求的米，提升到白米分级筛，去除大、小碎米及糠粉，后进入精选机进一步精选，然后再进入色选机，色选后分成二路。一路直接打包，成为小包装清洁米，一路进入配米仓进行配制，或进入混合机喷涂溶液，从而生产出配制米、强化米、调质米、增香米。再经过磁选，进入定量包装机，进行真空充气包装，达到保鲜目的，同时也方便贮存、运输、销售。

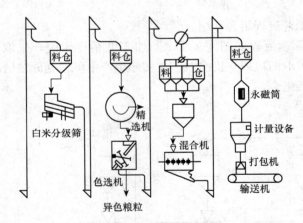

图 4-11　清洁米深加工与包装流程

（三）选择设备，确定设备技术参数、流量定额与操作指标

1. 设备选择

（1）加工设备的选择。设备选择是否恰当，不仅直接影响工艺效果，而且也影响碾米厂各项经济技术指标。在选择设备时，根据原粮的特点和工艺流程的要求，尽量选用工艺效果好，结构简单，操作方便的先进设备，优先选用标准化、系列化和零部件通用

化的设备。

（2）输送设备的选择。输送形式有气力输送与机械输送两种方法。大多数厂是多层建筑（3～5层），物料自上而下输送采用溜管。采用气力输送提升物料（即风运米厂）存在电耗高、碎米多、管件易磨损、噪音大等弊端。因此，目前不宜采用，一般采用机械输送。但是，对于稻壳的收集、糠秕混合物的输送，应采用气力输送。这不仅可以防止粉尘外逸，而且能降低机器（砻谷机、碾米机）主要工作部件的温升，利于延长主要工作部件（胶辊）的使用寿命，降低材料、物料消耗，提高出米率。

（3）通风除尘设备的选择。为了使生产车间内、外空气含尘浓度达到国家规定标准，一般都采用二级除尘。第一级采用离心除尘器，第二级可采用各种布袋除尘器等。此外，还应选用高效率的风机。

2. 确定设备技术参数

确定技术参数时，可参阅相关章节有关内容，结合设备的设计资料和同类工厂同类设备的实际生产中测定的记录，确定设备的单位流量、筛孔大小、转速、偏心距、振幅等。

3. 设备操作指标

操作指标包括：各清理设备筛下物的提取率、清理效率，砻谷机的脱壳率、稻壳的分离效率，谷糙分离筛的净糙提取率、回砻谷百分率、净糙质量指标、回砻谷含糙率，碾米设备的碾碎率及碎米的提取量等。确定操作指标时，既要根据定型设备的规定，也要考虑原粮类型、品种、水分、含杂量等情况，这样确定的操作指标才能切实可行。

（四）流量、设备数量及仓容的计算

1. 流量计算

（1）毛谷实际用量。以碾米厂日产大米量为依据进行计算的。计算公式如下：

$$Q = \frac{Q_m \times 1000}{24 \times M_g}$$

式中：Q——毛谷实际用量，kg/h；

　　　M_g——毛谷出米率，%；

　　　Q_m——碾米厂日产大米量，t/d。

（2）各工段的生产能力。

① 清理工段生产能力。一般考虑在实际毛谷用量的基础上扩大 20% 的储备余量。其原因如下：

第一，由于稻谷含杂情况的变化较大，如稻谷含杂可能超过设计规定，在稻谷清理过程中，为了保证净谷质量，除应加强清理过程中的操作管理以外，还可能通过适当降低清理设备单位流量，以提高清理设备的清理效率。

第二，当原粮工艺性质得到改善和成品精度要求降低时，砻谷和碾米工段的生产能力将会得到提高，如清理工段生产能力不能相应提高，就会影响产量的提高和生产成本的降低。

第三，清理设备如有一定的储备余量，为提前获得净谷创造了条件，即使清理因故障停机短时间维修，不影响后续砻谷工段连续性的正常生产。

清理工段的生产能力按下式进行计算：

$$Q_q = KQ$$

式中：Q_q——清理工段的生产能力，kg/h；

　　　　K——毛谷用量的储备系数一般取 $K=1.1\sim1.2$。

② 砻谷工段生产能力。可以以净谷为基准进行计算，也可以以净糙为基准进行计算。

以净谷为基准计算：

$$Q_s = Q(1-d)$$

式中：Q_s——砻龙工段的生产，kg/h；

　　　　d——毛谷总含杂量，%。

以净糙为基准计算：

$$Q_c = \frac{Q_m}{M_c \times 24}$$

式中：Q_c——碾米式段的生产能力，kg 糙米/h；

　　　　M_c——糙出白率，%。

③ 碾米工段生产能力。可按下式计算：

$$Q_n = \frac{Q_m \times 1000}{24}$$

式中：Q_n——碾米工段生产能力，kg/h。

碾米工段所产生的糠秕混合物量，计算公式如下：

$$Q_k = Q_c H$$

式中：Q_k——糠秕混合物的生成量，kg/h；

　　　　H——糙米的碾减率，%。加工标二米时，$H=6\%\sim8\%$；加工标一米时，$H=7\%\sim9\%$；加工特制米时，$H=10\sim12\%$；当采用多机碾白时，各道碾米机糠秕生成量应根据脱粮糠量分配比分别计算，以确定进入糠秕分离设备物料量。

（3）设备进出口流量计算。各道设备进出口流量的计算，应根据工艺流程设计图中的各路物料的流向，计算出各道设备进口的实际流量，并以它为计算设备数量和输送设备输送量的依据。

但在实际工艺流程的设计中，为了保证除杂效果、净谷和净糙质量、砻谷工艺效果等，还不可避免地要使部分物料回流或合并。一般情况下，清理工段物料回流量较少，这里不作计算。回砻谷的量对工艺效果影响较大，现以图 4-12 为例，计算砻谷工段物料的实际流量。

已知 G_1 为净谷流量（kg/h），G_k 为稻谷的谷壳率，设 η_t 为砻谷机的脱壳率，u_0 为回砻谷含糙米百分比，ds 为砻谷机进口物料中含糙米百分比，η_s 为平转筛谷糙混合物回筛量占净糙流量的百分比。

则通过计算得到

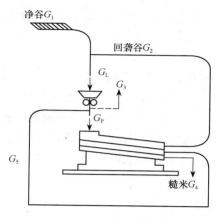

$$G_L = \frac{G_1(1-\eta_1 u_0)}{\eta_t(1-u_0)}$$

$$G_P = G_2 + G_4 + G_5 = G_1\left[(1+\eta_s)(1-G_k)\right.$$
$$\left. + \frac{1-\eta_t}{\eta_t(1-u_0)}\right]$$

图 4-12　计算砻谷工段回流量的示意图

（4）流量平衡。在上述流量计算中，因考虑到原粮含杂情况的变化和为提高产量有利条件等将清理工段的生产能力扩大了 10%～20%，但在正常生产时，清理、砻谷、碾米各工段的流量是相互平衡。即

$$QM_g = Q_cM_c = Q_m$$

否则，就不能保证整个生产连续稳定地正常进行，也不利于发挥各设备的最大效能，不利于提高生产效率。

在实际生产中，当加工成品的精度每提高一个等级，其产量将下降 10% 左右。如原设计加工成品的等级为标二米，而在实际加工需生产标一米时，则生产标一米的产量只有加工标二米的 90% 左右；如生产特级米时，则产量为 80% 左右。所以，生产时一般是通过流量调节，使之适应新的情况，使流量达到新的平衡。但这种平衡毕竟是在压缩清理、砻谷工段生产能力的情况下建立起来的，不仅使清理、砻谷工段的设备效率没有得到充分发挥，而且使有些必须在额定产量下才能保证其工艺效果的设备（如去石，谷糙分离等设备）也降低了工艺效果，从而影响到成品米的质量。另外，还会因产量下降使电耗增加，降低了经济效益。

在设计计算时必须考虑各工段的流量平衡。如减少清理、砻谷工段的生产时间，而碾米工段是连续生产，这就要借助设置糙米仓来加以调节。如糙米仓仓容能满足碾米工段一个班次的生产量，则可采用清理、砻谷工段少开班次或碾米工段增开班次的办法，来解决整个生产过程的流量平衡问题。但这种办法，需要有大容量的糙米仓，且碾米工段需要单独进行生产。较好的办法，是在设计计算时，考虑到因成品米精度等级的变化，引起米机产量变化较大，可采用增加米机设备来解决流量平衡问题。

2. 设备数量计算

（1）按台计算设备数量。

① 选择并确定设备的型号规格。选择设备时，首先为了减少并联台数，节省安装空间，便于安全防护和操作管理，应尽可能选用型号大的设备，在满足处理量的前提下，减少台套数。其次尽可能选用相同的规格，以减少备用零件和材料、物料的数量，也可使设备的布置和安装整齐、美观。

② 计算设备台数：

$$n = \frac{G}{G_0}$$

式中：n——台数，台；

　　　　G——进口总流量或产量，kg/h；

　　　　G_0——每台设备的额定产量或流量，kg/h。

按台计算时，计算结果可能会出现小数，需要圆整。

③ 核实实际产量：

$$G_{os} = \frac{G}{n_s}$$

式中：G_{os}——实际台时产量或流量，kg/h；

　　　　n_s——实际台数，台。

3. 仓容计算

仓柜具有保持和稳定整个米厂连续性生产的作用，同时可以调节清理、砻谷、碾米三个工段之间流量平衡，因此又叫工艺仓、缓冲仓、中间仓，在不同工段又有不同叫法，如毛谷仓、净谷仓、糙米仓、成品仓等。其仓容积应适当。仓容过大，不仅增大占地面积，而且增加制造仓柜的费用。仓容过小，将使操作人员忙于协调设备之间流量，影响正常生产。

仓容计算公式如下：

$$V = \frac{Gt}{rK^2}$$

式中：V——仓柜容积，m³；

　　　　k^2——装满系数，一般取 $k^2 = 0.8$；

　　　　t——物料储存时间，h；

　　　　r——所装物料的容量，kg/m³。

式中 r、t 可参照表4-9选取。

表 4-9　不同仓柜所装物料的容量与储存时间

毛 谷 仓		净谷仓	回砻谷仓	净糙仓	成品仓
储存时间/h（见注）		1～2	0.25～0.5	1～2	0.25～0.5
物料容量/	粳	560	560	580	770	800
（kg/m³）	籼	580	580	600	750	780

注：(1) 采用机械输送设备连续性进粮时为 0.5～1h。
　　(2) 采用半机械化人工连续性进粮时为 2～3h。
　　(3) 日夜连续生主，夜班 8 小时不进粮时为 10～12h。
　　(4) 日夜连续生产，单班进粮时为 24h。

4. 设备一览表

设备的型号规格与数量确定以后，参照表4-10的形式编制设备一览表，以便购置和制造。

表 4-10　设备一览表

序号	设备名称	型号及主要规格	设计产量/ (kg/h)	实际产量/ (kg/h)	台数	用途	设计及生产单位	参考价格	备注

（五）绘制工艺流程图

工艺流程图是制定工艺流程的总结，是工厂其他各项设计的主要依据。绘制工艺流程图的方法应符合以下要求：

（1）流程图上各种设备及其技术特性，应按照中华人民共和国国家标准，用统一的图形符号和文字加以表示。

（2）流程图根据需要，应在设备图形符号的附近注明设备的名称、型号、规格、数量和主要技术特性。

（3）工艺流程图应按清理、砻谷、碾米的顺序，从左到右、自上而下绘制，并根据主要设备在各层楼上的相互位置，比较形象地安排设备图形符号的上下次序。

（4）流程图中各类相同线条尽量避免相交，各线条的转弯处或合并处可画成小圆角，各设备分出主副产品、下脚料以及成品在流线的末端应画一小箭头，并注上物料的名称。

（5）气力输送网路中卸料器和接料器，一般要对应地画在流程图的上下方，中间可用粗实线连接，也可用相同的编号表示同一根输送管道。

（6）标题栏的作用是表明图名、设计单位、设计、制图、审核人员签名，以及图号、日期等，其位置一般在流程图的右下角，其格式可以参考图 3-22。

（六）编写工艺流程设计说明书

工艺流程设计说明书是流程设计的最终文件，可作为下一阶段其它各项设计的依据。其主要内容包括下列各项：

1. 前言

简要说明流程设计的指导思想、设计依据、设计原则，以及工厂的生产规模、投资金额、原粮情况、产品质量和经济效果等。

2. 工艺流程的确定

简述所设计流程的工艺路线，论证所设计流程的合理性，说明其特点，同时指出为了确保有较好的工艺效果所采取的必要措施与注意事项，对流程中尚不能克服的不足之处也需加以说明。

3. 设备的选择与计算

简述选择确定各种型号设备的理由，列出各种设备的技术参数与操作指标，以及各种设备的计算步骤和计算结果。

4. 流程设计对其它设计的要求

简述对设备布置、通风除尘、监测、管网联系、传动、照明、厂房建筑方面的要求。

5. 附录

提供流程设计中采用的有关资料及各种表格。

三、制米厂工艺举例

（一）日产 80t 大米厂工艺流程设计

1. 工艺流程分析

日产 80t 大米厂工艺流程由清理、砻谷、碾米等工段组成。工艺设计比较完善，设备选用、流程组合比较合理、灵活，对加工不同原粮和等级的成品有一定适应性。

（1）清理工段。原粮经圆筒初清筛除去大杂和部分灰尘后进入立筒仓。然后进车间进行加工。在原粮进入车间前，又设一个下粮坑，当散运来粮，不需经立筒库，可直接进车间加工，有一定的灵活性。

稻谷进入车间后，首先经计量设备，便于计算班产量和出米率，有利于班组核算。然后进入振动筛，去除大、小、轻杂质，再用 TQSF 分级去石机分级去石。去石机采用独立风网，可保证去石效果。在原粮进入净谷仓之前，用永磁筒除去金属杂质，保护砻谷设备。

（2）砻谷工段。在净谷进入砻谷机之前，设置净谷仓，有利于稳定生产和调节流量。未设回砻谷仓，可能会出现糙碎增加。谷糙分离采用一台 MGCZ100×11 重力谷糙分离机，对籽粒差异较大、品种互混严重的稻谷有较强的适应性。同时设有糙碎整理工序。稻壳采用一次分离，效果难以保证。未设稻壳整理流程，会出现粮食的浪费。

（3）碾米工段。碾米工序采用 NMS18/18B 组合米机，该机为双砂辊喷风，与 NF14/14B 型喷风米机配合使用，二砂二铁，米路长，机内压力小，碎米少，并配有抛光机，适合加工高精度大米。配备 MMJM 型白米分级筛，既可对大米分级，又可起到凉米作用，经分级的大米进入精选机、色选机后进行配制米加工，可满足市场及不同生活水平层次需求。

细糠风网采取前机进行糠秕分离，有利于提高出油率，后机直接收集米糠配制饲料。采用脉冲进行二次净化，收集效率高，效果好。

2. 工艺流程

日产 80t 大米厂工艺流程见图 4-13。

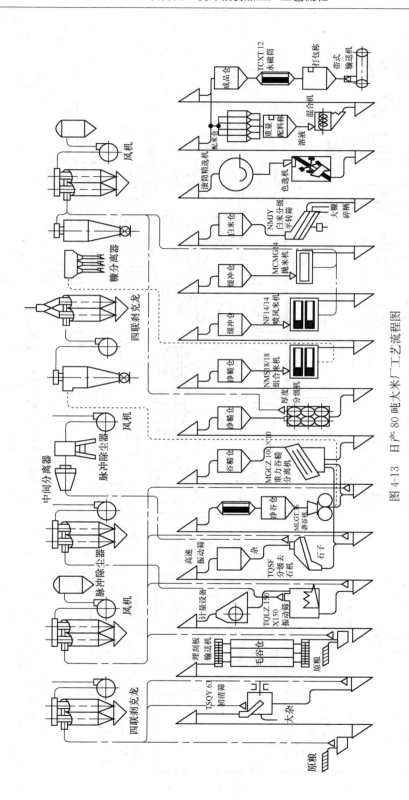

图 4-13　日产 80 吨大米厂工艺流程图

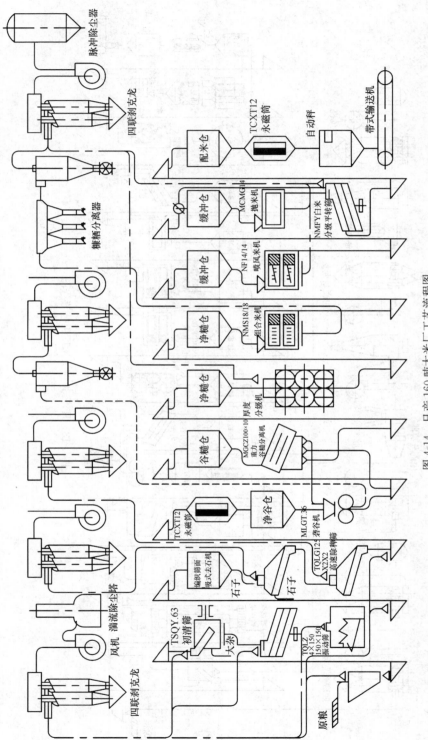

图 4-14 日产 160 吨大米厂工艺流程图

（二）日产 160t 大米厂工艺流程

1. 工艺流程分析

该工艺流程由清理、砻谷、谷糙分离、碾米、成品及副产品整理等工序组成。工艺比较完善且灵活，对原粮和成品的要求有较大适应性。特别是在清理工段，加强了去除杂质的力度，对并肩石加强清理，确保了大米中杂质不超过规定标准。

（1）清理工段。原粮首先进入初清筛，接着进入平面回转筛和振动筛，确保稻谷中杂质清理效率。当原粮含杂较少时，可只开平面回转筛或振动筛，流程灵活，采用串联式去除并肩石工艺，提高了除石效率，如谷中含石较少，也可只开一台去石机，有较强的适应性。流程中对去石机石中含粮未作具体处理，这将会给人工清理带来一定难度。

（2）砻谷工段。在砻谷机之前，设净谷仓有利于控制和稳定流量。重力谷糙分离机之前增设一谷糙仓，有利于稳定谷糙分离设备的流量，保证分离效果。采用重力谷糙分离机对互混严重的原粮有较强的适用性。稻壳整理工序设计比较粗糙，稻壳含粮未作处理。

（3）碾米工段。碾米部分采用二砂二铁多机碾白，机内压力小，碎米少，配备抛光机，对加工清洁米有较强适应性。成品整理采用 MMJM 白米分级筛，既可进行白米分级，又可凉米、降温、去除糠粉，工艺合理。米糠整理，头道米机选用 KXFD 糠秕分离器进行糠秕分离，提高米糠的纯度。

2. 工艺流程

日产 160t 大米厂工艺流程见图 4-14。

任务三 设计饲料厂工艺流程

配合饲料厂的设计是配合饲料厂建设中最重要的程序之一。设计质量直接影响到投资成本、项目的技术先进性、项目建设工期与质量及项目投产后的产品生产成本、生产效益、产品质量和企业的经济效益。饲料厂所生产的饲料品种很多，根据所生产的饲料品种的不同，可将饲料厂分为以下几种类型。

（1）饲料原料厂。饲料原料厂主要是为生产配合饲料厂提供生产所必需的动、植物性饲料原料，如鱼粉、肉骨粉、革粉等。

（2）添加剂预混合饲料厂。添加剂预混合饲料厂主要是生产营养性或非营养性的添加剂，或者将它们与载体或稀释剂混合而制成粉状饲料半成品。添加剂预混料在配合饲料中所占的比例很小，但其所起的作用很大。

（3）浓缩饲料厂。浓缩饲料厂主要是生产由蛋白质饲料原料、矿物质和添加剂预混料组成的饲料半产品，不能直接饲喂动物，必须与能量饲料稀释混合后，才能饲喂动物。

（4）全价配合饲料厂。全价配合饲料厂是根据动物的营养需要生产的养分全面的饲料，可以直接饲喂动物。

一、设计的依据和要求

(一) 设计原则

1. 饲料厂设计原则

饲料工厂设计是一项十分细致、严肃的工作，设计质量的好坏不仅影响基本建设投资的费用，而且直接影响投产后的产品质量的好坏和各项技术经济指标，因此在设计中必须遵守以下设计总原则：

(1) 节约用地，不管是新建厂还是老企业改造、扩建都必须充分贯彻节约用地的原则，不得随意扩大用地面积。

(2) 要尽量采用新工艺、新技术、新设备，使工厂在投产后能达到较高的技术经济指标和较好的经济效益。

(3) 尽量减少基建投资，在保证产品质量的前提下节约设备费用，缩短施工周期，减少基建投资。

(4) 缩短设计时间。

(5) 充分考虑环保问题，对车间的粉尘、噪声的有关标准和规范。

(6) 各项设计应相互配合，工艺设计是一项与土建、动力、给排水等多项设计密切相关的整体设计，不能相互脱节，否则会影响今后的产品质量、经济效率和生产管理。

2. 饲料工艺设计的原则

(1) 工艺设计必须保证能达到产品质量和产量的要求。

(2) 工艺设计应具有较好的灵活性和适应性，以满足生产各类产品的需要。

(3) 工艺设计中应采用技术先进、经济合理的新工艺、新设备，以提高劳动生产率，降低工人劳动强度。

(4) 设计中应采用合理的设备定额，进行流量平衡，尽量节约动力. 降低生产成本。

(5) 工艺设计中要有有效的除尘、降噪措施，以实现安全生产。

(6) 设备布置中应使整体工艺排布合理，在保证操作、维修方便的条件尽量减少建筑面积，同时又要注意设备排布整齐、美观。

(二) 饲料工艺设计的内容

饲料工艺设计是一项综合性较强的工作，不仅是技术性的工作，还是一项经济性的工作，同时还是一项艺术性的工作。工艺设计范围主要包括主车间、各种库房直接或间接生产部分。主要内容包括：工艺规范的选择、工序的确定、工艺参数的计算、工艺设备的选择、工艺流程图的绘制、工艺设备纵横剖面图绘制、工艺流程所需动力、蒸汽、通风除尘网络的计算及网络系统图的绘制、工序岗位操作人员安排、工艺操作程序的制定和程序控制方法的确定以及设备、动力材料所需经费的概算。如果在施工图设计阶段中，还需绘制各层楼板洞眼图和螺栓图。工艺设计说明文件包括如下内容：

（1）产品种类和产量的概述。

（2）主、副原料种类、质量和年用量说明。

（3）各生产部分联系的说明。

（4）工艺流程说明并附详细工艺流程图。

（5）生产车间、主原料、副原料库的工艺设备的选择计算。

（6）主原料、副原料、水、液体原料、电、汽等的需要量计算。

（7）生产车间、立筒库、副料库的机器设备平面布置图与剖面图以及预埋螺栓、洞孔图。

（8）通风除尘系统图。

（9）生产用汽、气、液体添加系统图。

（10）工厂及车间、库房劳动组织和工作制度概述。

（三）工艺设计的基本资料和主要依据

工艺设计之前应尽可能多地收集工艺设计的有关资料。这可以通过对当地饲料原料供应、饲养业情况、饲料生产技术水平进行调查；对国内外同等规模和相近规模的饲料厂进行调查，查询有关科技资料，了解国家有关工艺设计的标准、规范、调查国内外饲料加工设备的规格、性能、价格等。这些资料主要包括以下内容：

（1）饲料厂拟建规模。

（2）产品品种、规格。

（3）常用饲料原料的品种、质量规格、价格、来源。

（4）饲料配方。

（5）原料来源与接收方式。

（6）产品发放形式。

（7）国内外同等规模饲料厂的工艺流程技术水平与投资情况。

（8）国内外饲料加工设备的技术水平、使用性能、价格。

（9）拟建厂的工艺设计的具体指标，如对混合、液体添加、制粒、膨化的要求等。

（10）拟建厂的人员素质。

（11）拟建厂投资额。

（四）饲料工艺设计步骤

（1）工艺流程草图设计。根据拟建厂生产规模、产品情况进行流程的组织，主要设备的选择计算，经过多方案比较，择优选定。

（2）车间设备布置。

（3）进行传动系统设计。包括工艺设备动力配置，传动形式选择、位置、计算。

（4）风网设计。包括气力输送和除尘风网的设计，确定所有风网管件、设备的规格尺寸。

（5）管网设计。主要是溜管的设计。

（6）蒸汽系统的设计。

（7）压缩空气系统设计。

（8）供电设计。

（9）绘制正式工艺流程图。按设备布置后的实际结果采用国家标准的图形符号绘制正式工艺流程图。

（10）编写设计说明书。

（五）饲料工艺设计的方法

饲料工艺设计的方法不是千篇一律的，但也有共同之处。

（1）工艺流程设计时，应以混合机为设计核心，先确定其生产能力和型号规格，再分别计算混合工序前后工序的生产能力。通常要根据原料的粒料和粉料之比来计算配料仓之前的各工序的生产能力。对于混合工序之后的工序，无论是制粒还是粉料直接打包一般与混合机的生产能力一致，然后再确定各工序设备的生产能力与规格型号。

（2）工艺设备布置时，一般以配料仓为核心，先确定其所在楼层与开间后，再按配置原则合理布置其他加工设备和输送设备。

（3）确定各设备生产能力时，两相邻作业设备之间没有缓冲设备（仓）时，应确保后续设备的生产能力比前一设备大 15%～20%。

二、饲料厂工艺的确定

（一）原料接收工艺

饲料工厂中，一般将固体原料分为两大类，即主原料和副原料。主原料是指谷物类，副原料指谷物以外的其他原料，其接收工艺一般采用如图 4-15 所示。

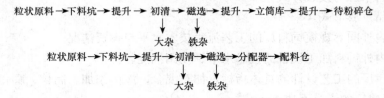

图 4-15 原料接收工艺流程图

对于小型的饲料厂，主要原料和副原料共用一条接收线；中型饲料厂可设置主料、副料各一条接收线；对于大型饲料厂可设置三条接收线，分别用于玉米、粉状料和饼粕料。另外，对于液体原料（如糖蜜和油脂）的接收，采用的工艺一般如图 4-16 所示。

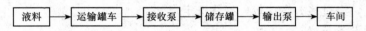

图 4-16 液体原料接收流程图

（二）原料清理

原料的清理一般要经过二道清理设备。第一道是带吸风的进料地坑栅筛，主要用来清理原料中麻袋绳等杂质；第二道为筛选设备，用以筛除大杂；第三道为磁选设备，用以除掉原料中的磁性杂质。清理工段中设备的产量，依所处工艺中位置而定，一般主、副原料清理设备的生产能力与所在进料线的产量相同，可取车间生产能力的2～3倍。

（三）粉碎

粉碎段的工艺主要分为一次粉碎工艺和二次粉碎工艺两类。

一次粉碎工艺的优点是工艺设备简单、操作方便、投资少，但缺点是粉碎粒度的均匀性差、电耗高。二次粉碎工艺的优点是单产电耗低、粉碎粒度均匀。在实际工艺设计中，一般而言对于10T/h以下的饲料厂，宜采用一次粉碎工艺，二次粉碎工艺适用于10T/h以上的饲料厂。在设计粉碎工艺时，还应该注意以下几点：

（1）待粉碎仓的容量应保证锤片式粉碎机连续工作2～4h以上，每台粉碎机至少有一个供料仓。当工艺中采用一台粉碎机时，应至少采用两个待粉仓，以供调换原料用。

（2）对于一般综合性饲料厂，粉碎机的产量可取生产能力的1～1.2倍；对于鱼虾饵饲料厂，粉碎机的产量应为工作生产能力的1.2倍以下。当进行微粉碎时，其产量要专门考虑。

（3）物料进粉碎机之前应经过磁选，以避免铁杂破坏粉碎设备。

（4）粉碎后的物料输送，如采用机械输送，要进行辅助吸风，而对鱼虾饵料厂的微粉碎物料，常采用气力输送。

机械输送是大多数饲料厂普遍采用的方法。虽然粉碎机的生产能力与它的类型、结构、参数有关，但如能合理使用吸风系统，能使粉碎机产量提高15%～20%，并能避免物料的过度粉碎，以保证其粒度的均匀性，同时也能限制或降低物料的温度，有助于物料粉碎后有效地通过筛孔，并能控制和降低粉碎室内由于锤片旋转所产生的正压力。所以，在饲料粉碎工艺中大都设置了吸风风网，但要根据实际情况设计，否则效果会受到影响。

机械输送的吸风系统有两种形式：一种是粉碎机布置在一楼，将粉碎机架高1m左右、在粉碎机下设置一台闭风螺旋输送机，吸风用的组合脉冲除尘器直接安装在闭风螺旋输送机上，粉碎后的物料经闭风螺旋输送机输送至提升机如图4-17所示；另一种是新型的吸风工艺，将粉碎机布置在楼面上，通常放在二楼，粉碎机下安装一个较大的尺寸的卸料斗，粉碎机和脉冲除尘器设置在料斗的上面，使粉碎后的物料沉积在斗内，再经螺旋输送机输送至提升机，如图4-18所示。

第一种形式存在的主要问题是：闭风螺旋输送机的吸风道和吸风罩截面积太小，风速过高，易带走物料；闭风螺旋输送机的挡风板效果不明显，在此吸入了过多的空气，使粉碎机吸风效果大大降低。因此，使用一段时间后，脉冲除尘器布袋严重堵塞，风机效率大大下降。

第二种形式为新型吸风系统设计，该系统的主要设计参数如下：

（1）粉碎机的吸风量。粉碎机吸风量按每平方米筛片3000m^3/h计算。立式锤片粉碎机风量的配制为480m^3/h；微粉碎机不仅要满足300m^3/h以上的风量，还要有700～1000mm水柱的风压。

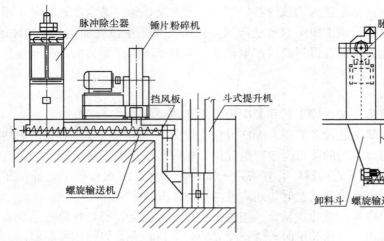

图 4-17　粉碎工段吸风系统　　　　　　　图 4-18　粉碎工段吸风系统

（2）卸料斗容积的确定。把卸料斗看做一个沉降室，设计时按粉碎机所需的风量、物料沉降速度和吸风口风速（<2m/s）以及斗壁的倾角（>65°）来决定斗的大小和形式。为了使吸附到脉冲除尘器中的物料更少，在卸料斗内设有挡风板和风门。风门用于补充空气和在停机时清理斗内的积料。

挡风板的高度为卸料斗高度的 1/2～2/5，卸料斗在满足了计算的截面积后，其高度不低于 1m 为宜。否则，因后路设备（如提升机）发生故障而造成突然停机或堵塞时，会使闭风螺旋输送机堵死或使卸料斗内物料堆积，并使粉碎机堵塞，造成电机过载跳闸。因此，卸料斗应做得尽量大，以避免以上现象的发生。此外，可在卸料斗内设计一料位器，控制料流。

（四）配料与混合

现代饲料加工企业的配料工艺，多采用多仓数秤的工艺形式，一般分为大、小两台秤。小秤的称量为大秤的 1/4。配料仓的容量因工艺设计思想不同可能有差异，但一般不少于配科秤连续生产 4h 所需的容量。配料仓的个数随生产规模的不同而有所变化。一般而言，对于小型厂配料仓的个数为 8～10 个；对于大中型饲料厂，配料仓的个数为 16～22 个。

混合机的型式主要为卧式双轴桨叶式、卧式单轴螺带式、立式锥形行星式。作业方式主要为分批间歇式，其生产能力要等于或略大于饲料厂的生产能力，并与配料秤相匹配。混合机下应设置缓冲斗，容积应能存放混合机一批的饲料量。混合成品的水平输送要选用刮板输送机，以防止物料分级和减少交叉污染。

（五）制粒

制粒工段设计的要点是：

（1）待制粒仓的容量应保证制粒机连续工作 1h 以上，可设置两个待制粒仓，以供调换制粒品种。

（2）物料进制粒机之前应经过磁选。

（3）制粒机的生产能力应根据产品需要量以及生产作业方式而定。

（4）冷却器有卧式和立式两大类，现代饲料厂，一般选用立式逆流式冷却器。冷却器的产量与颗粒的粒径成反比。在生产大直径颗粒时，必须保证冷却器有足够的产量，保证冷却时间。立式逆流颗粒冷却器的吸风量为 $1400\sim1500\mathrm{m}^3/(\mathrm{t\cdot h})$。

（5）碎粒机通常安排在冷却器之下，设备内有通路，不需碎粒时供物料流过。当碎粒机长度较长时，考虑配匀料装置。

（6）颗粒分级筛通常设在顶层，以便筛下的成品进行涂脂或直接进入成品仓，筛下细粉返回制粒机。

（7）制粒机的蒸汽系统设计的好坏对制粒机生产率有重大影响，蒸汽管道上必须配有疏水器、汽水分离器、减压阀和压力表。汽水分离器应尽量靠近制粒机，以免冷凝水进机，保证进入调质器的蒸汽是饱和蒸汽。

（8）当饲料厂生产鱼虾用硬颗粒饲料时，需要强化调质。可在制粒机之前增加专用调质器或调质罐，提高饲料中淀粉的糊化程度或熟化程度，并促使蛋白质变性、纤维素软化等。也可在制粒机之后，冷却器之前增加后熟化器设备，提高饲料的熟化度，提高颗粒的水中稳定性。

（六）挤出膨化制粒

挤出膨化工艺与制粒工艺基本相同，只是饲料膨化成型后，需先经干燥后再冷却，以降低饲料中的水分含量和提高饲料的水中稳定性。

挤压膨化加工主要用于鱼虾饲料、宠物饲料（沉性、半沉性、浮性饲料）和用于原料的预处理。

（七）成品处理

成品处理工艺分为散装和包装两部分：
散装工艺为：

包装工艺为：

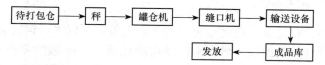

散装成品仓的容量由散装成品占总产量的比例确定。待打包仓的容量为单个产品生产 1h 以上的存量。打包机的生产能力应稍大于成品的生产能力。

三、饲料厂工艺举例

（一）2T/h 膨化水产饲料厂工艺流程设计

膨化水产饲料的生产工艺与传统的畜牧饲料的加工工艺有很大的不同。根据水产饲料品种多、原料变化大、粉碎细度要求高和物料流动性差等特点，生产工艺的设计一般采用二次粉碎与二次配料混合来完成对粉状原料的加工；粉状原料经膨化机压制成型，再经过烘干、油脂喷涂和冷却筛选等工序来完成对膨化饲料的加工，最后进入成品包装系统。工艺流程图如图 4-19 所示。

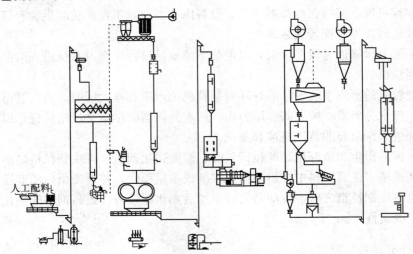

图 4-19　2T/h 膨化水产饲料厂工艺流程图

1. 原料接收与清理

由于水产饲料以饼粕料和粉料为主且原料比重较轻，故投料口设在原料库。原料经螺旋输送机、斗式提升机进入粉料清理筛，去除大杂后再进入永磁筒去铁杂，然后直接进入一次混合机。为了改善生产车间的工作环境，投料口采用独立的除尘系统。

2. 一次混合

一次混合是超微粉碎工序的物料前处理阶段，以减小物料的粒度差别及变异范围，改善超微粉碎机工作状况，提高粉碎机的工作效率和保证产品质量的稳定。一次混合是对物料进行初步混合，采用的是卧式螺带混合机。

3. 超微粉碎和质量保证

由于水产动物摄食量低、消化道短、消化能力差，所以水产饲料往往要求饲料粉碎得比较细，以增大饲料表面积，增大水产动物消化液与之接触的面积，提高其消化率，提高饲养报酬，如对虾饲料要求全部通过 40 目分析筛和 60 目筛筛上物小于 5%。这样细的物料必须采用超微粉冲工艺。

本工艺微粉碎采用 1 台立轴式无筛超微粉碎机与强力风选设备配套组合，并配置了行之有效的分级小方筛来清除粗纤维在粉碎过程中形成的细微小绒毛，确保产品的优良品质。

4. 二次混合

二次混合将各种物料充分混合，混合均匀度超过 93%。该工段是保证饲料质量的关键工段。本工段采用双轴桨叶高效混合机，同时根据配方的需要可设置多个液体添加装置。在混合过程中，通过微电脑控制液体添加的流量和添加的最佳时间，保证液体原料与固体原料充分混合均匀。为减少饲料原料的交叉污染和改善劳动环境，分别对微量元素手投料装置设置了独立的投料与脉冲布袋滤尘器的组合机，使被添加原料的粉尘返回到原工艺线路中。经二次混合的超细粉状饲料进入后道膨化造粒工序。

5. 膨化造粒工序

挤压膨化工艺中，物料在膨化腔内所处的环境为高湿、高热、高压，在这种条件下的物料其实就是经历一个蒸煮过程。显而易见，物料理化性质的改变更为强烈，而且当物料被推至出料端时，物料一下子由高温高压环境置于常温常压中，其中呈过热状态的水分被闪蒸，使物料膨胀，物料结构呈疏松的网状结构，物料比重小。

膨化饲料不但具有硬颗粒料的一般优点，如适口性好、避免产品自动分级、便于运输、减少饲喂及采食过程中的浪费、减少水质污染等，而且还有其独特的优点：经膨化处理后，饲料中的淀粉糊化程度高，粗纤维性物质的结构遭到破坏，蛋白质更易消化吸收，提高了动物对饲料的利用率；膨化饲料比重小，应用于水产饲料，其漂浮性的优点更为突出，饲料浪费少，最大限度的控制了水质的污染。

膨化设备是整个生产线的能耗最大的，本工段采用的是一台 110kW 的湿法膨化机。膨化后的湿软颗粒（水分为 25%～28%），经气力输送进入卧式浮法烘干机，该机采用国内独有的三角形锥式传动，经蒸汽热交换器加温的热空气在穿透物料时使物料在整个筛面处于一种半悬浮状态，既能有效的保证脱水烘干效果，而且也使物料的破损降至最低程度。经烘干后的颗粒水分为 10%～13%。

为了满足鱼类对能量的需求，以及减少在加工过程中对热敏性物质的损失，在此工艺中烘干和冷却之间增设了外喷涂系统，对在前道加工中不宜添加的营养物质以外喷涂的方式加以补充，并可提高饲料的适应性，降低含粉率。外喷涂工序的最佳工作温度在 80℃ 左右，所以镀膜后膨化颗粒需进一步经过冷却降至环境温度。

6. 重包装

冷却后的颗粒经分级筛筛出少量细粉碎粒后进入成品仓，采用人工打包的方式分别称重包装。

以上的生产工艺作为目前的常规配置可生产出令人满意的膨化水产饲料，生产的产品包括沉性和浮性两种特性的饲料，可通过调整不同的配方及采用相应的操作规程来实现。按照 2T/h 的设计能力，以上工艺方案所需的总动力约 415kW，所耗蒸汽量约 1T/h，生产车间占用面积约 1816m²。

（二）4T/h 高档对虾饲料工艺设计

根据水产饲料品种多、原料变化大、粉碎细度要求高、物料流动性差以及加工工艺的差别大等特点，该厂采用一次粉碎、一次配料混合的传统工艺完成对各种生产原料的预处理，采用二次粉碎与二次配科混合来完成成品后处理，从而有效的保障不同成品的高品质产出。工艺流程图如图 4-20 所示。

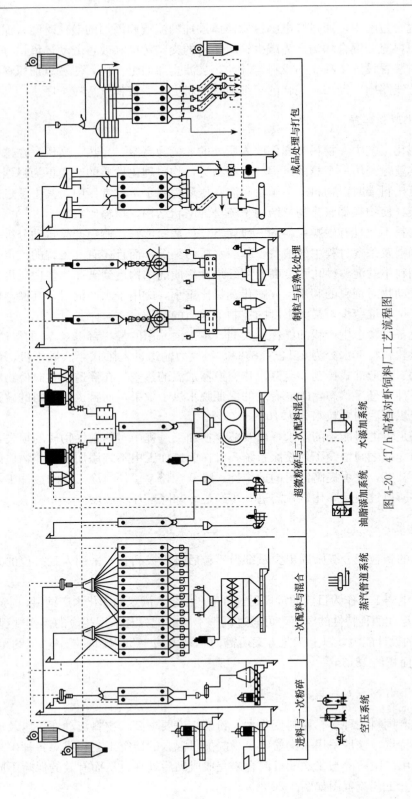

图 4-20 4T/h 高档对虾饲料厂工艺流程图

在电器控制上对所有设备采用可编程逻辑控制器（PLC）进行顺序连锁控制，能很好的使各工序有机组合在一起，确保高产、稳产和安全生产，极大地提高了生产的自动化程度，充分发挥设备效率，提高产量，降低成本。

1. 原料清理与一次粗粉碎

由于水产饲料以饼粕料和粉料为主，根据不同的物料性质在原料库设置两条独立投料线：一条投料线主要用于接收不需经过粗粉碎的原料，原料经自清式刮板输送机、斗式提升机进入清理设备进行去杂磁选处理，然后经工位分配器直接进入配料仓；另一条投料线主要用于接收需要经过粗粉碎的原料，原料经自清式刮板输送机、斗式提升机进入清理设备进行去杂磁选处理后进入待粉碎仓，对于个别原料（如虾壳等）可选择旁通不经过初清筛而直接通过磁选后进入待粉碎仓。为减少原料的交叉污染，投料口分别采用独立的防尘系统。

一次粗粉碎担负高档水产饲料生产中超微粉碎工序的物料前处理任务，以减小物料的粒度差别及变异范围，改善超微粉碎机工作状况，提高粉碎机的工作效率，保证产品质量的稳定。一次粗粉碎工段设有 2 个待粉碎仓，总仓容为 $30m^2$。粗粉碎系统配有一套独立的粉碎机组，主机动力均为 55kW，配筛孔 2.5mm。这样可充分发挥该粉碎机的工作效率，该机粉碎后的原料经 8 工位分配器进入配料仓。

在本工段对粉碎机配置了带式磁选喂料器和全自动负荷控制仪。带式磁选喂料器一方面可使物料中所夹杂的铁磁性杂质无所幸免的被连续清理连续排出机外，不需作定期的停机人工清杂，减少停机时间，降低劳动强度，另一方面可使物料作全宽度无脉动连续均匀喂入粉碎室，从而保证粉碎机工作电流波动小，而运转平稳高效，全自动负荷控制仪则自动跟踪监测粉碎机电机的电流，并将信息反馈到带式磁选喂料器上，从而可以将主机的工作电流始终稳定在设定的最佳工作状态值亡，不需人工干预和操作。

2. 一次配料与混合

配料仓共设 14 个，总仓容为 $120m^3$，考虑到高档水产饲料原料的特殊性（容重小、自流性差等），配料仓配备了特殊的仓底活化技术来有效的防止粉料的结拱现象。根据不同配方要求进行配料过程全部由电脑控制自动实现，考虑到水产饲料加工中生产调度的复杂性，对一次混合机的配置大大提高了其产能的盈余系数，单批容量为 1T，即理论上 1h 的混合能力可达到 10t 以上，排除品种更换过程耽搁的时间，也可有效地保证后道设备的满负荷工作。为了增强饲料生产的灵活性，使整个系统在特殊情况下也可生产高档硬颗粒鱼饲料，在一次混合机上也设置了添加剂手投料装置。经一次混合后的物料经刮扳机、提升机送入待粉碎仓。

3. 二次粉碎（超微粉碎）与二次配料混合

水产动物摄食量低、消化道短、消化能力差，所以水产饲料往往要求饲料粉碎的很细，以增大饲料表面积，增大水产动物消化液与之接触的面积，提高其消化率，提高饲养报酬；同时，按水产动物摄食量低的特点，要求饲料的混合均匀度在更微小的范围内体现，这也要求更细的粒度。如对虾饲料要求全部通过 40 目筛，60 目筛筛上物小于 5%。对这样细的料必须采用超微粉碎工艺。

该超微粉碎工段设有一个待粉碎仓，待粉碎仓的物料经两工位叶轮式分流器可分别同时进入两台超微粉碎机。此处粉碎工艺的设计采用连续粉碎的方式，避免了加料开始加速段和空仓时待料段的时间等侯，可大大提高粉碎效率。并且，两台粉碎机同时对同一物料进行集中粉碎，可大大缩短同等重量物料的粉碎时间，从而减少后道工序设备空载等料的运行时间，提高设备的利用效率，降低生产成本。超微粉碎机与强力风选设备配套组合，并配置了行之有效的分级筛来清除粗纤维在粉碎过程中形成的细微小绒毛，确保产品的优良品质。

由于进入二次混合仓的原料粒度都在 60 目以上，且比重较轻，如果仓体结构设计不合理，就很容易在仓内形成结拱现象，为了彻底杜绝这种现象的发生，一方面在仓底结构上采用偏心二次扩大设计，另一方面所有经过超微粉碎后的原料出仓机均采用叶轮式喂料器，它不仅没有破拱机构，而且可灵活调节各自的流量大小，各种原料经二次电脑配料后进入二次混合机。

对参与二次混合的添加剂，则在二次混合机上方设置了一套人工投料口，配有独立集尘回收装置，粉尘可直接进入二次混合料。

二次混合过程将各种物料充分混合，混合均匀度达到 93% 以上。该工段是保证饲料质量的关键工段。本工段采用双轴桨叶高效混合机，每批次为 1T。

同时在混合机上设置了两个液体添加口：一个专门用做水的添加，液态水经不锈钢的泵体和流量计送入添液口；另一个口专门用做油性液体混合物的添加，主要是鱼油或卵磷脂，它们分别通过泵体和流量计送入添液口。油脂的储油罐设有加热搅拌装置，在混合过程中，通过微电脑控制液体添加的流量和添加的最佳时间，保证液态原料与固态原料混合充分均匀，经二次混合的粉状虾饲料经提升、磁选后进入后道待制粒仓。

4. 制粒成型与后熟化处理

本工段共设有两个待制粒仓，下设两台 SDPM520 制粒机。由于经过二次混合后物料湿度和黏度都比较高，很容易在仓底形成结拱现象，所以工艺设计上在制粒机过度斗上增设了破拱装置，以保证物料连续均匀的喂入制粒机。物料经调质压制成颗粒后，进入后熟化、干燥组合机，物料在高温高湿环境下进一步熟化，使其性状充分转变，这一过程相当于帮助消化能力差的水产动物进行"体外预消化"。熟化后的高湿度物料必须通过干燥机进行降水。物料的冷却采用液压翻板逆流式冷却器。采用这种工艺处理后的物料不但可以提高淀粉的糊化程度，增大蛋白原料的水解度以利于水产动物的消化吸收，同时还增强颗粒饲料耐水性，延长喂食时间，减少水质污染的隐患。

5. 成品处理与打包

冷却后的物料经提升后进入平面回转分级筛，平面回转分级筛配置为三层筛，分别为 4 目、12 目和 30 目。4 目筛筛上物为大杂，12 目筛上物为成品或半成品，30 目筛下物为细粉。虾饲料的成品仓为 4 个，这 4 个仓既是成品仓，成品料可直接从仓内放出，再经过一次成品打包前的保险筛筛理后进入成品电脑打包称量装袋；又相当于待破碎仓，在此仓可储存较大容量的颗粒料，让后道的破碎机来逐步消化。破碎料从成品仓内放出后经提升机进入待破碎仓，然后用破碎机来完成破碎工作。破碎机上方设有喂料器，采用变频无级调速，这样可控制物料以合适的喂料量在整个破碎辊长度上均匀喂入，提高破碎机的产能。

经过破碎后的物料被均匀分配到两个旋振筛（旋振筛的配筛分别为 10 目、16 目、20 目和 30 目）中进行分级，10 目筛上物经过提升机进回流到待破碎仓中进行重新破碎，16 目、20 目和 30 目的筛上物分别作为成品料进入破碎料成品仓。30 目筛下物作为废料集中收集，以后作为小宗原料搭配使用。

本工艺对虾硬颗粒饲料成品要求做到装袋无粉尘，在颗粒料装袋前采用保险分级筛对颗粒料中的不合格碎料及粉料进行控制，最大限度地减少碎粒及粉料所带来的浪费、控制水质的污染。

由于破碎料的袋装规格较小（5kg/包），产量又不是很大，所以此处设为人工称量包装封口装袋。

6. 电气控制

所有设备电机采用电脑和可编程逻辑控制器（PLC）结合起来实行集中控制，配料系统由电脑控制配料秤自动完成配料任务。设置人机对话系统的模拟屏，在模拟屏上可以监视所有设备的运行状况。为方便设备的检修与现场操作，对某些设备同时设有现场控制柜。车间内电线、电缆均以桥架铺设，便于检修。集中控制室设在二层。

该厂车间采用全钢结构的五层建筑，建筑面积约 $1060m^2$，总高约 25m。车间底层占地面积为（长）18m，（宽）135m。全厂共有机械设备 244 台套，全部选用国内定型产品，总的装机容量为 957.60kW。

（三）30T/h 配合饲料厂工艺设计

武汉工业学院设计的 30T/h 配合饲料厂是我国大型的饲料厂之一。现以其工艺流程为例简介如下。

该厂采用的先粉碎后配料混合的工艺。配有大、小各一台由微机控制的电子配料秤，以适应配合饲料的生产。该厂设计的主要特点是：进立筒库的原料和进待粉碎仓的原料共用一条清理除尘系统。主车间内两台粉碎机设置在一楼的隔音室里；采用了集中除尘和单点除尘相结合的方式来设计风网系统。工艺流程见图 4-21。

1. 原料的接收、储存与清理

袋装或散装的物料经过计量后卸入卸料坑，经过刮板输送机 2、斗式提升机 3 后，进入圆筒初清筛 4，经除去大杂后，进入永磁筒 5 除去铁杂，这时根据生产的需要可分为两路：一路是直接进入待粉碎仓；另一路是经过刮板输送机进入立筒库储存起来。两个立筒仓的总容量为 3000T。

饼粕料和糠料及副料经过计量后卸入卸料坑，经刮板输送机 13 和斗式提升机进入

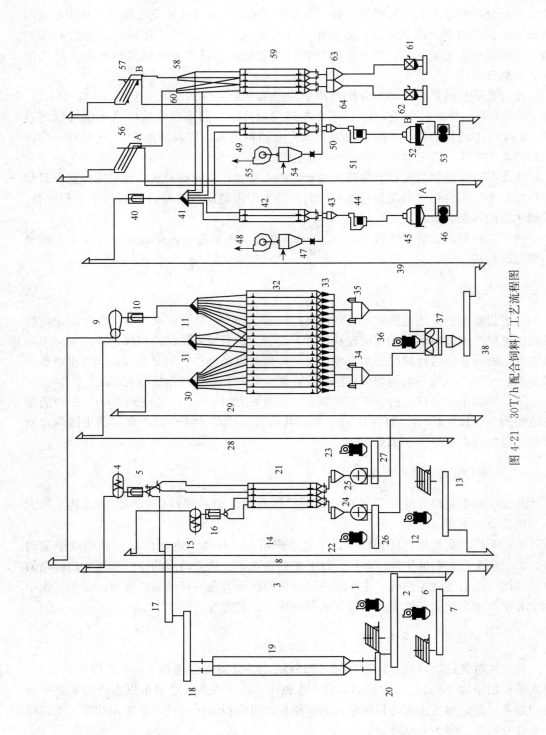

图 4-21　30T/h 配合饲料厂工艺流程图

圆筒初清筛 15 和水磁筒 16，除去大杂和铁杂后进入待粉碎仓。对于不需要粉碎的粉状物料则经卸料坑、刮板输送机 7 和斗式提升机 8 进入粉料清理筛 9 和永磁筒 10，除去粉状原料中的大杂和铁杂后，进入分配器 11，然后进入配料仓。

2. 粉碎系统

该厂粉碎系统采用一次粉碎工艺。本工段采用一大一小两台粉碎机，其中大粉碎机主要用来粉碎玉米，小粉碎机主要用来粉碎饼粕料等。

粉碎机的上方设有总容量近 15m³ 的待粉碎仓 4 个，每个粉碎机各配 2 个待粉碎仓。原料进仓前经磁选装置去除铁杂质，以确保粉碎机能安全运行。经除杂的物料进入粉碎机 24、25 进行粉碎。粉碎后的物料再分别由螺旋输送机 26、27 输送，分别进入各自专用的斗式提升机，经分配器 30、31 引入两配料仓。粉碎后的物料除采用螺旋输送机输送外，还配有辅助吸风系统，这样既能节约能耗。还能防止粉尘外溢、降低料温和提高粉碎效率。

3. 配料计量系统

该系统设有 16 个配料仓、一大一小两台电子秤，小秤是大秤容量的 25%。大秤 34 上方有 9 台螺旋喂料器与之软连接，小秤 35 上方有 7 台螺旋喂料器与之相连。配料时每个配料仓的原料由电子配料秤进行累积计量。大秤的最大称量为 1000kg，小秤的最大称量为 250kg，大秤和小秤的静态精度和动态精度分别为 1% 和 2%，配料周期为 2～4min。每次配料完毕并受到混合机可以承料的信号时，电子配料秤秤斗的卸料门开放，物料全部卸完。此门即关闭。这时电子配料秤开始进行下一批物料的称重配料。

4. 混合系统

微量组分不参加配料过程，由人工准确称重并经预混合后从小料添加口 36 直接加入混合机 37 中，与从电子配料秤 34、35 中卸入的物料一起由卧式双轴桨叶式混合机 37 进行混合。根据要求，可通过油脂（糖蜜）添加系统向混合室中的物料添加油脂或糖蜜。所选的混合机为卧式双轴桨叶式，物料混合 30～60s 即可使产品的 CV 值达到 7% 以下。设定混合时间达到时，混合机的卸料机构自动打开，将物料在很短的时间内（15～30s）卸入混合机下的缓冲斗。当卸料完毕后，卸料机构自动关闭，并且电子秤发出可以承料的信号。缓冲斗的物料由 U 型刮板机 38 送入斗式提升机 39 并被提升，卸出并经永磁筒除去铁杂后进入分配器输送到成品仓 59 之一，或者进入待制粒仓 42 以备制粒。

混合机下的输送设备选用 U 型刮板输送机主要是为了减少交叉污染。

5. 制粒系统

待制粒仓内的粉料在仓下手动闸门开启时进入环模制粒机 44、51。本工段采用两台环模制粒机，每台环模制粒机在生产 4.5mm 的颗粒料时，其产量可达到 15T/h。采用大孔径环模制粒机压出的高温高湿的颗粒饲料依靠自流进入立式冷却器 45、52 中冷却，经辊式破碎机 46、53 后进入斗式提升机提升至颗粒分级筛 56、57，分级筛分两层筛面，它将破碎后的颗粒饲料分级，上层筛筛上粗颗粒回流至破碎机再次进行破碎，过细的碎粒和粉末重新回到制粒机上方的缓冲仓 43、50 中，再回到制粒机重新制粒，合格的颗粒饲料作为成品进入成品仓 59 中。本工段中的立式冷却器选用的是立式逆流冷却器，颗粒饲料由上往下移动，而冷空气由下向上运动，符合逆流原理，物料逐步冷却。避免了颗粒饲料的激冷、爆腰现象，冷却效果较好。

6. 成品包装系统

该系统设有粉料成品仓和颗粒料成品仓各两个，同时当粉料仓中不存放粉料时，也可以存放颗粒饲料。每两个成品仓共用一台自动打包秤 61、62。在成品仓下的电动闸门任意一个开启时，对应的颗粒饲料或粉料流入缓冲午 63 或 64 中，再由自动打包秤 61 或 62 完成称重、装袋、缝包等工序。

7. 通风除尘设备与冷却风网

本工艺有 6 个独立式风网和 3 套组合风冈及 2 套冷却风网。粒料的下粮坑、副料下粮坑、粉碎机的负压吸风及混合机上的人工添加口为单点吸风除尘风网，另外 2 套除尘风网为多点吸风联合除尘风网，原料部分 2 套，成品部分 1 套。上述的 9 套除尘风网均选用自带风机的脉冲除尘器。冷却风网由于吸出的空气温度、湿度均较高，所以该风网采用的风机沙克龙组合方式，风机放在沙克龙的后面。

8. 供汽（气）系统

制粒所需的蒸汽由锅炉产生并由蒸汽供给系统供给制粒机的调质器。所有脉冲除尘器及自动打包机所需的压缩空气则由空气压缩机提供。

任务四　设计通风除尘及气力输送风网

一、设计通风除尘风网

（一）风网形式

粮油、饲料等加工厂中的通风除尘系统，简称风网。风网有两种形式，一种是单独风网，它是一部机器或一个吸点单独用一台通风机进行吸风的网路。另一种是集中风网，它是两个以上的机器或吸点共用一台通风机进行吸风的网路。集中风网在生产中应用较普遍。通风除尘风网示意图见图 4-22。

单独风网管道一般比较简单，风量容易调节和控制。但是因每台机器设备需设置一台风机和电机，相对增加了占地面积和安排的困难，又往往因风量较小，需采用小型风机和小型电机，而小型电动机效率较低，在动力消耗上不经济。集中风网动力消耗、设备造价和维护费用都较经济，粉尘处理和回收较简单。但集中风网运行调节比较困难，当一个风网的风量发生变化时，将会影响到整个网路。

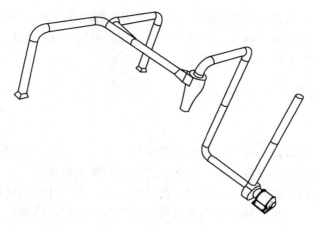

图 4-22　通风除尘风网

1. 确定风网形式的原则

根据上述两种风网形式的特点，风网设计时按下列原则确定风网的组合形式：

（1）以下五种情况适宜采用单独风网：吸出的含尘空气必须单独处理；吸风量要求准确而且需经常调节；需要风量较大；机器本身自带风机；附近没有可以合并的吸尘点或机器。

（2）除上述五种情况外的机器或吸点，应尽量选用集中风网形式。

随着环保要求的提高和各种组合除尘设备的日臻完善，粮食加工厂的风网形式正向单独、局部方向发展；风网形式的确定应据工艺需要，厂房布置要求灵活掌握。

2. 集中风网的组合原则

在布置集中风网时应掌握下列原则：

（1）吸风沉降物的品质应该相似。即从组合在同一风网中的机器设备内吸出的粉尘，在品质上应该相似。各机器设备的工艺任务是不同的，它们产生的粉尘在品质与价值上也就不一样。例如，在清理车间中初步清理时所形成的粉尘大都是泥、砂等无机粉尘，利用价值低；而在后来清理时所产生的粉尘，则含有一些皮壳和破碎原料等有机物质，有一定的利用价值，因此前后清理过程的吸风在可能条件下应分开装设。

（2）机器工作的间隙应该相同，即组合在同一风网中的各机器设备，工作的时间应该相同。这样可以使通风机的负荷保持稳定。如果风网中的机器或吸点因不时停歇而关闭吸风时，则会造成其他风管中风速的频繁变化，从而影响工艺效果。对于相互交错进行工作的机器设备也可接在同一风网上，但它们的风量应该相同。

（3）配管设计要简单、合理。这个原则要求组合在同一风网中的机器之间的距离要短；为防止粉尘在管道内沉积，风管尽可能垂直敷设，尽量减少弯曲和水平部分。

（4）通风机一般应布置在除尘器之后（吸气式），以减轻粉尘对通风机的磨损。当通风机布置在除尘器之前时（压气式），应选用排尘用通风机。

（5）为调整方便和运行可靠，风网的总量不宜过大，吸尘点不宜过多。

当然，上面几个原则有时是互相矛盾的。例如，吸出物相同的机器在组合成一个风网时，有时管道配置却并不简单。满足了一个原则，有时可能会牺牲另一个原则。所以在设计风网时就应权衡轻重，全面考虑。

（二）通风除尘网络的设计与计算

1. 计算目的

（1）确定各段风管以及除尘器的尺寸规格等。尺寸合适的风管和除尘设备才能保证空气在管道中保持一定的速度运动，并保证除尘器的除尘效果。

（2）空气在流过管道和各种设备时，会遇到阻力，必须计算出这些阻力，然后选择合适的通风机，使其产生足够的压力来克服这些阻力。这样，机器所需的风量才能得到保证。

2. 计算方法

（1）绘制通风除尘网路示意图。风网示意图应根据机器和管道布置情况绘制。这种图的绘制不用一般的投影方法进行，管网及除尘设备、风机的空间位置并不重要，图中主要表达各吸点、管道、除尘器和风机直接相互关系和管件的数量。作示意图时，可大致按比例绘制，作业机、除尘器和风机用简单图形表示，管道用单线表示并用短线划出管段位置。计算完毕后，应将作业机型号、吸风量和阻力、管道规格和风速、除尘器规格、风机型号、转速、电机功率及型号标明在图上。

（2）对各管段进行划分和编号。为计算方便，在作完示意图后，需对管段进行编号和划分。通常把每一段管径不变而又连续的管道，作为一段编一个号。编号时，先选一条管网最为复杂的路线作为主阻管路，从进风口至吸风口依次编号，其他作为支管。

（3）确定各吸点的吸风量和阻力。

（4）确定风管中的风速。

要合理确定管道中的风速，必须考虑经济风速和安全风速因素。

所谓经济风速是指管路的使用费最低时的管道风速。在吸点吸风量不变时，风速提高，管道截面尺寸减小，风网的材料费、安装费和折旧费降低，但同时由于风速的提高将导致风网阻力增加，从而使与电耗有关的费用增加，因此管网运行存在一个最经济的风速。

所谓安全输送风速是指在管道内不产生粉尘沉积现象时的风速。

实践表明，粮、饲加工厂的除尘风网风速应为 $10 \sim 15 \text{m/s}$。具体确定时可考虑以下因素：

管径大小。直径大的风管可取较高的风速，反之亦然。在主干管上，风速按气流方向递增，递增率为 $1.05 \sim 1.1$。

风管中含尘空气含尘浓度高低。含尘浓度高，风速应取大值，反之取小值。

水平管道长短。水平管道长，粉尘易于沉积，风速应取大值。

以上所说，是指风速确定的一般原则，对于个别支管为了平衡阻力而提高风速，则不受上述范围限制。

(5) 确定风管断面尺寸。

(6) 确定除尘器形式、规格并计算其阻力。

(7) 计算风网总阻力和总风量。

鉴于除尘风网中粉尘浓度较小,在实际阻力计算中可以忽略粉尘浓度对风网压损的影响。

风网总阻力为主阻管路上沿程阻力与局部阻力之和。总风量为各吸尘点的风量之和。

(8) 压损平衡计算。在风网设计计算时,若未进行平衡计算,在风网实际运行时,网路将自动平衡,从而使各吸点实际吸入的风量与设计值发生较大偏差;计算阻力小的吸点将吸入比设计值更大的风量,有可能导致吸口断面风速过高吸走完整粮粒;计算阻力大的吸点将吸入比设计值小的风量,从而导致吸点粉尘控制不好、降低工艺效果、水平管道发生粉尘沉积等不良后果。

一般来说当两并联管路阻力差值超过 10% 时就需要进行平衡工作,平衡的方法有以下两种:

① 把需要提高阻力的管道(支管)的直径适当缩小,使风管中的风速相应提高。由于风管阻力的大小与风速的平方成正比,所以风管直径的缩小就使风管的阻力提高很大。这种以缩小管径来提高阻力的方法,主要用于阻力相差较大的情况。

这种方法是可行的,但只有试算多次才能找到符合节点压力平衡要求的管径。为了避免节点压力平衡计算的繁杂工作,在工程上实际计算时,可用下式:

$$D_0 = D_1 \left(\frac{H_1}{H_0} \right)^{0.225}$$

式中:D_0——调整后的管径;

D_1——调整前的管径;

H_0——调整后的压力即达到平衡时的压力;

H_1——调整前的压力。

② 用调节阀调节。就是在压损小的支管上加装阀门(闸板或蝶阀)。通过调整闸板的插入深度或旋转蝶阀的角度来增加支管阻力,实现上述两管路的阻力平衡。在实际风网中,不管其阻力是否平衡,通常在每根支管上都装有阀门,以便在生产中根据情况随时调整。

在进行压力平衡计算时一般不允许放大主管的直径来实现压力平衡,因为主管直径放大后其风速要下降,粉尘可能会沉降。

(9) 根据风网时总风量和总压损选择离心通风机的型号、机号和选配电动机。

通风除尘网路受机器设备振动的影响,安装质量好的管网初运转时几乎不漏风,但是运转一定时间后,却不可能保持十分严密,一般会有 7%~15% 的漏风量。如果网路设计不合理,施工质量差或长期失修,漏风量将更大。所以设计时就考虑必要的漏风量。

管网的漏风主要发生在法兰连接处、清扫孔和闸门等处。此外除尘器在吸气段工作时,也会发生漏风现象。漏风率的大小同管网的长度和繁简程度有关。考虑上述两部分漏风因素，漏风系数按 1.1～1.2 计算．单根除尘管不考虑漏风。

　　考虑到设计、施工安装误差、长期运行中通风机性能降低等因素，在选风机时，对计算的压损值要附加一个安全系数。附加的量即为风机风压的余量。这一系数通常取 1.15～1.2。

$$H_{风机} = (1.15～1.2) H_{总}$$

$$Q_{风机} = (1.1～1.2) \sum Q$$

二、设计气力输送风网

　　气力输送网路的设计与计算的任务是，根据规定的条件设计确定网路的组合形式以及各输料管和风运设备的规格尺寸，计算网路所需要的风量和压力损失，从而正确选用合适的风机和电动机，以保证网路既经济，又能可靠地工作。

　　（一）设计依据及对工艺设计的要求

　　作为设计依据的条件主要有：

　　（1）生产规模及工作制度。

　　（2）原粮的性质及其成品的种类和等级。

　　（3）厂房结构形式，以及仓库和附属车间的结合情况。

　　（4）工艺流程和作业机的布置情况。

　　（5）技术经济指标和环境保护要求。

　　（6）操作管理条件和技术措施的可能性。

　　（7）远景发展规划。

　　气力输送对工艺设计的要求：

　　粮食加工厂的气力输送是为工艺服务的。但是气力输送本身也直接或间接地担负着一定的工艺任务，所以为了更好地发挥各自的作用，并最终地改善工艺效果，两者之间应该相互兼顾，紧密配合。一方面，风运设计要尽量满足工艺的要求；另一方面，工艺上的安排也应该考虑风运的合理性，进行必要的调整。

　　为此，在设计工艺流程时，应该结合具体条件，尽量采用先进工艺和先进设备。要在保证成品质量的前提下，简化流程，防止回路。要优先选用生产效率高和有多种作用的组合设备，以减少设备数量，减少提升次数和物料的总提升量。这些都是降低风运电耗的基础。

　　另外，要保证主流流量的连续和稳定，副流和下脚要同质合并。要尽量考虑气流的综合利用，使气流在输送物料的同时，能完成一部分除尘、清杂、分级和冷却等作用，达到一风多用。

　　在设备布置上，要求在不妨碍操作的前提下，做到整齐紧凑，这样就有利于缩短提升高度。要尽量避免输料管的弯曲和水平放置。要让卸料器放置在厂房顶层的最高处，而让接料器放置在底层的最低处，这样就可以充分利用这个空间高度，依靠物料的自流输送，逐层安排工艺设备，这是减少提升次数的重要措施之一。同时，为了缩短连接风管，风机和除尘器应布置在车间的顶层。

（二）主要参数的确定

输送量、输送风速和输送浓度是风运网路计算的主要参数。这些参数，对网路中各个设备的尺寸大小，整个网路所需动力的多少以及网路工作的稳定可靠，起着决定性的作用。因此，正确而合理地确定这些参数，对气力输送有效地和经济地工作是十分重要的。

1. 输送量

输送量的大小通常是工艺过程规定的。但作为网路计算依据的计算输送量，应该是输料管在正常工作中可能遇到的最大物料量，所以应该考虑一定的储备，即

$$G_{算} = aG$$

式中：$G_{算}$——计算输送量；

G——设计输送量，根据工艺流量平衡表或其他要求确定。必要时应通过测定，以求准确；

a——储备系数，考虑到工艺上的原因，如原料品质的变化，水分含量的高低，操作指标的改变等可能引起流量变化的因素而附加的系数。

储备系数的大小，应根据具体情况分析确定。单纯为了输送的安全，不适当地提高a值，将造成设备的增多和动力的浪费。而且，由于计算结果不符合生产的实际情况，将带来操作上的困难，并容易发生故障。

2. 输送风速

输料管中的风速 v，必须保证物料能可靠地输送，同时也要考虑工作的经济性。风速过高，动力消耗过大。动力消耗几乎与风速的三次方成正比。风速过低，对物料输送量变化的适应性小，工作不稳定，容易发生堵塞或掉料。所以应该在保证输送工作稳定可靠的前提下，尽量采取低风速。

通常，当物料的比重和颗粒愈大、输送浓度愈高、或者管道有弯曲和水平输送时，所需风速应取较大数值，反之则取较低数值。粮食加工厂输料管中的风速一般为

粮粒　　　　　　　　　　　　　$v = 20 \sim 25 \text{m/s}$

粉类物料　　　　　　　　　　　$v = 16 \sim 20 \text{m/s}$

3. 输送浓度

输送浓度 μ，系指输料管中所输送的物料量与空气量之比，或称混合比或浓度比，即每千克空气所能输送的物料的千克数。用公式表示为

$$\mu = \frac{G_{物}}{G_{气}}$$

式中：μ——输送浓度；

$G_{物}$——单位时间所输送的物料重量，kg/h；

$G_{气}$——单位时间内通过输料管的空气重量，kg/h。

从上式可见，输送一定数量的物料所需的空气与输送浓度 μ 成反比。μ 值大，所需的空气少。输送空气是要消耗动力的，空气少了，动力消耗就可减少。同时空气少了，整个网路的管道、卸料器、除尘器以及风机等也可缩小，这样，原材料消耗和投资费用都可节省。这是输送浓度大的有利方面。

但是，输送浓度也并不是越大越好。浓度高了，输送压力损失将增大，操作较困难，并且容易引起堵塞或掉料。另外，考虑到空气有时还兼有通风和风选的任务，这些都必须保证有一定的风量。所以，过分地追求高浓度，并不是永远合适的。

浓度的大小直接关系到网路的风量和压力损失的大小，我们在选定输送浓度时，还要考虑到此时的风量和阻力是否与风机的风量和压力相适应，也即风机能否在较高的效率下工作。否则，浓度虽然是高的，但风机并不在较高效率下工作，动力消耗就不一定会降低。

日前我国面粉厂的气力输送浓度，中小型厂，麦间为 $\mu=2\sim4$，粉间为 $\mu=3\sim5$。大型厂，麦间为 $\mu=4\sim6$，粉间为 $\mu=2\sim5$。

米厂输送稻谷、谷糙混合物和糙米，$\mu=3\sim5$；输送米糠，$\mu=5\sim2$。

码头及移动式气力输送装置，当采用高压离心风机时，$\mu=8\sim14$。

根据选定的输送浓度值 μ，所需的风量 Q 应为

$$Q=\frac{G_{物}}{\mu r}\ （\mathrm{m^3/h}）$$

式中：$G_{物}$——输送量，$\mathrm{kg/h}$；

　　　γ——空气的比重，取 $\gamma=1.2\mathrm{kg/m^3}$；

　　　Q——风量，$\mathrm{m^3/h}$。

已知风量 Q（米³/时）和风速 v（米/秒），输料管的管径 D 可根据下式计算而得：

$$D=0.0188\sqrt{\frac{Q}{v}}\ （\mathrm{m}）$$

（三）压力损失的计算方法和公式

风运网路的压力损失 H，可以归纳为由两部分组成：其一为空气携带物料进行输送的压力损失 $H_{物}$，另一部分为空气卸掉物料后进行输送和净化的压力损失 $H_{辅}$，即

$$H=H_{物}+H_{辅}$$

输送物料的压力损失 $H_{物}$，包括从空气和物料进入输送系统到卸料器为止的所有压力损失。即为空气自磨粉机吸入，携带物料经接料器、输料管、弯头直至卸料器为止的全部压力损失，它由下列各项压力损失所组成：

$$H_{物}=H_{机}+H_{接}+H_{加}+H_{摩}+H_{弯}+H_{复}+H_{升}+H_{卸}$$

现将上式各项压力损失的性质和计算方法分述如下：

1. $H_{机}$——空气通过作业机的压力损失

如果接料器的进风口用引风管连接到某一作业机或吸点进行吸风时，则这一作业机或吸点的空气阻力以及连接风管的阻力，都应计算在内。如果接料器直接从大气进风，

则这项损失就不存在，即 $H_{机}=0$。

2. $H_{接}$——空气通过接料器的压力损失

接料器的压力损失按下式计算：

$$H_{接}=\xi H_{动}\,kg/m^2$$

式中：$H_{动}$——与接料器连接的输料管中的空气的动压力；

　　　ξ——接料器的阻力系数，其值随接料器的结构而异。

3. $H_{加}$——空气使物料起动加速的压力损失

物料在进入接料器后开始向规定方向运动时，其速度并不是立即可以提高的，而是需要气流对它进行一段加速的过程。物料加速的压力损失，与物料的性质，数量和管径的大小有关。在垂直输送谷物（这里指小麦）及其磨碎物料时，此项压力损失为

$$H_{加}=iG_{算}\quad(kg/m^2)$$

式中：$G_{算}$——计算输送量，t/h；

　　　i——加速 1t/h 物料的压力损失，kg/m^2。

对于小麦及其磨碎物料中的粗硬粒，如 2 皮，1 心等物料，

$$i_{谷粗}=\frac{33\,000v}{D^2}\quad(kg/m^2)$$

对于细软物料，如 3 皮、4 皮、2 心、麸皮、面粉等，

$$i_{细}=\frac{35\,700v}{D^2}\quad(kg/m^2)$$

上式中 D 为输料管直径，单位为 mm。

4. $H_{摩}$——输料管的摩擦压力损失

空气在管道中输送物料时，除了因空气与管壁的摩擦和气流之间的摩擦所形成的压力损失外，还有物料在管道中运动时的压力损失。这个损失是物料与空气和管壁的摩擦以及物料彼此之间的摩擦和碰撞引起的。

$$H_{摩}=Rl\,(1+K\mu)\,kg/m^2$$

式中：R——输送空气时每 1m 管道的压力损失；

　　　l——输料管的长度，包括弯头的展开长度，m；

　　　μ——输送浓度；

　　　K——阻力系数，它与物料的性质、输料管的直径和风速有关。

在垂直输料管中，K 之值为

对于小麦：

$$K_{谷直}=\frac{0.125D^{0.75}}{v^{0.8}}$$

对于粗硬物料：

$$K_{粗直}=\frac{0.24\,(D-40)}{v^{1.33}}$$

对于细软物料：

$$K_{细直}=\frac{0.16\,(D-40)}{v^{1.33}}$$

在弯头后的水平输料管中，K 之值为

对于谷物：

$$K_{谷平}=\frac{0.15D}{v^{1.25}}$$

对于粗硬物料：

$$K_{粗平}=\frac{0.135D}{v^{1.25}}$$

对于细软物料：

$$K_{细平}=\frac{0.11D}{v^{1.25}}$$

在以上公式中，D 为输料管的直径，mm，v 为输料管中的风速，m/s。

5. $H_{弯}$——弯头的压力损失

空气携带物料通过弯头时的压力损失可按下式计算：

$$H_{弯}=\xi H_{动}\,(1+\mu)\,(kg/m^2)$$

式中：ξ——弯头在输送空气时的阻力系数；

　　　$H_{动}$——输料管中空气的动压力。

6. $H_{复}$——使物料恢复速度的压力损失

物料通过弯头时，由于方向改变和不断与弯头碰撞而降低速度。如果在弯头后面还有管道，物料要继续输送，则其速度必须重新恢复起来。

当弯头的方向由垂直转向水平时，$H_{复}$ 与输送物料的数量和弯头后面的水平管段的长短有关：

$$H_{复}=\beta\Delta H_{加}\,(kg/m^2)$$

式中：$H_{加}$——空气加速物料的压力损失；

　　　Δ——输送量系数，其值见表 4-11；

　　　β——弯头后面水平管长度系数，其值见表 4-12。

表 4-11　输送量系数

输送量/（t/h）	0.5 以下	1.0 以下	2.0 以下	3.0 以下	5.0 以下	5.0 以上
Δ（90°）弯头	0.5	0.35	0.25	0.15	0.1	0.07

表 4-12　弯头后面水平管长度系数

弯头后续水平管长/m	1	2	3	4	5
C	0.7	1	1.25	1.4	1.5

当弯头的方向由水平转向垂直时，$H_复$这项压力损失按下式计算：

$$H_复 = 2\Delta H_加 \quad (kg/m^2)$$

如果弯头后面没有管道，物料通过弯头后直接进入卸料器，则这项压力损失就不存在，即 $H_复 = 0$。

7. $H_升$——提升物料的压力损失

空气提升物料的压力损失，即空气和一定重量的物料提升到一定高度所做的功，其值为：

$$H_升 = \gamma \mu h \quad (kg/m^2)$$

式中：γ——空气的比重，kg/m^3；

　　　h——物料提升的高度，m。

8. $H_卸$——卸料器的压力损失

卸料器的压力损失随结构型式而异，按下式计算

$$H_卸 = \xi H_动 \quad (kg/m^2)$$

式中：ξ——卸料器的阻力系数；

　　　$H_动$——卸料器进口处的空气动压力。

气力输送的辅助部分包括汇集管、风管和除尘器等，其压力损失为：

$$H_辅 = H_汇 + H_管 + H_除 \quad (kg/m^2)$$

式中：$H_汇$——汇集管的阻力；

　　　$H_管$——风管的阻力；

　　　$H_除$——除尘器的阻力。

在风运网路的计算时，为简化起见，除 $H_除$ 须单独计算外，对于 $H_汇$ 和 $H_管$ 二项，在一般情况下不予计算，可取其值等于 $30\sim50kg/m^2$。这样做其误差所占比例不大。

风运装置中的除尘器，大都采用沙克龙和布筒过滤器。

以上为风运网路的压力损失所包括的全部项目。为使用方便，现将各项压力损失的有关数据和计算公式集中列于表 4-13。

表 4-13　风运网路压力损失计算公式

压力损失项目		代号	计算公式	说　明
输送物料部分的压力损失 $H_物$	作业机的损失	H机	$H_机 = \sum Q_动^2$ 或实例	接料器直接从大气进风时此项不计
	接料器的损失	H接	$H_接 = \zeta H_动$	吸嘴 $\zeta = 1.5-1.8$ 各式三通接料器 $\zeta = 0.5$
	加速物料的损失	H加	$H_加 = iG$	G 以 t/h 计
	摩擦压力的损失	H摩	$H_摩 = Rl(1+K\mu)$	l 为输料器管长度，包括弯头的展开长度
	弯头的损失	H弯	$H_弯 = \zeta H_动 (1+\mu)$	
	恢复速度的损失	H复	当弯头方向由垂直转向水平，$H_复 = \beta \Delta H_动$ 方向由水平转向垂直，$H_复 = 2\Delta H_动$	β 之值见表 3-9 Δ 之值见表 3-10

续表

压力损失项目		代号	计算公式	说 明
输送物料部分的压力损失 $H_物$	提升物料的损失	$H_升$	$H_升 = v\mu h$	空气的比重，$1.2kg/m^3$ h 为物料提升的高度米
	卸料器的损失	$H_卸$	$H_卸 = \zeta H$	沙克龙卸料器的 ζ 值
辅助部分的压力损失 H	除尘器的压力损失	$H_除$	沙克龙 $H_沙 = \zeta H_动$ 压入布筒过滤器，$H_动 = 20.40kg/m$	
	汇集管和其他风管的压力损失	$H_汇 \ H_管$		按 $30\sim50kg/m^2$ 计算

9. 风机所需压力和风量的确定

根据网路的压力损失 H，考虑到计算上的偏差和一些未能计及的因素，则要求风机提供的压力为

$$H_风机 = 1.1 \times H \ (kg/m^2)$$

式中：$H_风机$——风机应提供的压力；

1.1——压力附加系数；

H——网路的压力损失。

风机应提供的风量 $Q_风机$，等于各根输料管风量之和，再考虑设备的漏风和其他因素，因此

$$Q_风机 = 1.2 \times \sum Q \ (m^3/h)$$

式中：$Q_风机$——风机应提供的风量；

1.2——风量附加系数；

$\sum Q$——各根输料管风量之和，m^3/h。

根据 $H_风机$ 和 $Q_风机$ 可选择合适型号和转速的风机，并计算其所需要的功率，配置适当的电动机。

（四）压力的平衡

对于由多根输料管组成的风运网路，它的压力损失也和通风除尘的集中风网一样，是由其中的主阻管路决定的，也就是由其中阻力最大的那根输料管决定的。因此，对于那些阻力较小的输料管，也同样存在压力必须平衡的问题。否则，那些阻力较小的输料管就会吸取过多的空气，而阻力较大的输料管就得不到应有的空气，发生掉料或堵塞现象。

为了保证风运网路中各输料管的压力达到平衡，首先在进行设计计算时，应根据各根输料管输送量的不同而选用不同的管径。当压力相差不大时，也可借变动卸料器（沙克龙）的尺寸来平衡。另外，在每个卸料器的风管中都应装置闸板或蝶阀，以备在生产过程中，根据情况进行调整。

项目小结

通过本项目我们学习了制粉工艺、制米工艺和饲料工艺设计的原理和方法，重点学习了粮食加工厂各生产工艺流程的设计步骤、工艺流程中设备的选择和计算等。同时能够根据原料的情况和给定生产任务的要求，合理地配制设备的技术参数，以达到最佳的工艺效果。

技能训练

训练一：制粉工艺的设计

理解制粉工艺设计的原则和制粉工艺的流程，学会清理工段、制粉段和配粉工艺流程的设计。

训练二：制米工艺的设计

理解制米工艺设计的原则和要求，学会制米工艺流程的设计。

训练三：饲料工艺的设计

理解饲料工艺设计的原则和要求，掌握各种配合饲料工艺的流程特点，学会饲料工艺流程的设计。

训练四：设计通风除尘及气力输送风网

能够分析不同粮食加工过程中的通风除尘风网和气力输送风网的特点和要求，掌握不同工艺段风网和管网的压力要求，学会不同工艺中通风除尘网和气力输送网的设计。

复习与练习

（1）制粉过程分为哪几个工段？

（2）简述制粉、制米和饲料工艺设计的步骤。

（3）制米工艺的设计需要遵循哪些原则？

（4）简述制米的工艺流程。

（5）如何进行制米工艺的组合？

（6）如何编写制粉、制米和饲料工艺流程设计说明书？

（7）饲料工艺的设计需要设计哪些内容？

（8）饲料工艺设计需要遵循哪些原则？

（9）简述饲料工艺流程。

项目五　生产车间工艺设备的布置设计

☞ **学习目标**

● 知识目标：

1. 了解制粉车间、碾米车间和饲料车间的各种生产设备；
2. 熟悉制粉车间、碾米车间和饲料车间的设备之间的连接顺序；
3. 掌握车间设备摆放的规则；
4. 学会如何根据厂方的结构合理分配各楼层的设备；
5. 学会通风除尘及气力输送风网的走向与布置。

● 能力目标：

1. 能够根据工艺流程进行科学合理地分配各个楼层的设备；
2. 正确设置、调整设备主要工作参数；
3. 能够对多台同型号设备根据工艺和厂房结构进行合理布置；
4. 能够合理预留各设备之间的操作和安装维修空间；
5. 能够合理安排通风除尘及气力输送风网。

☞ **职业岗位**

通过本项目的学习可从事制粉、碾米和饲料车间的工艺设计等工作。

☞ **学习任务**

任务一　制粉车间工艺设备的布置设计

制粉车间工艺设备布置设计就是将工艺设备、输送设备、通风除尘设备及其他辅助设备，按工艺、技术、操作管理等要求及有关规定进行组合和定位，确定车间建筑面积和各设备在各层楼面上具体位置的过程。

制粉车间工艺设备布置设计是否合理，关系到工艺流程能否实现，生产能否连续正常进行，操作管理与维修是否方便，车间建筑面积及建厂投资费用大小等。因此，在进行生产车间工艺设备布置设计时，要严格按设计要求及设计步骤，认真研究分析，精心设计，为后续各部分工艺设计顺利进行创造条件。

制粉车间工艺设备布置设计通常是按下列步骤进行的：

第一，按确定的工艺流程进行分层配置设计。

第二，工艺设备平面配置

（1）制粉车间建筑设计。制粉车间建筑设计是在完成工艺流程图，选定设备的规格、型号和数量之后，根据厂型及所选用设备情况，初步确定车间的建筑形式，确定满足生产工艺要求的车间开间、开间数、跨度、跨度数、层数和各楼层高度等有关建筑结构尺寸，并绘制各层楼的平面及纵、横剖视建筑草图。

（2）设备平面配置设计。设备平面配置设计是在绘制的建筑草图上进行，利用设备小样图在绘制的车间平面建筑草图上进行配置，并用胶带纸（或双面胶带）暂时定位。配置时应兼顾主辅设备及上下设备之间的关系。设备配置的过程中，在设备配置草图上即可进行管网联系校核。根据工艺流程，校核每台设备的所有进料溜管和出料溜管角度是否满足输送的要求，常会因溜管倾角小于最小安全角而需调整设备原设计位置。通过反复排布，比较不同的方案，选择出设备平面配置的最佳方案。

采用计算机绘图设计时，先把工艺设备的各个视图做成图块，然后把图块插入到绘制的建筑图中。

第三，粮食加工厂设备平面配置应先从清理车间开始，按工艺流程顺序进行。

第四，在完成主要生产设备平面配置后，再对输送设备、通风除尘设备及其他辅助设备进行平面配置，并考虑相互影响适当调整主要生产设备平面配置。

第五，在进行平面配置时，应多考虑设计几套方案，经过分析比较后，选出一个较为合理的设计方案。

一、清理车间工艺设备布置设计

1. 清理车间工艺设备配置的特点

（1）处理物料为原料小麦，颗粒状物料，流动性好，可充分利用自溜；小麦中含较多不同杂质，须经清理流程去除各种杂质。

（2）清理设备基本把物料分为小麦和杂质两类，小麦按工序前后顺序在设备间流动，杂质要考虑合并和收集。

（3）清理流程分毛麦阶段、水分调节和光麦阶段，三个阶段呈单线前后顺序关系，各阶段间设备基本无横向联系，为利用自溜提供必要保证，可把每一阶段设备按除杂工序从上到下逐层分配。各种清理设备按工艺流程布置在相应的楼层上。

（4）清理间一般采用机械输送，垂直提升采用斗提机，而不采用气力输送。在多层车间内，尽量考虑减少物料提升次数。

（5）原料小麦中含有大量的灰尘和轻杂，必须进行通风除尘，也即每台清理设备必须进行吸风，需考虑吸风量、风速、风管直径、风机和除尘器的选择，以及通风除尘风网的组合和布置。

（6）清理流程各阶段与麦仓联系紧密，毛麦清理从毛麦仓开始，水分调节在润麦仓中进行，净麦在净麦仓中缓存稳定流量才进入磨粉机加工，因此，布置清理间设备时要考虑物料如何进仓和出仓，配置机械输送设备。底层一般不布置主要清理设备，以及考虑清理设备工作的阶段性和间隔性。

2. 清理车间工艺设备分层配置

在确定所需楼层数后，采用绘制分层流程图的办法，将所有设备分配到各楼层上去。分层流程图的作用是初步确定清理设备在各楼层上分配方案及除尘风网组合方案。清理工艺流程图及清理工艺分层流程图的绘制方法见图 5-1、图 5-2。

（1）按初步确定的楼层数作几条水平平行线，每条平行线表示相应的层数。

（2）按确定的工艺流程顺序，定出各设备在各层楼上的分配方案。按除尘风网组合原则，拟定风网组合方案。

（3）在图上，机器设备用规定的图形符号表示，图形符号旁边留有一定空隙，注明设备的型号、规格和台数。

（4）设备间用实线分别表示小麦和下脚流向，用点划线表示通风除尘风网的组合及流向。各种线条应横平竖直，尽量减少线条交叉。

（5）设备分层流程图不按比例绘制。

3. 清理间工艺设备的配置要求

（1）上道工序设备的物料流入下道工序设备时采用溜管，注意校核自溜管角度不能小于最小安全倾角。

（2）每层楼工艺设备及通风除尘设备等大致分配比较均匀。

（3）在满足工艺流程的前提下，相同的机器设备尽量配置在同一楼层，便于操作和管理。

（4）设备排列要整齐，并保证有足够的安全走道和操作距离。车间走道的布置方式见图 5-3。

（5）主要设备及设备的操作面，应配置在靠近窗户的地方，以便有良好的采光条件。

（6）考虑通风除尘风网的组合及走向，通风除尘设备的布置。

（7）物料出口位置不能设在梁上；下部传动的设备，要注意传动带不能通过横梁。

4. 清理间主要工艺设备的配置

（1）下粮坑。在清理间底层墙外侧或立筒库工作塔旁侧设置下粮坑。

下粮坑料斗一边垂直，三边倾斜，倾斜角度取 45°～55°。下粮坑的大小随容量而定，一般长为 1200～1800mm，宽为 600～900mm。

在下粮坑口上装置铁栅栏，避免较大的杂物落入坑内损坏或卡死提升机。

为防止下料时灰尘飞扬，下粮坑上部或侧面应有吸风装置。

（2）振动筛、平面回转筛。在车间内布置振动筛、平面回转筛时一般以进口端作主要操作面，朝向窗户。

为便于更换筛面，在抽出筛面一端应留有操作空间，一般振动筛应不小于 1500mm，

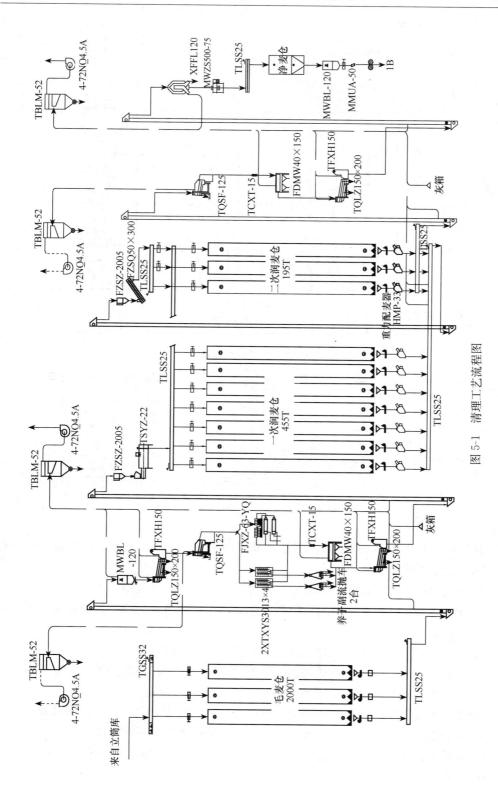

图 5-1　清理工艺流程图

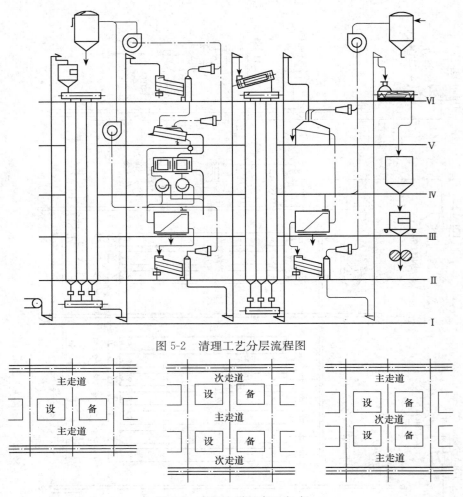

图 5-2　清理工艺分层流程图

图 5-3　车间走道的布置方式

平面回转筛应不小于 1100mm。两侧观察检修间距为 600～800mm，出口端需下蹲检查物料，间距应不小于 800mm。

上述筛选设备出口位置低，不宜配置在底层，应尽量配置在楼面上。

振动筛在安装操作不善的情况下会产生振动，在平面布置时应尽量跨在横梁上，但必须注意物料出口洞孔避开梁。

筛选设备吸风量较大，在布置时应有利于集中风网的组合。

（3）比重去石机。比重去石机四面都要经常操作，配置时前后两端应留有不小于 1000mm 的走道；为便于观察，两侧也应在 600～800mm 之间。

要布置在比较牢固的楼板上，避免布置在振动大的地方，以免影响去石效果。

去石效果受风网影响较大，一般单独吸风，应考虑除尘风网的布置。

（4）打麦机、擦麦机。两侧应留 800mm 左右的间距，便于打开侧门；两端应留拆卸安装打板轴的间距。

出灰口和出麦口应注意避开梁。考虑除尘风网的布置。

（5）着水机。着水混合机或三轴着水机都应布置在润麦仓仓顶附近，出口朝向麦仓。

考虑进仓方便，着水机应架装在绞龙上方，要注意进口与斗提机出口连接溜管的角度及出口与绞龙的衔接。

要考虑供水和控制装置的布置。

喷雾着水机一般布置在净麦仓上面或净麦绞龙上面。

（6）洗麦机。布置有两种情况，底层或顶层，布置在底层较多。

布置在底层可减轻楼板负荷；安装水管和底面水槽方便；出口物料流入的提升机底座通常需布置在地坑内；提升机输送潮湿小麦，易使机件锈蚀，降低使用寿命。

布置在顶层，潮湿小麦可直接流入润麦仓，不需提升；对回收污水中的粮粒较有利；增加楼板负荷；提高建筑造价。

（7）精选机。碟片精选机高度小，产量低，从节省平面面积考虑，可采用上下重叠布置。上层精选荞子，下层精选大麦和燕麦。

滚筒精选机成组布置，长度和高度尺寸较大，要考虑进出口与上下工序设备连接溜管的倾角，四周要考虑检修滚筒的间距。

螺旋抛车安装布置较简单。

（8）自动称。自动称应设置在自然光线好的地方，其高度要便于观察，特别注意不要设在产生震动大的设备附近。以免影响称量精度。自动称下部应配置一个大于一次称量的存粮斗，做缓冲用。

四周应留有不小于 800mm 的间距。

（9）其他清理设备。磁选设备体积小，无需动力，安装比较灵活简便，可直接安装在清理设备的进口或安装在工艺流程的合适的位置。

麦仓下采用容积式或重力式配麦器，直接座装在水平输送的螺旋输送机的相应位置上。

（10）中间储粮仓柜的配置。清理工艺流程中的仓柜有毛麦仓、润麦仓、净麦仓。毛麦仓、润麦仓一般组合在一起布置在清理间的一端或一侧；净麦仓体积小，一般布置在粉间磨粉机层上面的楼面上，需要水平输送设备（称净麦绞龙）把净麦从清理间输送到粉间。

毛麦仓采用方形筒仓或矩形筒仓，麦仓边长取 2～3.5m，小型厂可取 1.5～2.5m。高度根据楼层高度和层数情况而这定。仓顶一般为顶层楼面，仓上要设进人孔，边长一般为 600～800mm，仓壁设有金属爬梯，以便工人进入仓中检查清扫。仓底做成漏斗形或截头的角锥体，角锥体的边与水平呈 55°～75°。为防止轻杂质留存于斜角处，可将仓内直壁所形成的四个角落做成宽 150～200mm 的斜棱形。仓底现多做成多口出仓，方仓为 4 或 9 个出口，见图 5-4。

润麦仓多与毛麦仓一起布置，形状、尺寸可与毛麦仓一样。由于湿麦流动性差，其漏斗尖底与水平夹角应取 60°～75°。

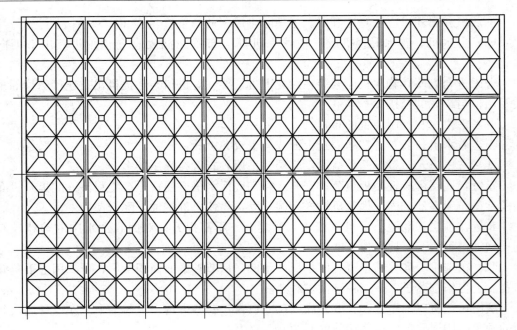

图 5-4　麦仓的布置及多口出仓

净麦仓用薄钢板做成圆筒形或方形，有时为扩大仓容，做成圆形和方形相结合。圆形直径为 1m 或 2m，方形边长为 1～2m，高度为 2～3m。见图 5-5。

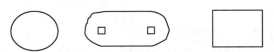

图 5-5　净麦仓的形状

（11）吊物洞。为了便于机器设备吊装，在生产车间内部必须设置吊物洞。吊物洞设置的位置应与厂型、车间内设备的配置等同步考虑。

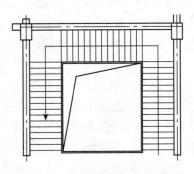

图 5-6　楼梯间与吊物洞的布置

吊物洞的位置通常有两种配置方式：一是设置在车间内较宽敞的适当位置，一般将吊物洞尽量靠近主大门，以减少机器设备的运移距离；二是将吊物洞位置设置在三段式楼梯中间的空间，见图 5-6。在车间内配置吊物孔洞时，应在各楼板层相同部位，留设同等尺寸的孔洞，吊物孔洞上方空间，不允许有管网通过。

（12）坑槽及操作平台。在粮食饲料加工厂中，常常为了解决物料输送问题，在车间的底层常设置有提升机机座的地坑或供设置在地面以下的水平输送机械使用的地槽。坑槽的大小和深度应根据生产工艺需要及设备安装和使用维护要求确定，斗式提升机在地坑内的布置见图 5-7。地坑在构造上要特别注意防潮及防水处理。

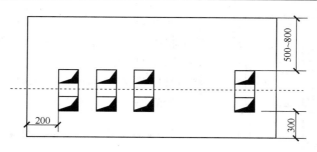

图 5-7　斗式提升机在地坑内的布置

地坑或地槽的设置位置应尽量避免在车间主要通道或主要操作空间范围内。

在车间内，往往有一些设备较高，这样给操作、维修及管理带来不便，这时需考虑设置操作平台。配置操作平台时，其台下净高应保持在 1.8～2.0m，台面距上层楼板（或梁）应不小于 1.8m，平台面应有必需的通道宽度，且四周应设防护栏杆。

二、制粉车间工艺设备布置设计

1. 粉间工艺设备配置特点及要求

（1）粉间同类工艺设备数量多，常分层配置且有一定规律。

（2）同一楼层同类设备常分排排列和分组排列。

（3）粉间设备处理的物料种类多，流动性差且要求连续性生产，因此要注意校核每一根溜管的角度。

（4）一台工艺设备物料出口多且进入不同的系统进行处理，或来自不同系统的物料进入同一台工艺设备进行处理，因此上下楼层设备的位置确定要能满足本设备全部进出物料溜管角度的要求。

（5）粉间工艺设备数量多，占用车间面积大，溜管数量多，常因工艺设备布置位置而不能满足角度要求，需设分配层进行管网角度调整。

（6）粉间物料多，需多次提升，常采用气力输送，要进行气力输送风网设计。

2. 各层楼面设备的分配

六层楼时一般一层配置磨粉机的电动机和接料器；二层配置磨粉机；三层管网分配层，不配置制粉设备，用来调整溜管的角度；四层配置清粉机、打刷麸机和面粉收集绞龙；五层配置高方平筛；六层配置卸料器、高压风机和除尘器。

五层楼时一层配置磨粉机的电动机和接料器；二层配置磨粉机；三层配置清粉机、打刷麸机和面粉收集绞龙，同时也用来调整溜管的角度；四层配置高方平筛；五层配置卸料器、高压风机和除尘器。或者一层配置磨粉机，磨粉机的电动机和接料器配置在地坑内（或者一层配置磨腔吸料的磨粉机）；二层管网分配层，用来调整溜管的角度；三层配置清粉机、打刷麸机和面粉收集绞龙；四层配置高方平筛；五层配置卸料器、高压风机和除尘器。

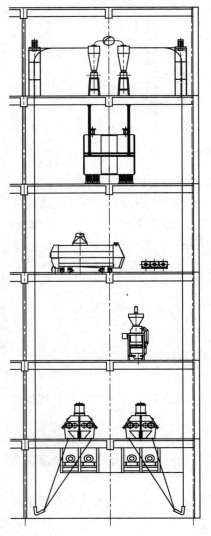

图 5-8　粉间设备分层布置

四层楼时一层配置磨膛吸料的磨粉机；二层配置清粉机、打刷麸机和面粉收集绞龙；三层配置高方平筛；四层配置卸料器、高压风机和除尘器。当然小型厂还有一些其他的分配变化。

粉间设备分层例图见图 5-8。

3. 粉间主要工艺设备的配置

（1）磨粉机。磨粉机的排数和跨度尺寸的确定：6 台以下磨粉机采用单排排列，跨度为 6～6.5m。8～20 台磨粉机采用双排或三排排列。双排单跨厂房宽度为 7～8m，三排单跨厂房宽为 9.5～10m。磨粉机的布置形式见图 5-9。

每排磨粉机 3～5 台组成一组，两组之间要留有一定宽度的走道，两排之间也应留一定宽度的走道，最小净距为 800～1000mm，同组磨粉机之间的间距一般为 350～500mm，以便检修拆卸皮带轮。

磨粉机机体重，在布置时可采用跨梁排列或近梁排列，见图 5-10。磨粉机中心与梁中心的距离一般在 400～600mm，严禁磨粉机中心线与梁中心线重合布置。

（2）高方平筛。高方平筛一般单排排列，管道集中。根据磨粉机排列及工艺配置采用四仓式、六仓式或八仓式高方平筛，合理确定高方平筛台数。相邻两台高方平筛之间应留有 800～1000mm 的间距，纵向走道宽不小于 1500mm。平筛的排列方向，使各仓平筛的仓门朝向窗户，装拆筛格宽敞方便，采光好，见图 5-11。高方平筛每仓有 8 个出口，一般选择其中 3～6 个作为物料出口，但要求将同一排中的各仓平筛的面粉出口排在同一直线位置上，以便于用螺旋绞龙收集和输送面粉。

（3）清粉机。清粉机尽量在高层摆放，物料分级后直接自溜进磨粉机。在高方平筛和磨粉机摆放好后再妥善摆布清粉机。布置时通常使其长度方向沿车间宽度方向布置（清粉机数量少时也可沿车间长度方向），见图 5-12。并以出料端面向主走道，两台清粉机间距可取 800～1000mm。清粉机出口数量多，注意与下道工序设备的溜管联系及角度校核，避免出口与梁发生冲突。

清粉机布置要考虑通风管道的摆布设计，一般几台清粉机合用一组风网，设计时考

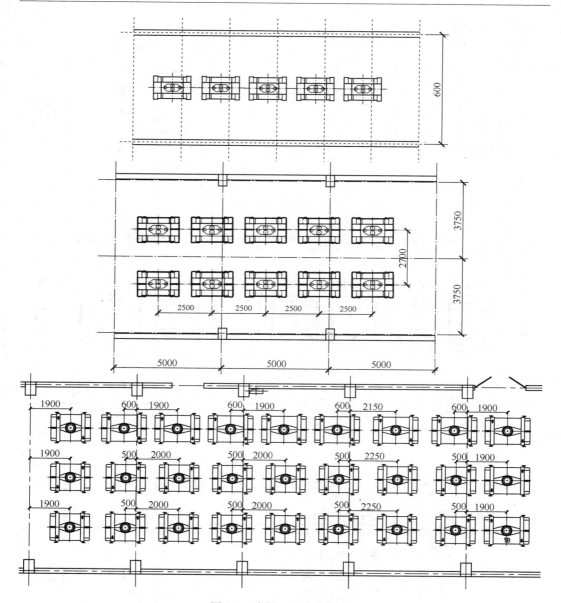

图 5-9　磨粉机的布置形式

虑管道、除尘器和风机的摆布。清粉机风网的脉冲除尘器和风机可不设置在同一层楼面上。

　　（4）打麸机、刷麸机。按工艺流程需要，分中路打麸或后路刷麸，根据物料来向和去向布置在管网联系比较方便的位置上。

　　打麸机一般长度方向也沿车间宽度方向布置，刷麸机无特殊要求，满足操作间距即可，四周不少于 600～800mm。

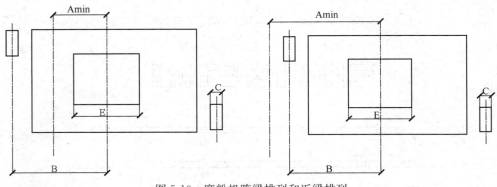

图 5-10　磨粉机跨梁排列和近梁排列

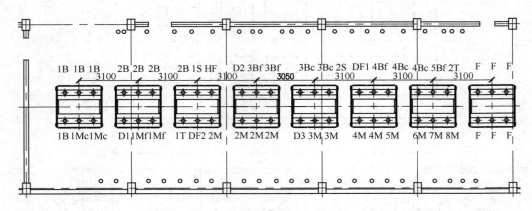

图 5-11　高方平筛的布置形式

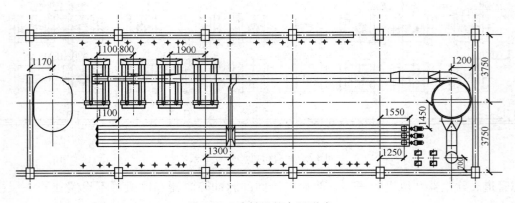

图 5-12　清粉机的布置形式

（5）松粉机。前中路心磨采用撞击松粉机，后路心磨采用打板松粉机。

松粉机的安装方便灵活，既可座装，也可架装或吊装。安装在一楼或顶层、高方平筛下层。撞击松粉机的顶层布置形式见图 5-13。

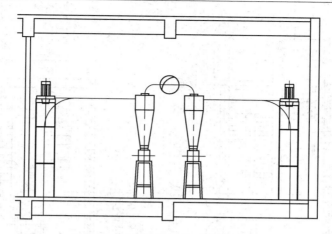

图 5-13　撞击松粉机的顶层布置形式

任务二　制米车间工艺设备的布置设计

一、各楼层的设备分配

碾米厂的车间主要由清理间、砻谷间、碾米间、各种暂存仓（毛谷仓、净谷仓、净糙仓、成品仓）及楼梯间等部分组成。各车间在平面布置上较有规律，一般均按生产过程，依据清理、砻谷、碾米、成品整理的工序一次直线排列。

一般小型碾米厂（组合型机组）大都将清理车间、砻谷车间、碾米车间同设在一层平房内。采用新型联合碾米设备的小厂，其厂房建设更为简单，占地更小。对于中型或大型碾米厂，则需要 3～5 层楼面的厂房，并利用谷物的自流，将设备自上而下垂直布置，以便节省动力，降低电耗。下面以三层厂房为例进行设备的布置，1～2 层设备布置的平面图如图 5-14，三层楼总剖视图如图 5-15 所示，侧剖视图如图 5-16 所示。

二、主要设备的布置

（一）砻谷机

由于砻谷机经常要调换胶辊，所以进行设备布置时，都采用单个排列，并且使周围留有 0.8～1m 的设备间距。当砻谷机数量超过 4 台时，才考虑成组排列。成组排列时可以 2～3 台为一组，组中的砻谷机之间的间距在 350mm 左右。

布置砻谷机时，应该将调节手轮一边面向主要纵向走到（双跨车间应面向窗户一边），以便操作时有良好的采光条件。该设备容易产生振动，在保证出料口不与梁相碰的情况下，尽量使之底座压在梁上。

（二）碾米机

碾米机的布置，根据其类型和数量，可以纵向排成一排或两排（图 5-17），两台之间间距不小于 500mm，必须能保证抽出滚轴，对于轴向抽辊的碾米机，则要有 1000mm

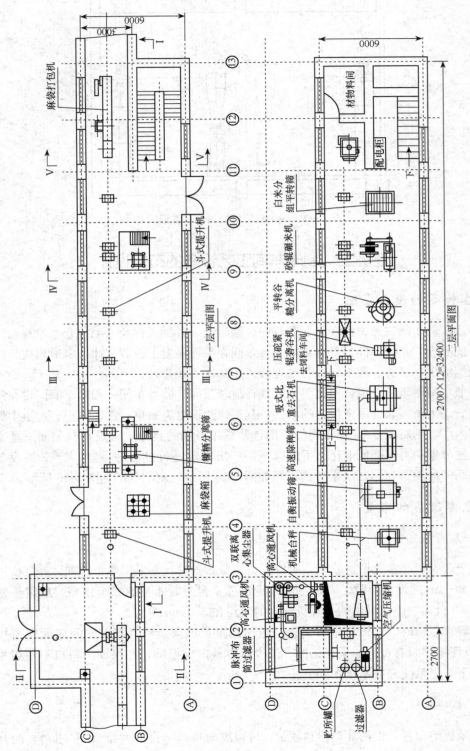

图 5-14　碾米车间一二层设备布置平面图

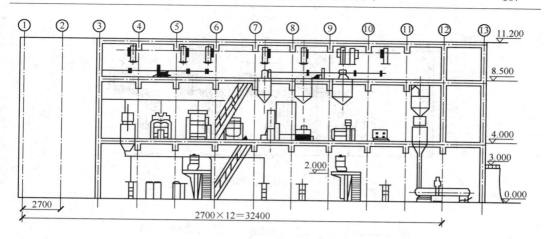

图 5-15　碾米车间的总剖视图

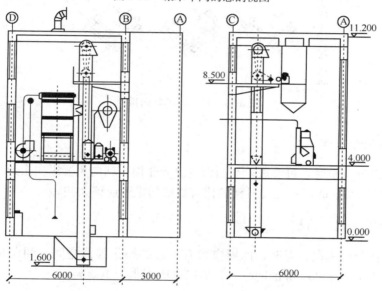

图 5-16　碾米车间的横剖视图

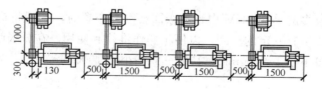

图 5-17　碾米机的纵向排列

以上的间距。也可以采用横向排列（图 5-18），可以减少厂房的长度，但操作不方便。
这种形式较适合于自带电机的喷风碾米机，对于其他碾米机，由于传动电机要保持一定
的中心距（两传动轮中心距应该在 1000mm 以上），装在同一楼层上会影响碾米机之间
的走道，一般会将电机设在楼板下面。目前有些米厂采用斜向排列碾米机，斜度为
30°～45°（图 5-19）。

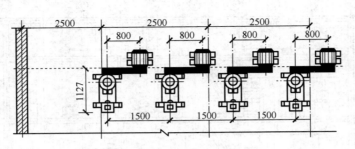

图 5-18　碾米机的横向排列

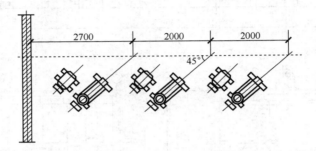

图 5-19　碾米机的斜向排列

（三）谷糙分离筛

布置谷糙分离筛时，可将进口端当做主要操作面，朝向主要纵向走道。两筛之间的走道可取 600～800mm，一般无机架的比有机架的走道应该大些。

（四）重力谷糙分离机

重力谷糙分离机在布置时，四周应留有足够的操作维修空间，朝向主要走道的一侧，应留有不小于 1500mm 的间距，其他三方应不小于 1000mm。

（五）白米分级筛

目前用的比较多的是 MMJM 白米分级回转筛。布置时，一般将进料端朝向主要纵向走道，且四周要留有一定的空间，以便于操作维修和使用。在分级筛的进料端，离墙体的最小间距应该不小于 2000mm，其他三面不小于 1000mm。

（六）大米抛光机

大米抛光机是大米深加工中的关键设备。一般设置有喷雾和添加液体的溶剂的装置。布置时一般采用纵向排列，机器两端轴向须留有 1500mm 距离的操作空间，以便主轴拆装，其余两面留有 800mm 通道就可以。

任务三　饲料车间工艺设备的布置设计

一、各楼层的设备分配

饲料厂的主车间主要由原料仓（包括主、副原料仓）、原料清理间、配料仓、饲料加工（粉碎、配料、混合、制粒）、成品打包等部分组成。辅料的种类较多，一般不与主车间组合在一起。另外，还有配电间、楼梯间以及根据实际需要设置的服务性房间。饲料厂的建设形式取决于饲料加工的供应布置要求，通常以配料仓为中心进行布置，各道工序安排在同一车间内。目前国内的大型饲料厂主车间一般在 5 层或以上，而发达国家多为 6 层左右。

（一）主车间设备的选择

设备选择的原则是技术上先进，经济上合理，在选择饲料加工设备时需综合考虑下列因素：生产效率，产品质量；安全性；节能性；耐用性；维修方便性；成套性；环保性；经济性。

选择设备时应进行调查研究，应向设备厂家、使用单位以及有关专家了解设备的使用性能，有些关键设备，在国内不能满足需要时，也可进口。在选用进口设备时，还要考虑设备的易损件或备件供应的方便性和经济性。

（二）主车间设备的布置

饲料厂工艺设计的另一个重要内容就是饲料车间布置设计。其设计内容是按已确定的工艺流程和设备，根据一定的原则和要求在建筑物和构筑物内进行合理的内部布置，并提出建筑结构方面的设计依据。饲料车间设备布置的原则和要求如下：

（1）按工艺流程顺序进行。应尽量利用建筑物的高度，使物料能自然输送，减少提升次数，节约投资。

（2）功能相同的设备，应尽量布置在同一楼层，以方便管理。

（3）清理工段中的磁选设备应置于初清筛之后或待粉碎仓之前，以便发挥设备的除杂效率。

（4）粉碎机、空压机应设置专门的隔音间，或者将粉碎机放置在地下室。

（5）配料仓的排布应有利于仓下喂料器的排列。

（6）喂料器的底部距配料秤盖板的距离不宜大于 500mm，以减少空中料量，保证配料精度。

（7）配料秤的周围应无振动较大的设备。中心控制室应有隔音和空调设施，以保证秤的自动控制系统的精度。配料秤与中心控制室的距离不应大于 25m。

（8）配料仓应有排气设施。

（9）混合机下缓冲斗的容积应足以存放混合机的一批物料，使后面输送设备流量均衡。混合机与成品仓的距离不应太远。

（10）配合粉料在制粒之前应经磁选。

（11）冷却器应布置在制粒机下面，以使从制粒机出来的湿热物料能及时得到冷却、硬化，提高成品率。

（12）颗粒分级筛应放置在顶层，使分出的物料能方便地进入各自的加工设备或仓中。设备的操作面应布置在靠近窗户的地方、要有良好的采光条件。

（13）加工设备应布置整齐，保证有足够的安全通道和操作空间。一般走道宽度为1000mm，主走道的宽度为1500mm，设备之间的横向走道为800mm，设备的非操作面与墙的距离为350～500mm。

（14）风网的布置要合理，应尽量减少风管的长度和弯头等，减少阻力，降低能耗、材耗。对噪声较高的风机应设隔噪消声等措施。除尘风网的组合应尽可能按同质合并的原则进行。

（15）除杂设备和除尘设备下脚料收集点的设置要兼顾方便和靠边、靠角，使它不破坏车间的整体布置。

（16）设备布置中要保证溜管、设备出料斗、仓斗有合适的角度，防止出现物料堵塞。

（17）成品仓的高度大于5m时，仓内应设防止分级的装置。颗粒料成品仓的高度不应超过5m。

饲料车间的平面图、纵剖视图、横剖视图如图5-20～图5-22所示。

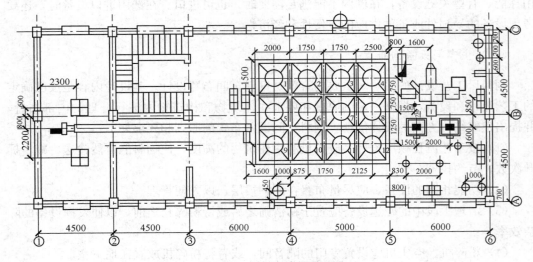

图 5-20　饲料车间的平面图

二、主要设备的布置

（一）粉碎机

由于粉碎机功率大，易产生振动，而且噪声大，因此应尽量配置在底层或者地下室内。粉碎机设置在底层时，因出口位置较低，提升机机座或者水平输送设备必须置于地坑中。为减少噪音，除采用消声减震装置外，还可将其单独布置在隔音间内，并要求有单独隔音的间墙，可以不设室内窗户，但至少有一边靠外墙，且有窗户采光，间墙必须

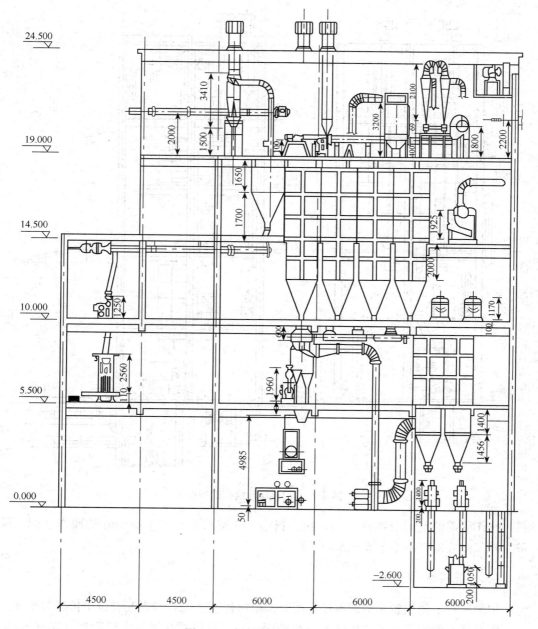

图 5-21 饲料车间的纵剖视图

留有门与车间内部相联系。

粉碎机操作面应尽量靠窗户一边，并须留有 1200～1500mm 宽的操作空间；传动轴的两边必须留有 600mm 左右的间距；平面布置时，还应注意粉碎机与待粉碎仓的对应位置关系；多台粉碎机在配置时其间距应不小于 1000mm，以便于设备的维修。

（二）碎饼机

碎饼机属于副料加工设备，一般配置在副料仓库内。在配置时，应充分考虑人工投

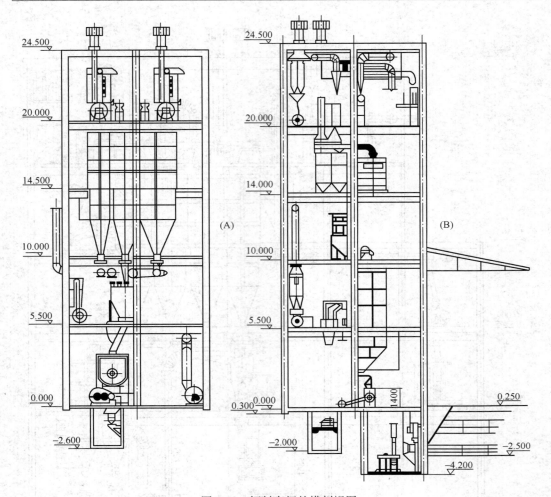

图 5-22　饲料车间的横剖视图

料时操作所需的空间及维修空间，在进料端，应留有不小于 1000mm 的操作空间，设备另外三侧应留有不小于 500mm 的通道。

（三）配料秤

饲料厂目前使用较多的配料秤都配有微电脑控制系统，或者配有电子传感器系统。

配料秤一般配置在混合机的上一层楼面，并尽量设置在楼板大梁附近，如有困难，可考虑设置次梁或加厚楼板，配置秤四周应留有 1500～2000mm 的操作空间。

（四）混合机

混合机的布置原则是设置在配料秤的下方，这样可以利用自流而使物料直接进入混合机，但根据需要也可以将混合机布置在高层，配好的物料经斗式提升机进入缓冲斗后进入混合机。

混合机的轴线一般与车间纵向中心线平行配置，操作面须留有 1500～2000mm 的操作空间；当混合机垫高安装时，应在其操作面设置一定高度的操作平台。

（五）制粒机

制粒机因机体较重，工作噪音大，振动较大，为了减少对配料秤的影响，不宜与配料秤同层配置，即使同层配置也必须设置在不同开间，且安装时需要有减震器。制粒机前应至少配两个待制粒仓，以便更换配方时，制粒机不必停车。物料进入制粒机之前，必须安置高效除铁装置，以便保护压粒器。制粒机最好直接安放在冷却器之上，这样，从制粒机出来的易碎的热湿颗粒可以直接进入冷却器，避免颗粒破碎，省去输送装置。

任务四　辅助生产设备的布置设计

一、机械输送设备的布置设计

（一）斗式提升机

斗式提升机的布置形式有几种：在单跨车间内，当主要机器设备单排排列时，斗式提升机沿着墙壁纵向成排排列［图 5-23（a）］，若主要机器设备双排排列时，斗式提升机沿着车间中央成排排列［图 5-23（b）］。在面粉厂的清理车间中，当润麦仓布置在清理间的一侧时，提升机可以靠近仓壁成排排列。在双跨车间内斗式提升机可沿车间中心线双排排列［图 5-23（c）］。饲料车间采用单独传动的斗式提升机，其配置位置可根据工艺流程需要确定。

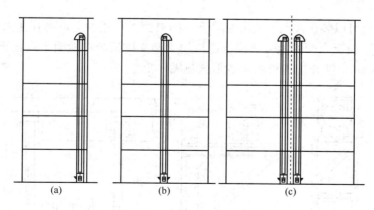

图 5-23　斗式提升机的布置

靠墙布置的提升机，要尽量避开窗户。机筒离墙距离不少于 150mm。为了操作方便，机头头部设置操作平台，平台离地面不能低于 2200mm，不妨碍工人通行，平台面到屋顶部分高度应大于 1800mm，操作平台上要装防护栏杆。为便于安装和检修机头，机头离屋顶应有 300～450mm 的间距。提升机过载能力差，易堵，机座要垫高 100～200mm，以方便堵塞时排除物料，见图 5-24。

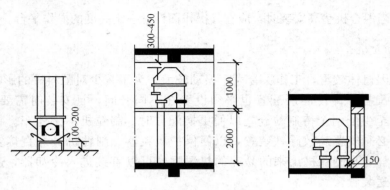

图 5-24　斗式提升机的布置

对于小型厂，为了有效地利用空间，解决自溜管角度问题，可将提升机底座放入地坑中，地坑不宜过深，一般为 1000mm 左右。

（二）螺旋输送机

1. 面粉厂配置螺旋输送机的位置

（1）仓顶和仓底：立筒库、毛麦仓、润麦仓、面粉仓、麸皮仓仓顶及仓底。
（2）二次着水净麦仓前：净麦从清理间输送到制粉间。
（3）面粉收集绞龙：平筛下收集和输送面粉。
（4）混合、配料的添加：配粉仓下、混合机上小配粉绞龙。

2. 螺旋输送机在车间内的配置

螺旋输送机可以装在楼面上或吊在梁下，如果搁置在楼面上，离开楼面高度＝200～300mm。麦仓下通行人少的地方螺旋输送机用支架支撑架装在地面上或柱子上，一般离地高度≥1200mm。螺旋输送机的布置形式见图 5-25。

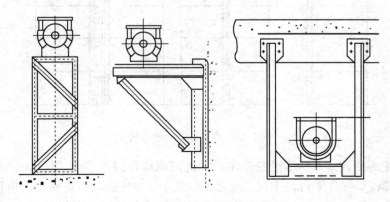

图 5-25　螺旋输送机的布置形式

面粉厂平筛下面有 2～3 条螺旋输送机，可以做一机双筒或一机多筒，以简化结构，如图 5-26 所示。

（三）胶带输送机

胶带输送机一般用于较长距离的水平或稍有倾斜角的输送。在粮食和饲料加工厂中，多用于原料进车间、成品入仓及立筒库进料，而加工过程的中间环节一般不用。它可以架空布置（空中走廊），也可以安装在地面上或地沟内。立筒库内的胶带输送机，筒顶或筒底可以一排筒库布置一条，也可以两排合用一条。

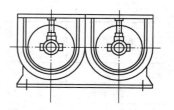

图 5-26　双筒螺旋输送机

布置胶带输送机主要考虑安装、操作及维修方便。一般主走道应留 800mm 以上，不走人的一边净空应大于 200mm，在设有驱动装置、卸料装置及出料装置的地方应留有足够的空间。操作人员通行之处均应留有 700mm 以上的距离。

（四）埋刮板输送机

埋刮板输送机常用于面粉厂的立筒库的仓顶及仓底输送，也用于饲料加工厂各种料仓仓顶的水平输送。其布置形式与胶带输送机相似。图 5-27 所示为立筒库顶层埋刮板输送机布置形式

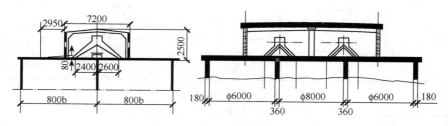

图 5-27　立筒库顶层埋刮板输送机布置形式

（五）溜管

1. 自溜管最小倾角

在粮食及饲料加工厂中运送原粮、半成品、成品等大都尽量采用自溜管输送。设计时所采用自溜管的最小倾角，应根据各种物料摩擦角的大小、管形、溜管材料等情况进行选用。倾角过小，物料输送困难，甚至造成料管堵塞，迫使停车；倾角过大，管道磨损较快，易引起粉尘飞扬。

预制溜管安装完成后的实际角度要比设计时的溜管角度小 5°左右，因此在设计时，溜管角度选择要比最小倾角大 5°～10°。对没有初速度的物料（麦仓出口）或初速度较小的物料，则在最小倾角的基础上增加到 20°左右。

物料进行输送时所采用的自溜管最小倾角见表 5-1。

表 5-1　自溜管的最小倾角

物料名称	溜管内壁材料		物料名称	溜管内壁材料	
	木板	钢板		木板	钢板
小麦/°	29°~33°	27°~31°	心磨物料	44°~46°	41°~43°
一皮磨物料	37°~40°	35°~39°	心磨上层筛上物	40°~43°	39°~40°
二皮磨物料	38°~41°	35°~40°	心磨下层筛上物	41°~44°	40°~42°
三到五皮磨物料	39°~42°	38°~41°	布袋集尘器收集物	65°以上	60°以上
大粗粒	34°~36°	31°~34°	特制粉	43°~45°	41°~42°
中粗粒	36°~38°	32°~35°	清理车间下脚	38°~40°	34°~36°
小粗粒	38°~40°	36°~37°	清理车间灰尘	46°~48°	
大麸皮	39°~42°	36°~38°	磨排出物料	45°	45°
小麸皮	40°~42°	37°~40°	标粉	43°~47°	40°~44°

自溜管规格见表 5-2。

表 5-2　自溜管规格

材料	日产量/t	清理间	砻辗制粉间	打包间
铁制管/mm	100 以下	φ125	φ125	φ140
	100~200	φ140	φ140	φ175
	200~400	φ140	φ140	φ215
	400 以上	φ160	φ140	φ215

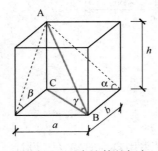

图 5-28　自溜管的倾角

2. 自溜管实际角度的确定方法

1）线解图法

如图 5-28 所示，自溜管 AB 倾角为 γ。

将 ctg20°~ctg90°的值分别在两坐标轴上标出，坐标上注出的角度刻数实则为该角度的余切值，因 ctg90°＝0，故为坐标原点。

使用线解图应先在该溜管的纵、横剖面图上分别量出投影角（α，β），再在线解图的两坐标轴上分别找出相应的度数，并以此两点连线，然后在任一坐标轴上量出相同线段长度，所对应的角度数即为自溜管的实际倾角。

例：有一自溜管在纵、横剖面图上分别量得投影角为 α＝29°，β＝54°，需求自溜管的实际倾角 γ。

解：在线解图纵坐标轴上找到 29°的一点，又在横坐标轴上找到 54°的一点，将两点相连，则此线段长度即为 ctgγ 值，在任一坐标轴上量得此线段长，所对应的刻度即为自溜管实际倾角 γ＝27°，见图 5-29。

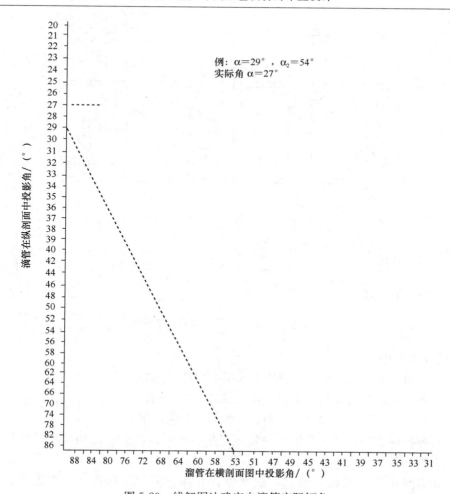

图 5-29　线解图法确定自溜管实际倾角

2）计算法

采用设备布置图，在平面图中量出或计算出自溜管起止两端在平面图上投影长度，然后在主视图或侧视图中量出其垂直投影距离，即溜管的水平投影长度 L 和投影高度 H，计算其比值。查反三角函数 arctg，计算出自溜管的倾角 γ 的大小，见图 5-30。

3. 管网联系

管网联系是用溜管将各种机器、运输设备及仓柜按照工艺流程的顺序联系起来的过程。

（1）管网联系的目的。

① 确定提升机或输料管的位置、数量及其他输送设备的位置、长度。

② 检查自溜管实际倾角是否满足输送要求。

③ 验证或修改主要工艺设备的配置。

（2）管网联系的要求。

① 布置溜管不能使走道隔断，跨越设备间走道的溜管不能影响走道高度，或使规

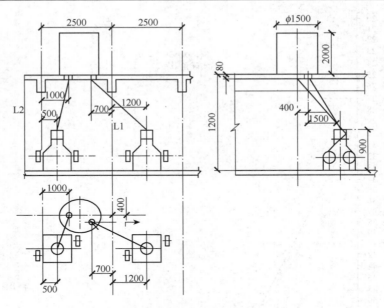

图 5-30　计算法确定自溜管实际倾角

定的走道宽度减小。

②　溜管通过设备附近时，不应影响设备的操作和维修。

③　配置在窗户旁的溜管应不影响窗户的开关和清扫。

④　自溜管不应穿过传动带、仓柜、卫生间及配电间等。

⑤　同种物料或进入同一系统的物料应尽早合并，以减少穿过楼层溜管的数量，减少溜管管件数量。

⑥　如需要在溜管上设检查门、观察窗，其部位应便于操作，一般在离地 1.1～1.4m 处。

⑦　管网布置要求整齐美观，可成排或成组布置。见图 5-31。

图 5-31　管网布置形式

（3）管网联系的方法。

① 确定工艺设备在平面图上的配置。对于一般设备，可按工艺流程顺序配置。对于数量较多的同类设备，如磨粉机、高方平筛、清粉机及卸料器等，必须按流程顺序从前往后配置好各道皮磨、心磨、渣磨和尾磨系统的位置，使管网联系方便，画出组合分布图，见图 5-32。

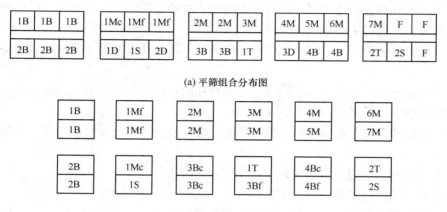

图 5-32　磨粉机与平筛组合分布图

② 校核自溜管的倾角。根据制粉工艺流程，清楚每台设备的进料和出料数量和流向，从上到下依次校核每根自溜管的倾角大小，与最小自溜管倾角比较，看是否满足输送需要。

快速校核一般采用计算法在平面图和纵横剖面图上进行。也可在图上分别量得高度 H 和其水平投影长度 L，以二者的比值与特殊角度（30°、45°、60°）的正切值相比较，判别自溜角的倾角在哪个区间，粉间自溜管的最小倾角一般满足不低于 45°，如不合适可调整工艺配置或修改设备布置位置。

二、通风除尘网路的布置设计

1. 除尘风网布置的要求

（1）吸入式或压入式均可。

（2）管道一般向上，也可向下。

（3）刹克龙、布筒除尘器布置时应注意调整进出口位置。

（4）管道布置应注意美观，横平竖直。

（5）除尘设备布置时应注意与工艺流程洞口错开。

（6）有条件注意隔离灰尘和噪声。

2. 除尘风网设备布置

（1）管道布置。通风管道尽可能按平行于车间纵横轴线进行布置。

管线设计要简单合理，组合在同一风网中的机器之间的距离要短。

为防止粉尘在管道内沉积，风管尽可能垂直敷设，尽量减少弯曲和水平部分。

为保证风网的运转平稳，提高效率，风机进、出口处应有一段直管，使进出风机的气流均匀稳定。

管道最好在高于地面 2000mm 处设置，以免影响车间的交通。

（2）通风机布置。通风机一般布置在除尘器之后，采用吸气式布置，以减少粉尘对通风机的磨损，也可采用压入式。

风机的布置位置可按车间的具体情况而确定，通常应设在被吸尘的机器设备的上层楼面上。

车间面积允许时，风机一般同除尘器布置在同一楼层内，有利于缩短管路。

为隔离噪音，通风机一般布置在顶层。

（3）除尘器布置。在布置脉冲除尘器时，应注意出尘口与梁柱的位置，不要影响其排尘。

考虑干净空气管道通向车间外的路线。

除尘器的顶部离楼顶应不小于 500mm，以便于顶部的维修。

除尘器的高度较高，应注意上层设备物料出口位置，避免冲突。

离心集尘器一般靠墙壁布置，安装时可以吊在梁下；搁置在楼板上；装在铁架子上；放在角撑上（见图 5-33）；还可以布置在车间外部墙上或屋顶上。排气管口要露出屋顶。

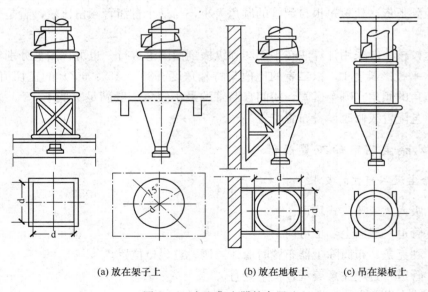

(a) 放在架子上　　　　(b) 放在地板上　　(c) 吊在梁板上

图 5-33　离心集尘器的布置

（4）空气压缩机和贮气罐布置。空气压缩机和贮气罐的布置，视气源需要点的多少而定。有两种布置方法：

当气源仅服务于脉冲除尘器，且台数不多时，可将空气压缩机和贮气罐直接布置在车间内的适当位置。

当气源服务于许多点，（如粉厂除除尘器外还有气压磨、麦仓的气动阀等）且气源需要量较大时，可在主厂房内单独设立空压机房。

三、气力输送设备的布置设计

气力输送网路是由接料器、输料管、卸料器、闭风器、通风机和集尘器等部件组成，其布置要求如下。

1. 接料器

广泛用于粉厂的有诱导式接料器和水平弯头接料器。

接料器位于输料管的下端，一般磨粉机在二楼，接料器安装在一楼。

为使空气能畅通地吸入输料管，并在发生掉料时易于清除物料，诱导式接料器安装时，其下端离地至少应有300mm以上的距离，离墙间距不小于150mm。

2. 输料管

输料管沿车间纵向靠墙直线排列，离墙中心线间距400～500mm，以便清扫和测定，以及顶层装置松粉机。

输料管的数量根据磨粉机磨辊对数和筛仓筛理物料而定，包括吸风粉、打麸粉、刷麸粉、再筛物料，有时包括粉管。

输料管的位置根据工艺情况和系统配置而定，保证磨粉机出料和高方平筛进料溜管角度都满足。

粉厂输料管直径一般60mm以上，分若干段联接而成，在每层楼离楼板高1400～1600mm处，联接长150mm左右与输料管直径相等的透明玻璃管段。

输料管上端有一段垂直转向水平的弯头管段，弯头半径一般为1m。输料管水平管段尽量避免交叉。

3. 卸料器、关风器

卸料器一般布置在车间的顶层，为方便物料进入高方平筛，成双排布置。

刹克龙卸料器直接装置在关风器上面。

卸料器的系统位置和间距与高方平筛进口一致，相邻刹克龙之间距离为700～900mm。

关风器一般布置在角钢制成的支架上，支架上平台宽度为400～600mm，高度为800～1000mm，两排支架间距为1400～1700mm。

关风器传动有分组联轴器传动和成排传动轴传动。联轴器传动3～6台为一组，电机为1.1～1.5kW，直接装置在支架平台上；传动轴传动为一排装置一根传动轴，由一台电动机带动，每个关风器通过平皮带或三角带，由传动轴带动。见图5-34、图5-35。

图 5-34　关风器传动形式图一

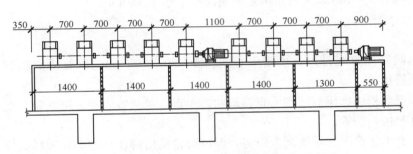

图 5-35　关风器传动形式图二

4. 高压风机

为缩短风管长度，减少管道阻力，通常高压风机同卸料器布置在同一楼层上。

为减少车间噪音，高压风机可不配置在同一房间，而设置在相邻的房间内。

高压风机易产生震动，为此其最理想的位置是能够跨在梁上，安装时底脚上应加防震橡胶垫板，见图 5-36。

为保证物料输送，在车间位置允许的条件下，高压风机应设在一排输料管中靠大风量输料管一端。

5. 除尘器

除尘器要求同清理间除尘器要求。

小厂可自制布袋除尘器，大厂一般选用脉冲除尘器。

布置时应将观察面朝窗户，并留有一定宽度的走道，其顶部距离楼顶要大于 0.5m。根据风网位置进行布置，布置时注意检修孔和进风管、出风管的位置。

粉间除尘器的物料为吸风粉，需回收利用，要考虑吸风粉的工艺处理和流向，一般还需单独设置输料管提升。

图 5-36　高压风机底脚布置形式

任务五　绘制工艺设计图纸

在粮食饲料加工厂设计过程中，需要将生产工艺流程、各种机械设备在车间内各楼层上的配置定位和楼板预留孔洞的定位以及通风除尘与气力输送网络示意等方面的内容，利用图的形式进行表达、确定，这些图称为工艺设计图。

一、工艺设计图的类型、作用与内容

粮食饲料加工厂工艺设计图，可分为两类：一类是只表示流向，而不是按实际比例或投影关系绘制的设计图。如清理工艺流程图、粉路图、气力输送网络图、通风除尘网络图等；另一类是表示各种机械设备在车间内各楼层上所处的位置及其相互关系的工艺图。例如，平面图、纵、横剖视图、地脚螺栓和洞孔图等等。这类图基本上是按机械和建筑制图要求绘制。在图中，应着重表示机器设备的外形尺寸、对称中心线、传动轮轴线和进、出料口的位置。工艺设计图是土建设计、设备安装的重要依据，因此应按规定要求进行绘制。

1. 工艺流程图

用统一规定的图形符号及图线表示各种设备、物料流向的生产工艺过程的示意图，称为工艺流程图。

在进行粮食饲料加工工艺设计时，首先应根据设计任务书设计确定生产工艺流程，根据初步确定的工艺流程，绘制工艺流程草图，再进行生产车间的工艺设计。在工艺流程草图中不必注明设备主要技术参数，只需表明设备的工艺位置及相互关系、物料的走向等。待生产车间工艺设计完成后，将修改后的工艺流程绘制在标准图纸上。在正式工艺流程图中的设备旁需注明设备的主要技术参数，并在图纸一侧进行简要的设计说明，对主要的操作指标需加以说明。

2. 平面图

平面图是粮食饲料加工厂工艺设计图中的主要图纸，用以表达、确定各种机械设备及其他设施在楼板上的位置及相互之间的位置关系。对于多层建筑的生产车间，要求每层楼层都要画一个平面图（必要时还应画出地下层和顶层平面图），以便清楚地表达各楼层设备的平面配置，因此在平面图中应有以下内容：

（1）车间厂房建筑结构形式：包括墙身轮廓、门窗、楼梯、梁柱等位置。

（2）车间厂房纵向中心线、开间（梁距）轴线、墙身轴线。

（3）机器设备的平面图形和设备中心线，包括风网管件。

（4）其他设施的平面图形和中心线。

（5）在底层平面图上要标出剖切位置符号和投影方向。

（6）在平面图上要标注有关的建筑平面尺寸和设备定位尺寸及定形尺寸。

3. 纵、横剖视图

纵、横剖视图用以表示生产车间各层楼面上各机器设备的立面配置，以配合平面图，完整地表达机械设备在厂房中所占的空间位置。至于在工艺设计图中采用几个纵向（横向）剖面图来表示，则应根据设备配置情况而定，要求既能表达清楚，又要避免重复为原则。因此在纵横剖视图中应有下列内容：

（1）车间厂房立面建筑结构形式。

（2）车间厂房开间轴线、墙身轴线、每层楼楼面线。

（3）机器设备的立面图形（正视和侧视图）。

（4）其他设施的立面图形，如风管、工作平台、料仓及地坑等。

（5）标注各种设备设施的安装高度及各楼层层高等尺寸。

4. 地脚螺栓和洞孔图

地脚螺栓和洞孔图是根据平面图中设备的定位尺寸，将楼板上需要开洞孔及预埋螺栓的位置（平面尺寸和定位尺寸）单独用图形（纸）表示，以便于施工、安装，以确保设备定位尺寸的准确无误。

5. 通风除尘和气力输送风网示意图

通风除尘和气力输送风网示意图用以表示生产车间内通风除尘风网、气力输送风网设置组合形式，并在示意图中将风网组合技术参数、设备主要技术参数表达出来，因此在通风除尘、气力输送风网示意图中应绘制下列内容：

（1）风网中的各吸尘点或接（卸）料形式。

（2）风网中所使用的风管、弯头、三通、风机、除尘器及其组合形式。

（3）风网中管件尺寸及设备的规格型号、配备功率等。

（4）列表说明风网各管段阻力平衡计算结果。

二、工艺设计图的画法与技术要求

生产车间工艺设计方案经过比较、论证确定后，即可着手绘制工艺设计图。工艺设计图的绘制一般先从平面图开始，因此平面图绘制质量与准确程度就显得尤为重要。

1. 平面图的画法

（1）平面图的绘图步骤。平面图是在平面设计草图的基础上进行绘制，即根据设计方案中所确定的生产车间建筑形式、设备定位情况在正式图纸上绘制，平面图的绘图步骤如下：

① 根据厂型大小及车间配置形式选择好图纸的图幅规格，画好边框，绘制好标题栏。

② 用细点划线，在图纸上绘出车间厂房纵向中心线，绘出开间（柱距）轴线、墙身轴线。

③ 绘出墙身、柱子和门窗的位置，绘出楼梯、台阶、坡道等部分。

④ 根据设备平面布置草图中各设备定位尺寸，绘出设备中心线（细点划线），绘出设备及其他设施的平面图形。

⑤ 检查核实准确无误，擦去多余的图线，然后按要求加深图纸。

⑥ 绘制剖切线、尺寸线等各种符号。

⑦ 注写尺寸、门窗和轴线编号等。

（2）在绘制平面图时应注意以下几个方面的问题：

① 图中各线条应粗细有别、层次分明。凡被剖切到的墙、柱和其他设施的断面轮廓线用粗实线画出；未被剖切到的可见轮廓线，如设备、料仓及其他设施的平面形状、墙身、窗台、梯段等用中粗实线画出。另外，表示剖切位置的剖切线也用粗实线表示。

② 图中的尺寸线和轴线或中心线分别用细实线和细点划线画出。

③ 在确定图样位置时，注意留有尺寸标注的位置。

④ 平面图上的轴线编号一般注在图形的下面和左侧，若厂房既复杂又不对称，则在上下左右四方都要编注。

（3）平面图中的尺寸标注。在平面图中应将下列尺寸按要求进行标注：车间建筑结构尺寸：开间（柱距）、跨度尺寸；外墙轴线间距尺寸；墙身、门窗、楼梯踏步宽度及楼梯间的尺寸。车间设备定位尺寸、料仓平面尺寸和定位尺寸。

平面图中尺寸标注方法与要求：

① 正确选择尺寸基准。平面图中尺寸的标注一般以纵向中心线和开间轴线分别为基准进行标注。

② 机械设备在平面图上标注定位尺寸时，首先应定出设备本身的纵向和横向的两条基线，再标出设备基线与该图上基线的距离。

③ 平面图中尺寸界线和尺寸线均用细实线表示。尺寸起止符号一般应用与尺寸界线成顺时针 45°倾斜的中粗斜短线表示。

④ 尺寸数字应尽量标注在图形轮廓线以外，当必须要标注在图形轮廓线以内时，在尺寸数字处的图例线应断开，以避免尺寸数字与图例线相混淆。

⑤ 定位轴线标注：按"国标"规定定位轴线应用细点划线表示，线端用细实线画一圆圈，圆内注写定位轴线的编号，图中横向编号应用阿拉伯数字从左向右依次编写，竖向编号应用大写拉丁字母（I、O、Z 除外），从下至上的顺序编号。

2. 纵、横剖视图的画法

（1）纵、横剖视图的绘图步骤。纵、横剖视图应根据平面图上设备配置进行绘制，即表达平面图上纵、横剖切面上设备安装配置位置。纵、横剖视图的绘图步骤如下：

① 根据车间厂房建筑形式选择好图纸幅面及规格，绘制好边框线及标题栏。

② 画出室内外地面线、楼面线、屋面线及墙、柱的定位轴线。

③ 画出墙、柱轮廓线、门窗位置线、楼板层和屋顶被剖切的轮廓线。

④ 画出机械设备及风网管件的立面图形（正视和侧视图）。

⑤ 检查核实无误，再按要求加深图线。

⑥ 标注尺寸及各设备所需的安装高度。

（2）在绘制纵、横剖视图时应注意以下问题：

① 纵、横剖视图中的线型选择，应与平面图相同。

② 纵、横剖视图主要表达高度方向的尺寸，因此标高应注写在同一竖直线上，标高符号应相同。

③ 在纵、横剖视图中不必画出基础，地面以下用折断线断开，基础另画详图。

④ 一般高度尺寸在纵剖视图和横剖视图上只注一次。

（3）剖视图中的尺寸标注。

① 标注车间建筑物的总高尺寸。

② 标注外墙轴线间距尺寸。

③ 标注各楼层间的高度尺寸。

④ 标注各种设备所需的安装高度。

⑤ 标注室内外各部分的标高。

在剖视图中标高应注在图形外，要求符号大小一致，整齐清晰。标高数值应以米为单位，采用相对标高表示。

3. 地脚螺栓及洞孔图的画法

绘制地脚螺栓和楼板洞孔图时，应根据设备平面配置进行，具体画法如下：

① 在图上首先绘制相应楼层的车间厂房平面建筑形式，绘制车间厂房纵向中心线、开间（柱距）轴线、墙身轴线及墙身。

② 画出设备中心线（与平面图中的中心线一致）。

③ 画出每台设备的地脚螺栓中心线和洞孔纵横对称中心线。

④ 在图中分别用实心圆点"●"或虚心圆点"○"表示朝上或朝下的预埋地脚螺栓，用半涂黑符号"◪"、"◑"分别表示方形洞孔和圆形洞孔。

⑤ 尺寸标注。

在地脚螺栓和洞孔图中，尺寸注法应按下列要求进行。

a. 地脚螺栓和洞孔的定位尺寸标注，只需标注出地脚螺栓中心线、洞孔中心线与平面图上基准线的距离。

b. 洞孔定形尺寸一般直接在洞孔旁标注。

c. 地脚螺栓的露头尺寸与规格需在图中标注。

d. 对于有规律配置和规格一致的地脚螺栓与洞孔，只需标注一只螺栓尺寸和一个洞孔尺寸及数量即可。

4. 风网示意图的画法

风网示意图的绘制是根据风网设备和管道配置情况进行的。这种图并不用一般投影方法表示，而只需考虑风管和其他设备之间的相互位置关系，可用平面图的形式或轴测图的形式表达。

画示意图时可大致地按比例绘制。图中的通风机、作业机、除尘器、接（卸）料器等用设备符号表示，管道用单线条表示。

在示意图中需标明风网组合形式，并注明管径、管长、弯头（三通）、风速、风量及设备的主要技术参数。

三、工艺设计图实例

图 5-37～图 5-47 所示为面粉厂制粉车间工艺设计图实例。

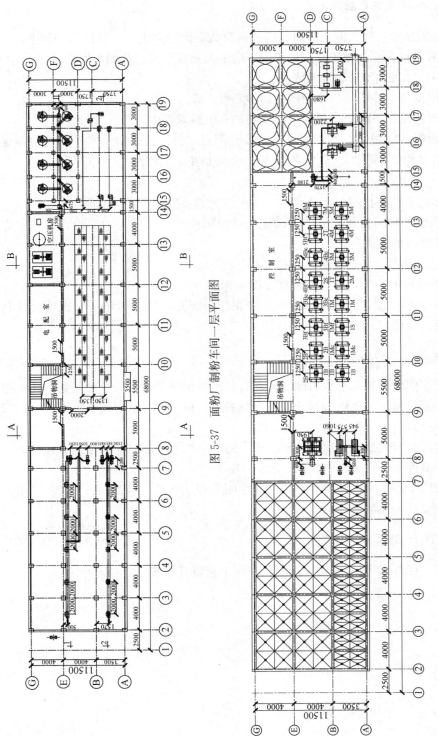

图 5-37　面粉厂制粉车间一层平面图

图 5-38　面粉厂制粉车间二层平面图

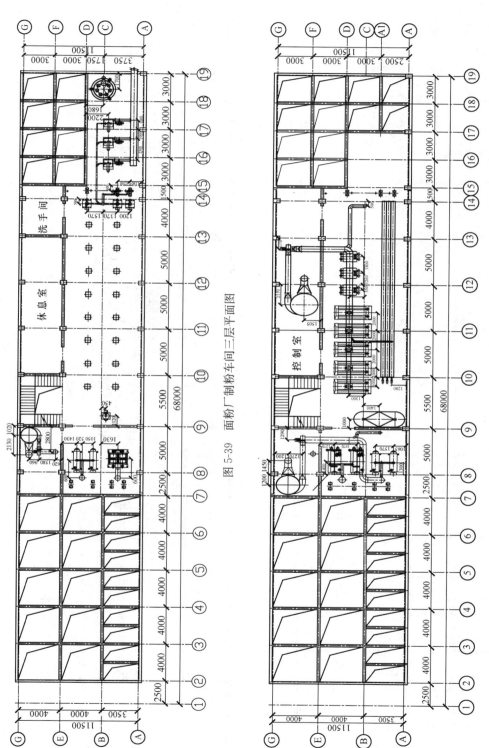

图 5-39 面粉厂制粉车间三层平面图

图 5-40 面粉厂制粉车间四层平面图

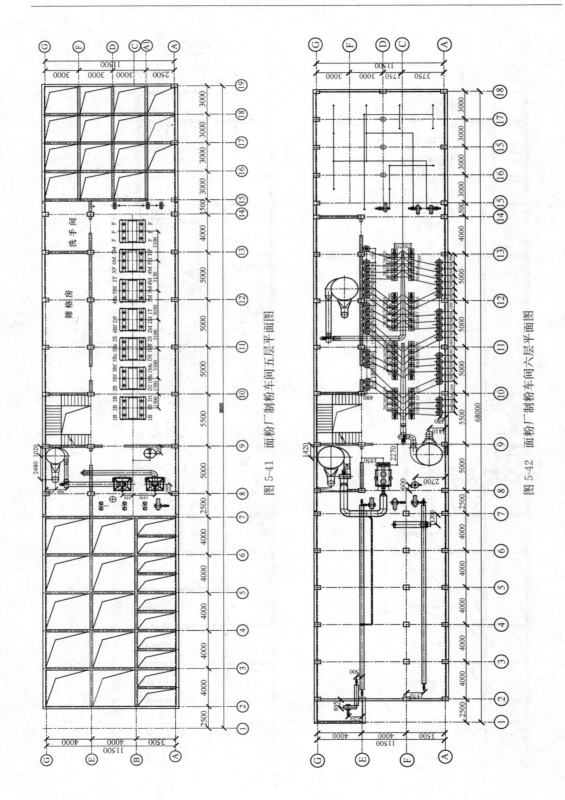

图 5-41　面粉厂制粉车间五层平面图

图 5-42　面粉厂制粉车间六层平面图

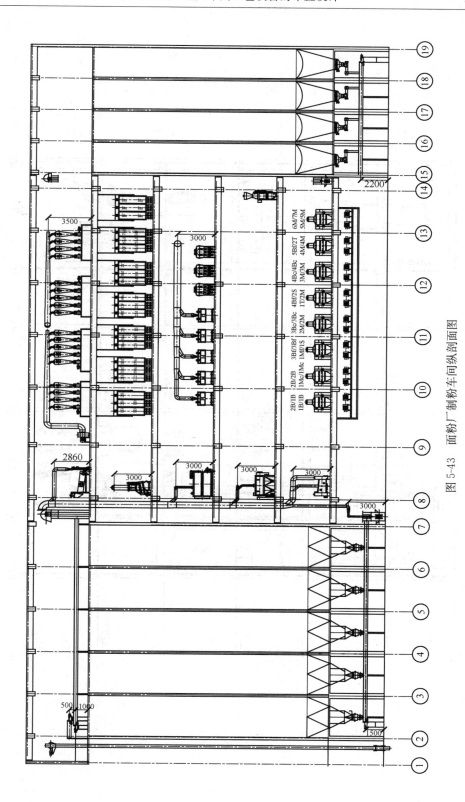

图 5-43 面粉厂制粉车间纵剖面图

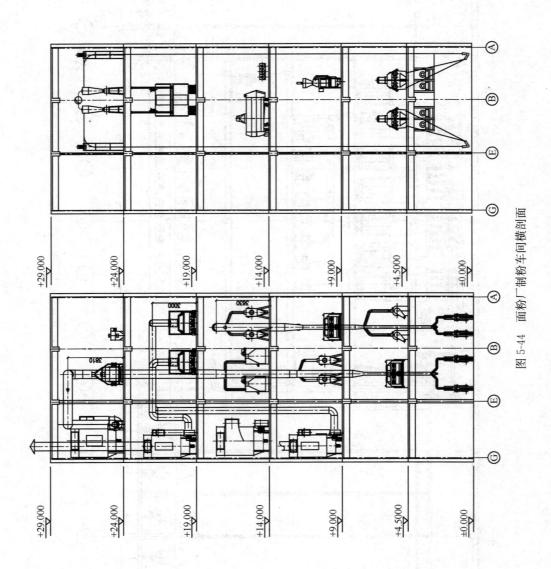

图 5-44　面粉厂制粉车间横剖面

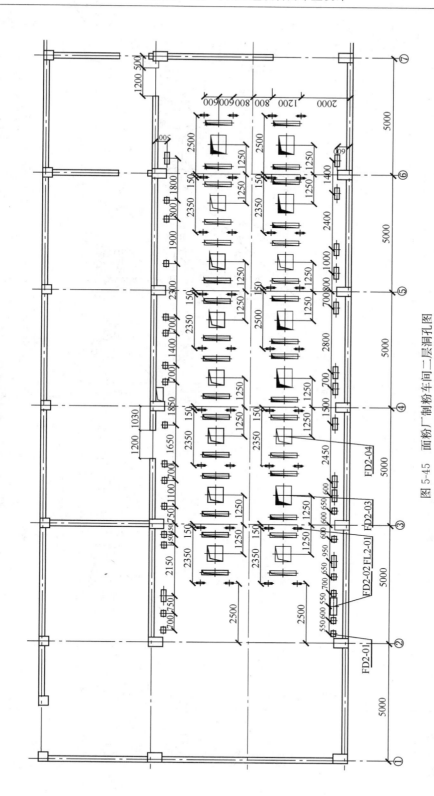

图 5-45　面粉厂制粉车间二层洞孔图

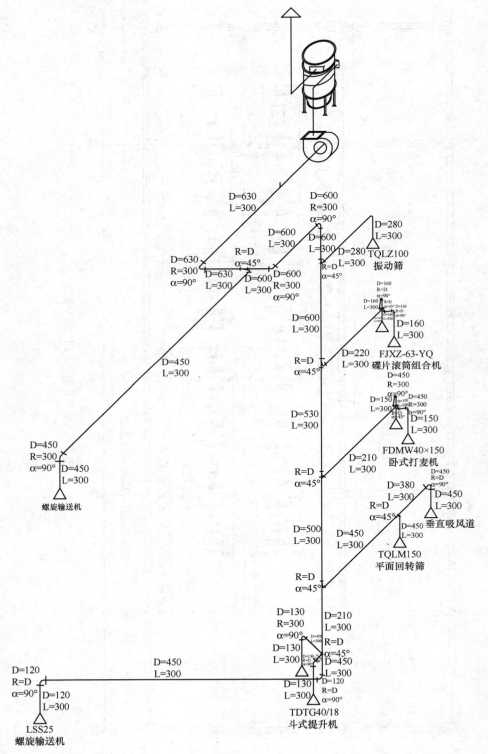

图 5-46　面粉厂清理车间除尘风网示意图

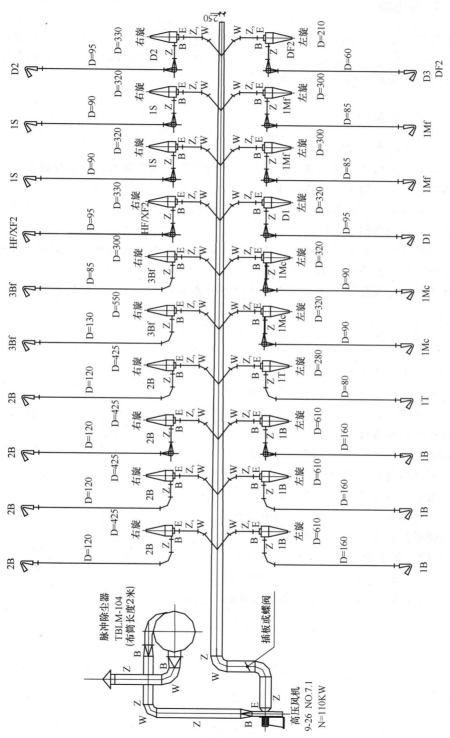

图 5-47 面粉厂制粉车间气力输送风网示意图

项目小结

　　本项目我们学习了制粉车间、制米车间和饲料车间的各楼层有哪些设备，重点学习了粮食加工厂中常使用的各种主要设备的布置，针对各个楼层设备的布置情况能够绘制出各楼层设备布置的平面图和剖视图。

 技能训练

　　训练一：制粉车间工艺设备的布置

　　熟悉制粉车间的各楼层的设备，根据厂房的结构和工艺要求进行主要设备的布置。

　　训练二：制米车间工艺设备的布置

　　熟悉制米车间的各楼层的设备，根据厂房的结构和工艺要求进行主要设备的布置。

　　训练三：饲料车间工艺设备的布置

　　熟悉饲料车间的各楼层的设备，根据厂房的结构和工艺要求进行主要设备的布置。

　　训练四：辅助生产设备的布置

　　学会机械输送设备的布置、气力输送设备的布置和通风除尘网路的布置。

 复习与练习

　　(1) 什么是工艺设备布置设计？

　　(2) 清理间工艺设备的配置要求有哪些？

　　(3) 粉间工艺设备配置特点有哪些？

　　(4) 制粉车间各楼层的设备如何分配？

　　(5) 主要磨粉机的布置有哪几种形式？

　　(6) 制米车间各楼层的设备如何分配？

　　(7) 碾米机的布置有哪几种形式？

　　(8) 饲料车间各楼层设备如何布置设计？

　　(9) 饲料厂设备布置有哪些要求？

　　(10) 管网联系的要求有哪些？

　　(11) 通风除尘风网布置的要求有哪些？

　　(12) 气力输送网路是由哪些部分组成的？

项目六 电力传动和电气线路设计

☞ **学习目标**

● 知识目标：

1. 了解粮食工厂动力配置的各项指标；
2. 了解粮食工厂传动形式及优缺点；
3. 掌握粮食工厂供电设计特点和方法。

● 能力目标：

1. 具备配置粮食工厂动力的能力；
2. 具备电力传动和电气线路设计的初步能力；
3. 能操控粮食加工生产自动控制系统。

☞ **职业岗位**

通过学习可从事粮食工厂动力传动与电气线路设计、粮食工厂生产线操控的工作，如：生产动力科员、中控室操作员等岗位。

☞ 学习任务

任务一 配置粮食工厂的动力

一、粮食加工厂的电耗

电耗即加工单位产品的耗电量，它集中反映了工艺流程的合理性，生产操作的正确性以及车间管理的完善性，是粮食工厂的一项重要经济技术指标。

粮食加工厂的电耗以"kW·h/t 成品"或"度/吨成品"为计算单位，计算的是从原粮进车间开始至成品出车间为止生产工艺设备所耗费电能。

由于各地不同的原粮品质、加工精度、出品率以及所采用的工艺技术等因素对电耗影响较大，国家至今对粮食加工的单位电耗指标没有具体规定。根据行业经验，粮食加工厂的实际电耗一般应达到的先进指标如下：

粉厂：特一粉　　60～70（kW·h/t）

　　　特二粉　　55～65（kW·h/t）

　　　标准粉　　30～40（kW·h/t）

米厂：特制米　30～34（kW·h/t）

标一米　24～27（kW·h/t）

标二米　18～23（kW·h/t）

对于新建厂，电耗的计算可用下式进行估算。

$$A = \frac{P_总}{Q}\eta_r k_c$$

式中：A——估算电耗，kW·h/t；

$P_总$——车间总装机容量，kW；

Q——成品生产量，t/h；

η_r——电机总传递效率，包括电机效率、设备效率和传动效率，一般取 $\eta=0.75$；

k_c——需要系数，一般情况下，$k_c=1$，米厂装有备用米机时，$k_c=0.85～0.9$，粉厂有配粉系统时，$k_c=0.95$。

在我国大多数面粉厂，目前很少生产单一粉，大多是联产制粉，即同时生产几种不同质量的面粉。在这种情况下，可用下面的计算方法算出每种粉各自的电耗：

（1）根据本地区情况，先选定每种粉单产时有代表性的吨粉电耗。

如将 E_1、E_2、E_3 分别设为标准粉、特二粉、特一粉单产时的吨粉电耗。

（2）确定统一的换算系数 K

$$K_1 = \frac{E_1}{E_3} \qquad K_2 = \frac{E_1}{E_2}$$

（3）计算联产后标准粉电耗 A_{i1}，特二粉电耗 A_{i2}，特一粉电耗 A_{i3}。

如特一粉与标准粉联产，则

$$A_{i1} = \frac{E}{Q_1 + Q_3 K_1} \qquad A_{i3} = \frac{E}{Q_3 + Q_3 K_1}$$

如特二粉与标准粉联产，则

$$A_{i1} = \frac{E}{Q_1 + Q_2 K_2} \qquad A_{i2} = \frac{E}{Q_2 + Q_1 K_2}$$

式中：E——总耗电，A；

Q_1——标准粉产量，t；

Q_2——特二粉产量，t；

Q_3——特一粉产量，t。

二、粮食工厂的动力配置

粮食加工厂由于原料状况、成品要求、设备类型及操作方法等的不同，同样规模的粮食加工厂，动力配置也无法定出统一标准。在实际生产中，现有各厂的电耗指标也相差甚远。目前，只能根据下列方法大致进行粮食加工厂的动力配置。

（一）确定吨/天成品配用动力数，估计出车间大致总装机容量

根据经验数据，一般粮食加工厂每 24h 加工 1t 成品所需配备的功率为

标准粉 1.7～2.2kW

特二粉 2.5～3.5kW

专用粉和特一粉：3.5～6.0kW

标二米 0.92～1.4kW（升运）

1.4～1.75kW （气力输送）

标一米：1.6～1.8kW

根据以上经验数据，乘上设计工厂的 24h 产量，即大致估算出该厂动力配置的范围。

（二）对总装机容量进行工段工序分配

估算出设计工厂所需总装机容量后，可根据经验数据进行工序工段分配，计算出每个工段工序所需的动力数。表 6-1 和表 6-2 分别为制粉厂和碾米厂各工序动力分配的情况。

表 6-1 制粉厂各工序的动力分配

面粉等级	清理间/%	制粉间/%	配粉打包间/%
标准粉	25	75	
特二粉	20	80	
特一粉和专用粉	20	65	15

表 6-2 碾米厂各工序的动力分配

大米等级	清理/%	砻谷选糙/%	碾米/%	输送除尘/%
标二米	8～10	18～20	48～50	22～24
标一米	6～8	16～18	50～53	24～26
特制米	6～8	16～18	52～55	24～26

根据表中的百分比，计算出每个工序所需的动力数。

（三）进行单机动力配置

单机选择动力一般有两种方法，一是按设备说明书所推荐的动力进行配置。但该推荐动力往往考虑范围较广，数值一般偏大。二是根据本厂或其他同类型、同产量的厂家电力负荷记载数据作为参考，选择平均负载电流并适当放大。

在实际设计中，最好是以上两种方法可结合起来考虑。

在粉厂，动力配置的主要部分是磨粉机。各道磨粉机配置功率的大小，随着生产规模、研磨道数和制粉方法的不同，有很大差异。国内目前生产特一粉时各道磨粉机每对磨辊的装置功率可参考表 6-3 选用。

表 6-3　磨粉机每对磨辊的装置功率

研磨系统	Φ250×1000/kW	Φ250×800/kW	研磨系统	Φ250×1000/kW	Φ250×800/kW
1 皮磨	22	18.5	2 心磨	13	11
2 皮磨	18.5	18.5	3 心磨	11	7.5
3 皮磨	15	15	4 心磨	7.5	7.5
4 皮磨	7.5	7.5	5 心磨	5.5	5.5
5 皮磨	5.5	5.5	6 心磨	5.5	5.5
渣磨	13	11	7 心磨以后	4.0	4.0
1 心磨	17	15	尾磨	5.5	5.5

碾米厂各道米机的装置功率情况可参考表 6-4。

表 6-4　碾米机装置功率

碾白道数	第一道/kW			第二道/kW			第三道/kW			第四道/kW
机型	丰收特号	SM18	NS18	丰收特号	SM18	NS18	丰收特号	PM14	NF14	NF14
功率	30	22	22	30	22 或 18.5	18.5	22	18.5 或 15	15	11

根据单机选择的动力，再进行工序和整个车间总装机容量的计算，最后检查配置的功率以及工序百分数是否在推荐的数值范围之内，如超过很多，说明选配动力过大，必须重新进行配置，直至满意为止。

现以日产 75t 专用粉厂为例，说明以上动力配置过程。

（1）由经验数据可知，生产专用粉和特一粉时，面粉厂每 24h 加工 1t 成品所需配备的功率为 3.5~6.0kW，取 5.5kW。

$$则总装机容量为 75×5.5＝412.5kW$$

（2）根据表 6-1 得各工序所需的动力数：

清理工序为　　　　　　　　　　　　412.5×20％＝82.5kW

制粉工序为　　　　　　　　　　　　412.5×65％＝268.125kW

配粉打包工序为　　　　　　　　　　412.5×15％－61.875kW

（3）根据本厂实际情况，参考产品说明书以及其他厂家的设备使用情况，确定单机装置功率如下：

① 清理工序：

自衡振动筛　　　　　　　　　　　　2×0.4＝0.8kW

平面回转筛　　　　　　　　　　　　2×0.75＝1.5kW

卧式打麦机　　　　　　　　　　　　2×7.5＝15kW

去石机　　　　　　　　　　　　　　0.3×2＝0.6kW

着水混合机　　　　　　　　　　　　2.2kW

输送设备　　　　　　　　　　　　　10kW

反吹风除尘器　　　　　　　　　　　4×5.5＝22kW

低压风机　　　　　　　　　　　　　4×7.5＝30kW

以上共计　　　　　　　　　　82.11kW

② 制粉工序：

8 台磨粉机　　　　　　　　167kW

高方筛　　　　　　　　　　15kW

清粉机　　　　　　　　　　2×1.1＝2.2kW

振动圆筛　　　　　　　　　2×5.5＝11kW

打麸机　　　　　　　　　　4×5.5＝22kW

松粉机　　　　　　　　　　4×3＝12kW

输送机械　　　　　　　　　10kW

高压风机　　　　　　　　　2×17＝34kW

反吹风除尘器　　　　　　　2×5.5＝11kW

以上共计　　　　　　　　　284.2kW

③ 打包及配粉工序：

罗茨鼓风机　　　　　　　　3×5.5＝17.5kW

空压机　　　　　　　　　　7.5kW

仓底振动卸料器　　　　　　6×0.65＝3.9kW

混合机　　　　　　　　　　7.5kW

打包机　　　　　　　　　　1.5×3＝4.5kW

重筛　　　　　　　　　　　1.1kW

输送机械　　　　　　　　　10kW

除尘风机　　　　　　　　　5.5×2＝11kW

以上共计　　　　　　　　　63kW

将 A、B、C 三个工序的合计数相加后得到车间总装机容量为 429.3kW。

根据计算，车间总装机容量为 429.3kW。清理间占 19%，制粉间占 66%，配粉与打包间占 15%，每 24h 吨粉配备功率为 5.72kW。基本在推荐的范围内，说明该配置方案基本合理。

三、降低电耗应采取的措施

粮食加工企业的电耗可分为加工生产过程中的动力消耗、办公及车间照明用电消耗和各种电力损耗三部分。

加工生产过程中的动力消耗主要是工艺流程中各设备拖动电机的电力消耗，这部分电耗一般占总用电负荷的 80% 以上；因此，做好各设备电动机的节能降耗，是企业降低电耗应采取的主要措施。

各种电力损耗中，配电系统的功率损失占主要部分，主要有：与电流平方成正比的配电线路导线和变压器绕组中的电能损失；与运行电压有关的变压器的铁心损失和电容器、电缆的绝缘介质损失；采取技术措施降低配电系统的损耗，必然对提高企业的经济效益产生积极的影响。

办公及车间照明用电消耗是维持企业正常生产和管理必不可少的电力消耗，做好照明用电的节能降耗，对全厂的节能降耗也具有重要意义。

（一）降低加工生产过程中动力消耗的措施

降低加工生产过程中的动力消耗可从工艺、设备、采用新技术、加强管理等方面考虑，采取以下措施：

1. 合理的工艺设计

（1）尽可能减少提升次数。多层建筑的粮食工厂，在设计时应尽可能减少提升次数，而充分利用物料的自流作用，以降低能耗。在碾米厂，则提倡用斗式提升机提升，以降低电耗和碎米率。

（2）灵活地进行工艺组合。流程设计要注意灵活性，使工艺能适应原粮和成品变化的需要，防止并消除设备只耗电，不做"功"的现象。例如，碾米厂清理流程中，调整筛要设置旁路，以便原粮无稗时从旁路通过。碾米工序中，有时加工标二米，有时加工特制米，工艺流程应设计成既能一机碾白又能多机碾白。总之应选择最佳工艺流程，这是降低电耗的关键。

（3）优化风网设计。风网的组合与电耗也有密切关系，在设计时应注意：

① 合理组合风网。风网动力消耗的高低主要取决于风量和风压，而风量和风压决定风机工作特点，从而决定风机效率的高低。因此，风网组合时，要视车间设备的布置情况合理地设计每一组风网，使风网具有较好的平衡性和稳定性，试车或生产时，一定要进行测定，尽量使实际风量、风压与设计指标相符。

② 选择高效设备。对接料器、吸风分离器、风机、集尘器等要尽量选择效率高、阻力少、能耗低的产品。

③ 选择合适的参数，防止漏风。由于振动和操作的原因，有时风网的管道及吸口会进入无用气流，从而降低除尘效果，浪费动力。因此一定要注意尽量少漏风，并保证气流以适宜的风速与物料接触，达到最佳的分离效果。

④ 对物料气力输送系统中的高压风机采用变频调速，使高压风机以工艺的实际需要工作在最佳状态。

以往面粉厂气力输送系统的高压风机是采用恒速交流电动机拖动，风量由风门来调节，也就是说是靠改变管道的阻力特性来调节风量，这势必造成电能的浪费。若利用变频调速技术，以调节电动机的转速方法取代风门调节风量，则能达到节约电能的目的。这是因为负载的输入功率与转速的立方成正比，而负载的流量与转速成正比。如果利用变频调速使流量减少，则异步电动机的输入功率按立方规律下降。对高压风机采用变频调速既能满足工艺需要，又能最大限度地节省能源。

2. 选用先进设备，完善操作管理

（1）尽量选用电耗低，产量大，效率高的先进设备，以保证设备的效果，保证工艺设计指标。例如：选用新型节能电动机和对车间工艺流程采用自动化控制系统。Y系列电机是目前国内较好的节能型电机，已广泛用于粮食工业。与 JO_2 老式电动机相比，其优点是效率高，起动性能好，体积小，质量轻。采用自动化控制系统可缩短设备启动时间，降低设备启动过程中的故障率，并且当关键设备出现故障时，由于控制程序的链锁反应，其他相关设备能及时停车。实践证明，采用自动控制系统在节约用电方面的效果明显。

（2）加强管理，确保设备工艺效果和产品质量。要做到高品率和低电耗，除了工艺设备的调整之外，还要有符合工艺设备要求的操作及管理，否则，就不能确保设备工艺效果和产品质量，也不能达到降低电耗的目的。例如：设备带病运行往往易造成生产事故，不仅影响生产，还会因开停机的次数增加而使电耗上升；另外，若操作不当，造成设备的空转也会使电能白白的浪费。因此，要加强设备维护并严格遵守操作规程。

3. 合理选用装机效率

理论上选用设备电机应使 $P_H \geqslant P$，P_H 为电动机额定功率。P 为电动机计算功率，一般应将电机功率稍放大。但应注意，不能为了操作方便而盲目加大电机容量，造成"大马拉小车"的现象。"大马拉小车"对工厂生产危害极大。首先，生产设备不在满负载情况下运行，使电动机效率和功率因数下降。其次，整个工厂电网功率因数下降，致使工厂设备负载增大，费用增加。如变压器的负载，电容补偿容量增加，由此造成电气设备费用增加。另外，给不合理的盲目操作带来了方便。所以，选择电机一定不要超过设备说明书推荐的功率。另外，在以后的生产中，不断地测试负载电流，绘出电流曲线，如确实所配动力过大，应及时更换。

4. 某些场合采用分组传动

对一些负荷变化较大，需保险系数较大的设备，如提升机、关风机、磨粉机等设备，不能只使装置功率稍大于计算功率。在这种情况下，如有可能，将设备用一台电机传动，这样，设备之间的负荷就可以相互调剂使用，以应付某台设备突然过载。以提升机为例：如某米厂用7台提升机，如单机传动，每台计算功率为2kW；但为了防止大杂物混入卡住奋斗，使电流突然过载，故每台配5.5kW电机，这样7台电机需配38.5kW。如采用分组传动，则只需配18.5kW或22kW即可。另外，大型电机效率和功率因素较小型电机高。当然这样配置也有缺点，如不能局部开、停机，不利于自动控制等。

（二）降低电力损耗的措施

在粮食工厂中，降低电力损耗主要是降低配电系统的功率损失。降低配电系统的损耗可采取以下措施：

（1）合理进行无功补偿，以提高功率因数，这是减小线损的有力措施。在电力系统中，由于用户功率因数的变化直接影响系统有功功率和无功功率的比例变化，如果用户的功率因数过低，则使电网的功率因数下降。这不但降低了发、供电设备的出力，造成电网电压的波动，也增大了远距离输送无功功率和在线路中的有功功率的损失，而且还增加了用户的电费开支。因此，作为一个电力用户要提高功率因数，减少无功电力的消耗。

（2）可能的话，用铜导体代替铝导体，以增加节能效果。由于铜导体的电阻率是铝导体电阻率的 57.7%，由功率计算可知，损失率可以减少 42.3%，这是一个非常实际的措施。否则，为了达到与铜导体相同的损失水平，就必然需要扩大铝导体的截面约 1 倍，由此所付出的初投资和以后的维护费用都是不合理的。

（3）选用节能型变压器。随着相关技术的发展，节能型变压器在质量方面已经达到较好的水平。目前已经发展到 S9 系列以上的产品；同时也开始出现了环绕铁芯和非晶体铁芯变压器。非晶体铁心变压器空载损失仅为 S9 系列的 25%～30%，对进一步降低传输过程中的损耗能起到很大的作用。

（4）对低压配电线路进行改造、更新，扩大导线的通流水平，提高绝缘水平，以减少传输和漏电的损失。

（三）降低办公及车间照明用电消耗的措施

降低办公及车间照明消耗的措施首先要在企业内部广泛开展节能降耗教育，使每位职工都认识到节能降耗的重要性，自觉地去节约用电；其次是照明用电应采用高效节能装置，如在办公区采用声光控制装置，实现照明自动控制；在车间照明采用高效节能荧光灯代替高能耗白炽灯并选用电子整流器，淘汰能耗较大的铁芯整流器等。

总之，在市场经济条件下，粮食工厂搞好节能降耗，降低生产运行成本，是市场经济的必然要求；充分利用现有设备和设施条件，改进工艺，优化工艺组合，充分挖潜，是粮食工厂节能降耗的有效途径。

任务二　供电与动力线路设计

一、工厂供配电

（一）工厂供电系统概述

一般中型工厂的电源进线电压是 6～10kV。电能先经高压配电所集中，再由高压配电线路将电能分送到各车间变电所或由高压配电线路直接供给高压用电设备。车间变电所内装设有电力变压器，将 6～10kV 的高压电降为一般低压用电设备所需的电压（如 220/380V），然后由低压配电线路将电能分送给各用电设备使用。

图 6-1 是一个比较典型的中型工厂供电系统简图。该图未绘出各种开关电器（除母线和低压联络线上装设的联络开关外），而且只用一根线来表示三相线路，即绘成单线图的形式。

从图 6-1 可以看出，该厂的高压配电所有两条 6～10kV 的电源进线，分别接在高压配电所的两段母线上。所谓"母线"，就是用来汇集和分配电能的导体，又称"汇流排"。这两段母线间装有一个分段隔离开关（又称联络隔离开关），形成利用一台开关分隔开的单母线结线形式，称为"单母线分段制"。当任一条电源进线发生故障或进行检修而被切除后，可以利用分段隔离开关的闭合来恢复对整个配电所（特别是其重要负荷）的供电。这类接线的配电所通常的运行方式是：分段隔离开关闭合，整个配电所由

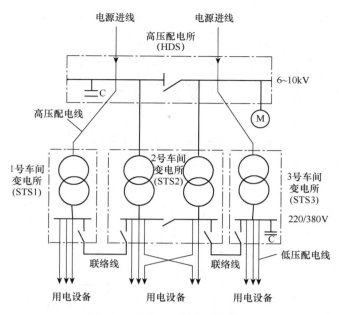

图 6-1　中型工厂供电系统简图

一条电源进线供电，其电源通常来自公共电网（电力系统），而另一条电源进线作为备用，通常由邻近单位取得备用电源。

图 6-1 所示高压配电所有四条高压配电线，供电给三个车间变电所，其中 1 号车间变电所和 3 号车间变电所都只装有一台配电变压器，而 2 号车间变电所装有两台，并分别由两段母线供电，其低压侧又采用单母线分段制，因此对重要的低压用电设备可由两段母线交叉供电。车间变电所的低压侧，设有低压联络线相互连接，以提高供电系统运行的可靠性和灵活性。此外，该高压配电所还有一条高压配电线，直接供电给一组高压电动机；另有一条高压线，直接与一组并联电容器相连。3 号车间变电所低压母线上也连接有一组并联电容器。这些并联电容器都是用来补偿无功功率以提高功率因数用的。

对于大型工厂及某些电源进线电压为 35kV 及以上的中型工厂，一般经过两次降压，也就是电源进厂以后，先经总降压变电所（其中装有较大容量的电力变压器），将 35kV 及以上的电源电压降为 6～10kV 的配电电压，然后通过高压配电线将电能送到各个车间变电所，也有的经高压配电所再送到车间变电所，最后经配电变压器降为一般低压用电设备所需的电压，其简图如图 6-2 所示。

有的 35kV 进线的工厂，只经一次降压，即 35kV 线路直接引入靠近负荷中心的车间变电所，经车间变电所的配电变压器直接降为低压用电设备所需的电压，如图 6-3 所示。这种供电方式，称为高压深入负荷中心的直配方式。这种直配方式，可以省去一级中间变压，从而简化了供电系统接线，节约了投资和有色金属，降低了电能损耗和电压损耗，提高了供电质量。然而这要根据厂区的环境条件是否满足 35kV 架空线路深入负荷中心的"安全走廊"要求而定，否则不宜采用，以确保供电安全。

对于小型工厂，由于所需容量一般不大于 1000kV·A 或稍多，因此通常只设一个

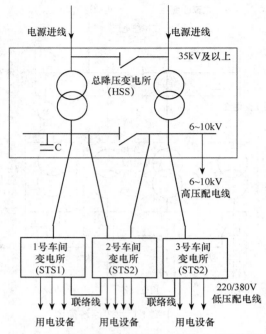

图 6-2　具有总降压变电所的工厂供电系统简图

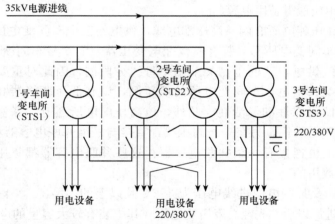

图 6-3　高压深入负荷中心的工厂供电系统简图

降压变电所，将 6～10kV 降为低压用电设备所需的电压，如 6-4 所示。

　　如果工厂所需容量不大于 160kV·A 时，一般采用低压电源进线，直接由公共低压电网供电，因此工厂只需设一个低压配电间即可。

　　由以上分析可知，配电所的任务是接受电能和分配电能，不改变电压；而变电所的任务是接受电能、变换电压和分配电能；"变配电所"是变电所和配电所的统称，仅用于泛指。具体谈到某种类别或某一个体时，应分别称为"变电所"或"配电所"。以上各供电系统简图中的母线，又称汇流排，其任务是汇集和分配电能。而工厂供电系统是指从电源线路进厂起到高低压用电设备进线端止的整个电路系统，包括工厂内的变配电所和所有的高低压供配电线路。

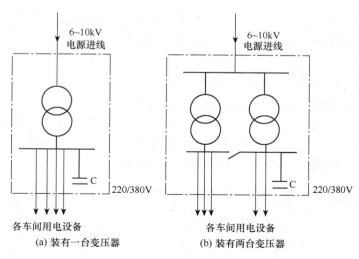

图 6-4 只设一个变电所或配电所的工厂供电系统图

（二）变配电所的类型、布置、主接线

1. 工厂变配电所的类型

工厂变电所分总降压变电所和车间变电所，但一般中小型工厂不设总降压变电所。车间变电所按其主变压器的安装位置来分，有下列类型：

（1）车间附设变电所。变电所的一面或数面墙与车间的墙共用，且变压器室的门向车间外开，如果按变压器室位于车间墙内还是墙外，还可进一步分为内附式（图6-5中的1、2）和外附式（图6-5中的3、4）。

（2）露天变电所。变压器安装在车间外面抬高的露天地面上（图6-5中的6）。如果变压器的上方设有顶板或挑檐，则称为半露天变电所。

（3）独立变电所。变电所位于与车间有一定距离的独立建筑物内（图6-5中的7）。

（4）车间内变电所。变压器位于车间内部的单独房间内，变压器室的门向车间内开（图6-5中的5）。

（5）杆上变电站。变压器装在室外的电杆上面（图6-5中的8）。

（6）地下变电所。整个变电所装设在地下的设施内（图6-5中的9）。

（7）楼上变电所。整个变电所装设在楼上（图6-5中的10）。

（8）成套变电所。由电器制造厂按一定接线方案成套制造、现场装配的变电所。

（9）移动式变电所。整个变电所装设在可移动的车上。

上述附设变电所、独立变电所、车间内变电所及地下变电所，统称为室内型变电所；而露天、半露天变电所及杆上变电站，统称为室外型变电所。

车间变电所的类型，应根据用电负荷的状况和周围环境的具体情况来确定。

在负荷大而集中且设备布置比较稳定的大型生产厂房内，可以考虑采用车间内变电所，以便尽量靠近车间的负荷中心。对生产面积较紧或生产流程要经常调整的车间，宜采用附设变电所的型式。露天变电所简单经济，可用于周围环境条件正常的场合。独立变电所一般只用于负荷小而分散的情况，或者需远离易燃、易爆和有腐蚀性物质的情况。杆上变电站一般只用于容量在 315kV·A 及以下的变压器，多用于生活区供电。地下变电所的建筑费用较高，但不占地面，不碍观瞻，一般只用于有特殊需要的情况。楼上变电所，适用于高层建筑，要求结构尽可能轻型、安全，多为成套变电所。移动式变电所主要用于坑道作业及临时施工现场供电。

粮食加工厂变配电所多采用独立变电所形式（也有采用外附式的），一般靠近主要负荷中心（车间）。变电所的高压（6~10kV）、低压（220/380V）配电装置及电力变压器都设置在室内，由高压配电室、变压器室、低压配电室（含功率因数补偿）、值班室等组成。

个别负荷较小的粮食加工厂通常采用杆上变电站。

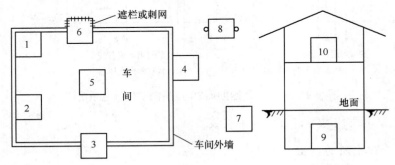

图 6-5　车间变电所类型

1、2. 内附式；3、4. 外附式；5. 车间内式；6. 露天或半露天式；7. 独立式；

8. 杆上；9. 地下式；10. 楼上式

2. 工厂变配电所的布置

（1）粮食加工厂变配电所所址的选择。变配电所所址的选择是否合理，直接影响供电系统的造价和运行。粮食加工厂变配电所的位置，必须根据工厂电力负荷的类型、大小和分布情况、工厂发展规划以及厂区的内部环境特征等，经全面分析后才能确定。选择时通常应符合以下原则：

① 尽量靠近负荷中心，以减少输配电线路的长度与导线截面，从而降低投资和电能、电压损耗。

② 要适当考虑发展和扩建的余地。

③ 电源进出线方便，运输条件好，便于主电力变压器和其他电气输送设备的搬动。

④ 尽量设在污染源（如面粉厂和饲料厂的除尘风帽等）的上风侧，以及尽量避开振动、多尘、高温、潮湿、低洼、易燃、易爆的地区（如油脂浸出车间、溶剂库等）。

以上各点，往往不可兼得，但应力求兼顾。

（2）变配电所的布置要求。通常，为了便于运行维护和检修，值班室应靠近高低压配电室，且各通道应保证最小的宽度（一般开关柜单列布置，不小于 1.5m，双列布置，不小于 2m）；变电所各室的大门都应向外开，以利紧急疏散；变压器应避免太阳直晒且应靠近低压配电室，以方便低压母线敷设；变压器室的四周墙壁应按一级防火设计，尤其要注意良好的通风，必要时增设强迫通风装置；高压配电室应靠近电源进线侧，当配电室的长度超过 7m 时，应有两个门，室内的电力电缆沟底应有坡度，以便临时排水；高压电容器室应有良好的自然通风，一般应按一级防火设计，也可独立设置，但电容器柜两侧应加金属隔板，防火等级不低于三级，低压配电柜的底部应开有电缆沟，以方便进出线。

变配电所总体布置的方案应因地制宜，合理设计，拟出几种可行的方案进行技术经济比较后确定。

图 6-6 是工厂高压配电所与附设式车间变电所合建的几种平面布置方案。粗线表示墙，缺口表示门。图（a）、（c）、（e）中的变压器装在室内；图（b）、（d）、（f）中的变压器是露天安装的。

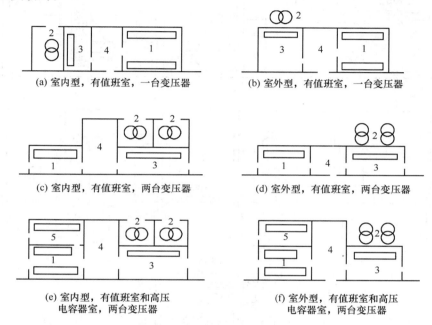

图 6-6　工厂高压配电所与附设车间变电所合建的平面布置方案（示例）

1. 高压配电室；2. 变压器室或室外变压器台；3. 低压配电室；4. 值班室；5. 高压电容器室

如果既无高压配电室又无值班室，则车间变电所的平面布置方案更为简单，如图 6-7 所示。

如果工厂没有总降压变电所和高压配电所，则其高压开关柜的数量较少，高压配电室也相应较小，布置方案可与图 6-6 相类似。

图 6-8 是某厂高压配电所及其附设 2 号车间变电所的平面和剖面图，供参考。

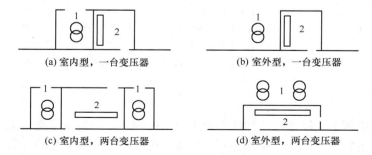

图 6-7　无高压配电室和值班室的车间变电所平面布置方案（示例）

1. 变压器室或室外变压器台；2. 低压配电室

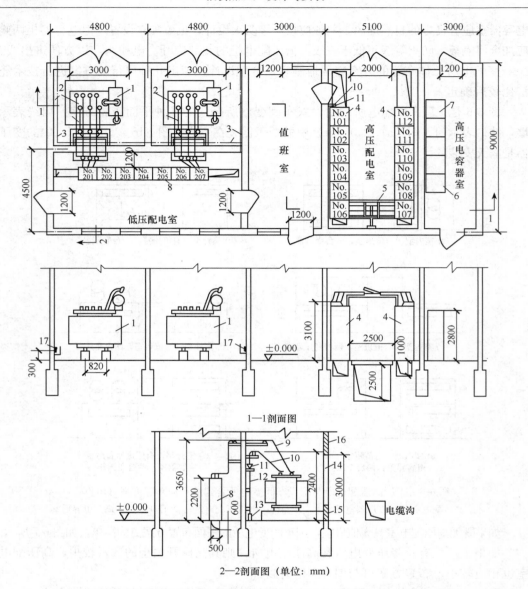

图 6-8　某厂高压配电所及其附设 2 号车间变电所的平面和剖面图

1. S9－800/10 型电力变压器；2. PEN 线；3. 接地线；4. GG－1A（F）型高压开关柜；5. GN6 高压隔离开关；
6. GR－1 型高压电容器柜；7. GR－1 型电容器放电柜；8. PGL2 型低压配电屏；9. 低压母线及支架；
10. 高压母线及支架；11. 电缆头；12. 电缆；13. 电缆保护管；14. 大门；
15. 进风口（百叶窗）；16. 出风口（百叶窗）；17. 接地线及其固定钩

3. 变配电所的主接（结）线

工厂变配电所的电路图，按功能可分为以下两种：一种是表示变配电所的电能输送和分配路线的电路图，称为主接（结）线图或主电路图或一次电路图；另一种是表示用来控制、指示、测量和保护一次电路及其设备运行的电路图，称为二次电路图或二次回路图。二次回路是通过互感器与主电路相联系的。

电气主接线的形式，将影响配电装置的布置、供电可靠性、运行灵活性和二次接线、继电保护等问题。电气主接线对变配电所以及电力系统的安全、可靠和经济运行起着重要作用。因此，对工厂变配电所主接线有下列基本要求：

安全——要符合国家标准和有关技术规范的要求，能充分保证人身和设备的安全。例如，在高压断路器的电源侧及可能反馈电能的负荷侧，必须装设高压隔离开关等。

可靠——要满足各级电力负荷对供电可靠性的要求。

灵活——能适应必要的各种运行方式，便于切换操作和检修，并能适应负荷的发展。

经济——在满足以上要求的前提下，尽量使主接线简单，投资少，运行费用低，并节约电能和有色金属消耗量，例如应选用技术先进、经济适用的节能产品等。

车间（或小型工厂）变电所是将高压 6～10kV 降为一般用电设备所需低压（如220/380V）的终端变电所。该类变电所主接线比较简单，高压侧主接线方案分两种情况：一为有工厂总降压变电所或高压配电所的车间变电所，其高压侧的开关电器、保护装置和测量仪表等，通常安装在高压配电线路的首端，即总降压变电所或高压配电所的6～10kV 配电室内，而车间变电所的高压侧可不装开关设备，或只装简单的隔离开关、熔断器或避雷器等，如图 6-9 所示。从图可以看出，凡是高压架空进线，均需装设避雷器以防雷电波沿架空线侵入变电所，毁坏变压器及其他设备的绝缘。

另一种情况为工厂无总降压变电所或配电所，其车间变电所即工厂降压变电所，此时高压侧必须配置足够的开关设备。

电力变压器发生故障时，需要迅速切断电源，因此应采用快速切断电源的保护装置。对于较小容量的变压器，只要运行操作符合要求，可以优先采用简单经济的熔断器保护。

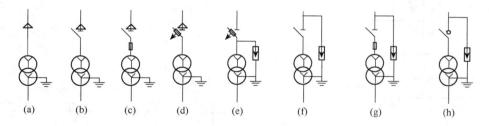

图 6-9 车间变电所高压侧主接线方案

(a) 高压电缆进线，无开关；(b) 高压电缆进线，装隔离开关；(c) 高压电缆进线，装隔离开关—熔断器（室内）；
(d) 高压电缆进线，装跌落式熔断器（室外）；(e) 高压架空进线，装跌落式熔断器和避雷器（室外）；
(f) 高压架空进线，装隔离开关和避雷器（室内）；(g) 高压架空进线，装隔离开关—熔断器和避雷器（室内）；
(h) 高压架空进线，装负荷开关和避雷器（室内）

粮食工厂属于中小型电力用户（装机容量＜2000kV・A），其变配电所主接线比较简单，常用的变电所主接线方案有以下几种：

(1) 高压侧采用户外跌落式熔断器的主接线 [图 6-9 (d)、(e)]。这种主接线采用熔断器来保护变电所的短路故障。由于跌落式熔断器不能带负荷操作，使变配电所停电和送电操作的程序比较麻烦，稍有疏忽易发生带负荷拉闸的严重事故；熔体熔断后，更换需要一定时间，恢复供电的时间较长，一般只用于 500kV・A 及以下容量的变压器。这类主接线简单经济，但供电可靠性不高，适用于供三级负荷的小容量变电所，如中小型粮食加工厂的各生产车间。

（2）高压侧采用隔离开关—断路器的主接线（图6-10）。这种主接线由于采用了高压断路器，具有较完善的短路和过负荷保护，切换操作灵活方便，恢复供电快，供电可靠性较高，但由于只有一回架空线路，通常用于三级负荷。如果是专用回线，也可供二级负荷。对只有一个主车间的粮食加工厂常采用这种方式。

如果采用双回路进线，则可大大提高供电可靠性，可用于二级负荷或少量一级负荷。如10层以上的高层建筑、科教重要实验室、县级以上医院、大型冷库等，也可用于化工厂、大型粮食加工企业等。

（3）高压单母线两台主变压器的主接线（图6-11）。这种主接线适用于有两台及两台以上主变压器的变电所，当一台主变压器发生故障或检修时，可通过操作，恢复低压侧的供电，供电可靠性较高，可供二、三级负荷。如果有联络线，则供电可靠性更高，可供一、二级负荷。

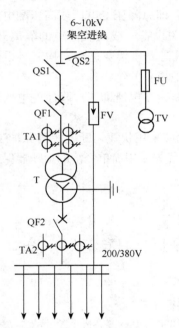

图6-10　高压侧采用断路器的变配
电所主接线图

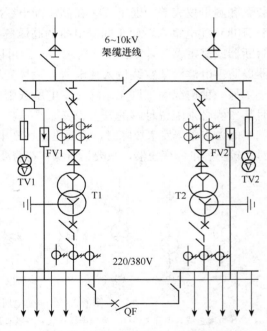

图6-11　高压单母线两台主变压器的
变电所主接线图

图6-12是某粮食加工厂的主接线图，供参考。

（三）变配电所的主要电气设备

工厂变配电所一般由降压电力变压器、高压开关电器、低压开关电器、电压或电流互感器、母线（汇流排）、避雷器、继电保护装置和测量仪表以及功率因数补偿装置等组成。

1. 高压熔断器

熔断器是一种在电路电流超过规定值并经一定时间后，使其熔体熔化而分断电流、

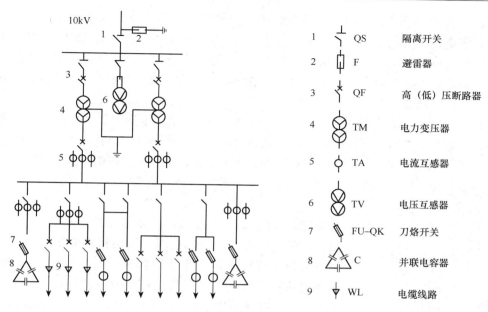

1		QS	隔离开关
2		F	避雷器
3		QF	高（低）压断路器
4		TM	电力变压器
5		TA	电流互感器
6		TV	电压互感器
7		FU–QK	刀熔开关
8		C	并联电容器
9		WL	电缆线路

图 6-12　某粮食加工厂的主接线图

断开电路的保护电器。熔断器的功能主要是对电路及电路设备进行短路保护，有的熔断器还具有过负荷保护的功能。

　　工厂供电系统中，室内广泛采用 RN 系列高压管式熔断器，室外则广泛采用 RW 系列高压跌落式熔断器。

　　（1）RN1 和 RN2 型室内高压管式熔断器。RN1 型和 RN2 型的结构基本相同，都是瓷质熔管内充石英砂填料的密闭管式熔断器，其外形结构如图 6-13 所示。

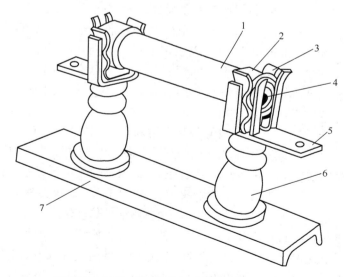

图 6-13　RN1、RN2 型高压管式熔断器外形图

1. 瓷熔管；2. 金属管帽；3. 弹性触座；4. 熔断指示器；5. 接线端子；6. 瓷绝缘子；7. 底座

　　RN1 型主要用作高压电路和设备的短路保护，并能起过负荷保护的作用，其熔体要通过主电路的大电流，因此其结构尺寸较大，额定电流可达 100A。而 RN2 型只用作高压电压互感器一次侧的短路保护。由于电压互感器二次侧全部连接阻抗很大的电压线圈，致使它接近于空载工作，其一次侧电流很小，因此 RN2 型的结构尺寸较小，其熔体额定电流一般为 0.5A。

　　RN1、RN2 型熔断器熔管的内部结构如图 6-14 所示。由图可知，熔断器的工作熔体（铜熔丝）上焊有小锡球。锡是低熔点金属，过负荷时锡球受热首先熔化，包围铜熔丝，铜锡分子相互渗透而形成熔点较铜的熔点低的铜锡合金，使铜熔丝能在较低的温度下熔断，这就是所谓"冶金效应"。它使熔断器能在不太大的过负荷电流和较小的短路电流下动作，从而提高了保护灵敏度。又由图 6-14 可知，该熔断器采用多根熔丝并联，熔断时能产生多根并行的电弧，利用粗弧分细灭弧法可加速电弧的熄灭。而且该熔断器熔管内是充填有石英砂的，熔丝熔断时产生的电弧完全在石英砂内燃烧，因此其灭弧能力很强，能在短路后不到半个周期即短路电流未达冲击值之前即能完全熄灭电弧，切断短路电流，从而使熔断器本身及其所保护的电气设备不必考虑短路冲击电流的影响，因此这种熔断器属于"限流"熔断器。

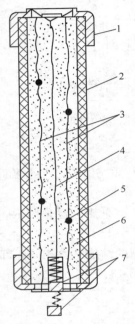

　　当短路电流或过负荷电流通过熔断器的熔体时，工作熔体熔断后，指示熔体相继熔断，其红色的熔断指示器弹出，如图 6-14 中虚线所示，给出熔断的指示信号。

　　目前应用较多的 RN5 和 RN6 针对 RN1 和 RN2 的外形进行了改进，使整体结构进一步优化。

图 6-14　RN1、RN2 型高压熔
断器内部结构图
1. 金属管帽；2. 瓷熔管；3. 工作
熔体；4. 指示熔体；5. 锡球；
6. 石英砂填料；7. 熔断指示器

　　（2）RW 系列室外高压跌落式熔断器。跌落式熔断器广泛用于环境正常的室外场所，其功能是既可作 6～10kV 线路和设备的短路保护，又可在一定条件下直接用高压绝缘钩棒（俗称令克棒）来操作熔管的分合，起高压隔离开关的作用。

　　一般的跌落式熔断器如 RW4-10（G）型等，只能无负荷操作或通断小容量的空载变压器和空载线路，其基本结构如图 6-15 所示。

　　这种跌落式熔断器串接在线路上，正常运行时，其熔管上端的动触头借熔丝张力拉紧后，利用绝缘钩棒将此动触头推入上静触头内锁紧，同时下动触头与下静触头也相互压紧，从而使电路接通。当线路上发生短路时，短路电流使熔丝熔断，形成电弧。熔管（消弧管）内壁由于电弧烧灼而分解出大量气体，使管内压力剧增，并沿管道形成强烈的气流纵向吹弧，使电弧迅速熄灭。熔管的上动触头因熔丝熔断后失去张力而下翻，使锁紧机构释放熔管，在触头弹力及熔管自重的作用下，回转跌落，造成明显可见的断开间隙。

　　这种跌落式熔断器还采用了"逐级排气"结构。其熔管上端在正常运行时是被一薄膜封闭的，可以防止雨水浸入。在分断小的短路电流时，由于上端封闭而形成单端排气，

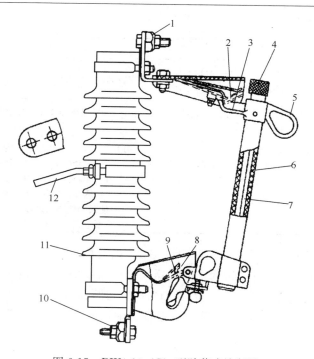

图 6-15　RW4-10（G）型跌落式熔断器

1. 上接线端子；2. 上静触头；3. 上动触头；4. 管帽；5. 操作环；6. 熔管；7. 铜熔丝；
8. 下动触头；9. 下静触头；10. 下接线端子；11. 绝缘瓷瓶；12. 固定安装板

使管内保持足够大的气压，这样有利于熄灭小的短路电流所产生的电弧。而在分断大的短路电流时，由于管内产生的气压大，使上端薄膜冲开而形成两端排气，这样有助于防止分断大的短路电流时可能造成的熔管爆裂，从而较好地解决了自产气熔断器分断大小故障电流的矛盾。

RW10-10（F）型跌落式熔断器是在一般跌落式熔断器的上静触头上面加装一个简单的灭弧室，因而能够带负荷操作。这种负荷型跌落式熔断器既能实现短路保护，又能带负荷操作，且能起隔离开关的作用，因此有推广应用的趋向。

跌落式熔断器依靠电弧燃烧使产气消弧管分解产生的气体来熄灭电弧，即使是负荷型跌落式熔断器加装有简单的灭弧室，其灭弧能力都不强，灭弧速度不快，不能在短路电流达到冲击值之前熄灭电弧，因此它属"非限流"熔断器。

2. 低压熔断器

低压熔断器主要用于低压系统设备及线路的短路保护，有的也能实现过负荷保护。低压熔断器类型比较多，大致可分为表 6-5 所示的几种类型。

表 6-5　低压熔断器的分类及用途

主要类型	主要型号	用　途
无填料密封管式	RM10、RM7 系列（无限流特性）	用于低压电网和配电设备中作短路保护和过载保护

主要类型	主要型号	用　途
有填料密封管式	RT 系列如 RT0、RT11、RT14 （有限流特性）	用于要求较高的导线和电缆及电气设备的过载和短路保护
	RL 系列如 RL6、RL7、RLS2 系列 （有限流特性）	用于 500V 以下导线和电缆及电动机控制线路 RLS2 为快速式
	RS0、RS3 系列快速熔断器 （有较强的限流特性）	RS0 用于 750V、480A 以下线路晶闸管元件及 成套配电装置的短路保护 RS3 用于 1000V、700A 以下线路晶闸管元件及 成套配电装置的短路保护
自复式	RZ1 型	只能限制短路和过载电流，不能真正 分断电路，一般与断路器配合使用

供电系统中常用的低压熔断器有 RT0、RL1 以及 RZ1 型等。

（1）RT0 型低压有填料密封管式熔断器。这种熔断器主要由瓷熔管、栅状铜熔体、触头和底座等部分组成。如图 6-16 所示。RT0 型熔断器属"限流式"熔断器，其保护性能好、断流能力大，广泛应用于低压配电装置中，但其熔体不可拆卸，因此熔体熔断后整个熔断器报废，不够经济。

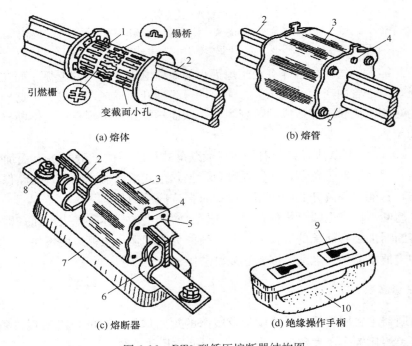

图 6-16　RT0 型低压熔断器结构图

1. 栅状铜熔体；2. 触刀；3. 瓷熔管；4. 熔断指示器；5. 盖板；6. 弹性触座；

7. 瓷质底座；8. 接线端子；9. 扣眼；10. 绝缘拉手手柄

（2）RL1 型螺旋管式熔断器。RL1 型螺旋管式熔断器结构如图 6-17 所示。它由瓷帽、熔管、底座组成。上接线端与下接线端通过螺丝固定在底座上；熔管由瓷质外套管、熔体和石英砂填料密封构成，一端由熔断器指示（多为红色）；瓷质螺帽上有玻璃窗口，放入熔管旋入底座后即将熔管串接在电路中。由于熔断器的各个部分均可拆卸，更换熔管十分方便，这种熔断器广泛用于低压供电系统，特别是中小型电动机的过载与短路保护中。

（3）NT 系列熔断器。NT 系列熔断器（国内型号 RT16 系列）是引进德国 AEG 公司制造技术生产的一种高分断能力熔断器，现广泛应用于低压开关柜中，适用于 660V 及以下电力网络及配电装置做过载和保护之用。

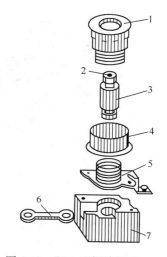

图 6-17　RL1 型螺旋管式
熔断器结构
1. 瓷帽；2. 熔断指示器；
3. 熔体管；4. 瓷套；5. 上接线端；
6. 下接线触头；7. 底座

该系列熔断器由熔管、熔体和底座组成，外形结构与 RT0 有些相似，熔管为高强度陶瓷管，内装优质石英砂，熔体采用优质材料制成。主要特点是体积小，重量轻、功耗小、分断能力高。

（4）RZ1 型熔断器。一般熔断器在熔体熔断后，必须更换熔体甚至整个熔管才能恢复供电，使用上不够经济。我国设计生产的 RZ1 系列自复式熔断器弥补了这一缺点，它既能切断短路电流，又能在故障消除后自动恢复供电，无需更换熔体，其结构如图 6-18 所示。

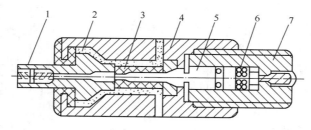

图 6-18　RZ1 型自复式熔断器
1. 接线端子；2. 云母玻璃；3. 瓷管；4. 不锈钢外壳；5. 钠熔体；6. 氩气；7. 接线端子

RZ1 型自复式熔断器采用金属钠作为熔体，常温下，钠的阻值很小，正常负荷电流可以顺利通过，但短路时，钠受热迅速气化，阻值变得很大，起到限制短路电流的作用。在这一过程中，装在熔断器一端的活塞将被挤压而迅速后退，降低了因钠气化而产生的压力，保护熔管不致破裂。限流结束后，钠蒸汽冷却恢复为固态钠，活塞迅速将钠推回原位，使之恢复常态，这就是自复式熔断器能自动限流和自动复原的基本原理。

自复式熔断器可与低压断路器配合使用，甚至组合为一种电器。国产的 DZ10-100R 型低压断路器就是 DZ10-100 型低压断路器和 RZ1-100 型自复式熔断器组合。利用自复式熔断器来切断短路电流，而利用低压断路器来通断电路和实现过负荷保护。

3. 高压隔离开关

高压隔离开关的主要功能是隔离高压电源，以保证其他设备和线路的安全检修。为此，其结构特点是隔离开关断开后有明显可见的断开间隙，而且断开间隙的绝缘和相间绝缘都是足够可靠的，能充分保障人身和设备的安全。

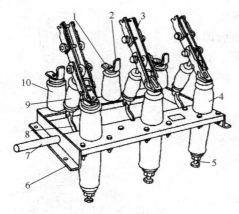

图 6-19 GN8-10 型高压隔离开关

1. 上接线端子；2. 静触头；3. 闸刀；4. 套管绝缘子；5. 下接线端子；6. 框架；7. 转轴；8. 拐臂；9. 升降绝缘子；10. 支柱绝缘子

隔离开关没有专门的灭弧装置，因此它不能带负荷拉、合闸，但可用来通断一定的小电流，如励磁电流（空载电流）不超过 2A 的空载变压器、电容电流不超过 5A 的空载线路及电压互感器和避雷器电路等。

高压隔离开关按安装地点分为室内式和室外式两大类。10kV 高压隔离开关型号较多，常用的有 GN8、GN19、GN24、GN28、GN30 等。图 6-19 为 GN8 型户内高压隔离开关的外形图。

4. 低压刀开关和低压刀熔开关

低压刀开关按其操作方式分单投和双投两种；按其极数分为单极、双极和三极三种；按其灭弧结构分，有不带灭弧罩和带灭弧罩两种。

不带灭弧罩的刀开关只能在无负荷下操作，仅作隔离开关使用；带灭弧罩的 HD13 型刀开关能通断一定的负荷电流，其钢栅片灭弧罩能使负荷电流产生的电弧有效的熄灭，但不能切除短路电流，其外形图如图 6-20 所示。

低压刀熔开关又称熔断器式刀开关，是低压刀开关与低压熔断器组合而成的开关电器，具有刀开关和熔断器的双重功能。采用这种组合型开关电器，可以简化配电装置的结构，目前已广泛用于低压动力配电屏中。图 6-21 为 HR3 型刀开关，就是将 HD 型刀开关的闸刀换以 RT0 型熔断器的具有刀形触头的熔管。

5. 高压负荷开关

高压负荷开关具有简单的灭弧装置，因而能通断一定的负荷电流和过负荷电流。但是它不能断开短路电流，所以它一

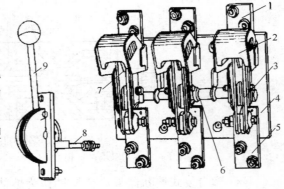

图 6-20 HD13 型刀开关

1. 上接线端子；2. 灭弧罩；3. 闸刀；4. 底座；5. 下接线端子；6. 主轴；7. 静触头；8. 连杆；9. 操作手柄

般与高压熔断器串联使用，借助熔断器来进行短路保护（高压负荷开关与高压熔断器组合使用，可以替代昂贵的高压断路器）。负荷开关断开后，与隔离开关一样，也具有明显可见的断开间隙，因此它也具有隔离高压电源、保证安全检修的功能。

高压负荷开关的类型较多。图 6-22 所示为目前应用较多的 FN3-10RT 型户内压气式负荷开关。

6. 高压断路器

高压断路器具有完善的灭弧装置，因此，不仅能通断正常的负荷电流，而且能接通和承担一定时间的短路电流，并能在保护装置作用下自动跳闸，切除短路故障。

　　高压断路器按其采用的灭弧介质分为有油断路器、六氟化硫（SF$_6$）断路器、真空断路器以及压缩空气断路器、磁吹断路器等。我国目前应用较多的是 SN10-10 型户内少油断路器和应用日益广泛的六氟化硫（SF$_6$）断路器以及真空断路器。

　　（1）油断路器。油断路器按其油量多少和油的作用分为多油断路器和少油断路器两大类。多油断路器的油量多，其油一方面作为灭弧介质，另一方面又作为相对地（外壳）甚至相间的绝缘介质。而少油断路器的油量很少（一般只几千克），其油只限作为灭弧介质，其外壳通常是带电的。少油断路器

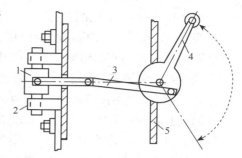

图 6-21　HR3 型刀开关

1. RT0 型熔断器的熔断体；2. 弹性触座；
3. 连杆；4. 操作手柄；5. 配电屏面板

具有重量轻、体积小、节约油和钢材、价格低等优点，但不能频繁操作，一般多用于 35kV 以下的室内配电装置。

　　图 6-23 所示为我国统一设计、广泛应用的 SN10-10 型高压少油断路器。它由油箱、传动机构和框架 3 部分组成。油箱是断路器的核心部分，油箱的上部设有油气分离室，其作用是将灭弧过程中产生的油气混合物旋转分离，使气体从顶部排气孔排出，而油则沿内壁流回灭弧室。当断路器跳闸时，产生电弧，在油流的横吹、纵吹及机械运动引起的油吹的综合作用下，使电弧迅速熄灭。

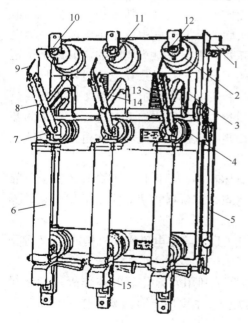

图 6-22　FN3-10RT 型高压负荷开关

1. 主轴；2. 上绝缘子兼气缸；3. 连杆；4. 下绝缘子；
5. 框架；6. RN1 型高压熔断器；7. 下触座；
8. 闸刀；9. 弧动触头；10. 绝缘喷嘴；11. 主静触头；
2. 上触座；13. 断路弹簧；14. 绝缘拉杆；15. 热脱扣器

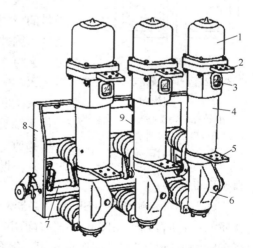

图 6-23　SN10-10 型高压少油断路器

1. 铝帽；2. 上接线端子；3. 油标；
4. 绝缘筒；5. 下接线端子；
6. 基座；7. 主轴；8. 框架；9. 断路弹簧

SN10-10 型少油断路器可以与 CS2 等型手动操作机构、CD10 等型电磁操作机构或 CT7 等型弹簧储能操作机构配合使用，这些操作机构内部都有跳闸和合闸线圈，通过断路器的传动机构使断路器动作。CD10 电磁操作机构能手动和远距离离合闸，适于实现自动化，但需直流操作电源。CS2 型手动操作机构能手动和远距离跳闸，但只能手动合闸，不能自动合闸；然而由于它可采用交流操作电源，从而使保护的控制装置大大简化，因此在目前一般中小型工厂的供电系统中应用普遍。CT7 型弹簧操作机构能手动和远距离跳合闸，并可利用交流操作电源，利用弹簧机构储能，因而可实现一次自动重合闸，较为简单经济，但结构较复杂，价格较贵，所以一般中小型工厂应用较少。

（2）高压真空断路器。高压真空断路器是利用"真空"（气压为 $10^{-2} \sim 10^{-6}$ Pa）灭弧的一种断路器，其触头装在真空灭弧室内。由于真空中不存在气体游离的问题，所以该断路器的触头断开时很难发生电弧。但是在感性电路中，灭弧速度过快，瞬间切断电流 i 将使 di/dt 极大，从而使电路出现过电压（$UL = Ldi/dt$），这对供电系统是很不利的。因此，这"真空"不能是绝对的真空，而能在触头断开时因高电场发射和热电发射而产生一点电弧，这电弧称为"真空电弧"，它能在电流第一次过零时熄灭。这样，燃弧时间既短（至多半个周期），又不致产生很高的过电压。

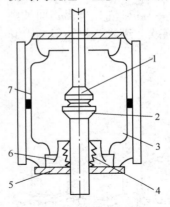

图 6-24 真空断路器灭弧室的结构图

1. 静触头；2. 动触头；3. 屏蔽罩；
4. 波纹管；5. 与外壳接地的金属
法兰盘；6. 波纹管屏蔽罩；7. 玻壳

真空断路器的真空灭弧室结构如图 6-24 所示。在灭弧室的中部，有一对圆盘状的触头；当触头刚分离时，由于高电场发射和热电发射而使触头间发生电弧。电弧温度很高，可使触头表面产生金属蒸气。随着触头的分开和电弧电流的减小，触头间的金属蒸气密度也逐渐减小。当电弧电流过零时，电弧暂时熄灭，触头周围的金属离子迅速扩散，凝聚在四周的屏蔽罩上，以致在电流过零后只几个微秒的极短时间内，触头间隙实际上又恢复了原有的高真空度。因此，当电流过零后虽很快加上高电压，触头间隙也不会再次击穿，即真空电弧在电流第一次过零时就能完全熄灭。

真空断路器具有体积小、动作快、寿命长、安全可靠和便于维护检修等优点，但价格较贵，主要适用于频繁操作的场所。

真空断路器配用 CD10 等型电磁操动机构或 CT7 等型弹簧操动机构。

（3）高压六氟化硫（SF_6）断路器。SF_6 断路器是利用六氟化硫气体作灭弧和绝缘介质的一种断路器。SF_6 断路器多配用弹簧操作机构，主要用于需频繁操作及有易燃易爆危险的场所，特别是用作全封闭式组合电器。

SF_6 是一种无色、无味、无毒且不易燃的惰性气体。在 150℃ 以下时，化学性能相当稳定。但 SF_6 在电弧高温作用下要分解，分解出的氟（F_2）有较强的腐蚀性和毒性，且能与触头的金属蒸气化合为一种具有绝缘性能的白色粉末状的氟化物。因此这种断路器的触头一般都设计成具有自动净化的作用。然而由于上述的分解和化合作用所产生的活性杂质，大部分能在电弧熄灭后几微秒的极短时间内自动还原，而且残余杂质可用特殊的吸附剂（如活性氧化铝）清除，因此对人身和设备都不会有什么危害。SF_6 不含碳元素（C），这对于灭弧和绝缘介质来说，是极为优越的特性。前面所述油断路器是用油作灭弧和绝缘介质的，而油在电弧高温作用下要分解出碳（C），使油中的含碳量增高，从而降低了油的绝缘和灭弧性能。因此油断路器在运行中要经常注意监视油色，适时分析油样，必要时要更换新油。而 SF_6 断路器就无这些麻烦。SF_6 又不含氧元素（O），因此它不存在触头氧化的问题。因此 SF_6 断路器较之空气断路器，其触头的磨损较少，使用寿命增长。SF_6 除具有上述优良的物理化学性能外，还具有优良的绝缘性能，在 300kPa 下，其绝缘强度与一般绝缘油的绝缘强度大体相当。特别优越的是 SF_6 在电流过零时，电弧暂时熄灭后，具有迅速恢复绝缘强度的能力，从而使电弧难以复燃而很快熄灭。

SF_6 断路器的结构按其灭弧方式有双压式和单压式两类。双压式具有两个气压系统，压力低的作为绝缘，压力高的作为灭弧。单压式只有一个气压系统，灭弧时，SF_6 的气流靠压气活塞产生。单压式的结构简单，现在生产的 LN1、LN2 型断路器均为单压式。

图 6-25 为 SF_6 断路器灭弧室的结构和工作示意图。由图可以看出，断路器的静触头和灭弧室中的压气活塞是相对固定不动的。分闸时，装有动触头和绝缘喷嘴的气缸由断路器操作机构通过连杆带动，离开静触头，造成气缸与活塞的相对运动，压缩 SF_6 气体，使之通过喷嘴吹弧，从而使电弧迅速熄灭。

SF_6 断路器与油断路器比较，具有断流能力大、灭弧速度快、绝缘性能好和检修周期长等优点，适于频繁的操作而且还无易燃易爆的危险。其缺点是：要求制造加工的精度很高，对其密封性能要求更严，因此价格较贵。

SF_6 断路器与真空断路器一样，配用 CD10 等型电磁操动机构或 CT7 等型弹簧操动机构。

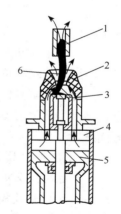

图 6-25 SF_6 断路器灭弧室工作示意图

1. 静触头；2. 绝缘喷嘴；
3. 动触头；4. 气缸；
5. 压气活塞；6. 电弧

7. 高低压成套配电装置

（1）高压开关柜。高压开关柜是一种高压成套设备，它按一定的线路方案将有关一次设备和二次设备组装在柜内（即把开关电器、测量仪表、继电保护及辅助装置安装在封闭或半封闭的金属柜中），从而可以节约空间，方便安装，可靠供电，美化环境。

高压开关柜按结构型式可分为固定式、移开式（手车式）两大类型。固定式开关柜中，GG-1A 型已基本淘汰，新产品有 KGN，XGN 系列箱型固定式金属封闭开关柜。移开式开关柜主要新产品有 JYN 系列、KYN 系列。移开式开关柜中没有隔离开关，这是因为断路器在移开后能形成断开点，故不需要隔离开关。

高压开关柜按功能作用划分，主要有馈线柜、电压互感器柜、高压电容器柜（GR-1 型）、电能计量柜（PJ 系列）、高压环网柜（HXGN）等。

具体高压开关柜型号及含义如表 6-6 所示。

表 6-6　主要高压开关柜型号及含义

型　　号	含　　　义
JYN2-10, 35	J-"间"隔式金属封闭；Y-"移"开式；N-户"内"；2-设计序号；10, 35-额定电压 kV
GFC-7B（F）	G-"固"定式；F-"封"闭式；C-手"车"式；7B-设计序号；（F）-防误型
KYN□-10, 35	K-金属"铠"装；Y-"移"开式；N-户"内"；□-（内填）设计序号（下同）
KGN-10	K-金属"铠"装；G-"固"定式；其他同上
XGN2-10	X-"箱"型开关柜；G-"固"定式
HXGN□-12Z	H-"环"网柜；其他含义同上；12-表示最高工作电压为 12kV；Z-带真空负荷开关
GR-1	G-高压"固"定式开关柜；R-电"容"器；1-设计序号
PJ1	PJ-电能计量柜（全国统一设计）；1-（整体式）仪表安装方式

开关柜在结构设计上都具有"五防"措施，所谓"五防"即防止误跳、合断路器、防止带负荷拉、合隔离开关，防止带电挂接地线，防止带接地线合隔离开关，防止人员误入带电间隔。

① KYN 系列高压开关柜。KYN 系列金属铠装移开式开关柜是消化吸收国内外先进技术，根据国内特点自行设计研制的新一代开关设备。KYN-10 型开关柜由前柜、后柜、继电仪表室、泄压装置 4 部分组成。这 4 部分均为独立组装后栓接而成，开关柜被分隔成手车室、母线室、电缆式、继电仪表室。

因为有"五防"连锁，故只有当断路器处分闸位置时，手车才能抽出或插入。手车在工作位置时，一次、二次回路都接通；手车在试验位置时，一次回路断开，二次回路仍接通；手车在断开位置时，一次、二次回路都断开。断路器与接地开关有机械连锁，只有断路器处跳闸位置时，手车抽出，接地开关才能合闸。当接地开关在合闸位置时，手车只能推到试验位置，有效防止带接地线合闸。当设备损坏或检修时可以随时拉出手车，再推入同类型备用手车，即可恢复供电，因此具有检修方便、安全、供电可靠性高等优点。

② XGN2-10 型开关柜。XGN2-10 型箱型固定式金属封闭开关柜是一种新型的产品，该产品采用 ZN28A-10 系列真空断路器，也可以采用少油断路器，隔离开关采用了 GN30-10 型旋转式隔离开关，技术性能高，设计新颖。柜内仪表室、母线室、断路器室、电缆室分隔封闭，使之结构更加合理、安全，可靠性高，运行操作及检修维护方便。在柜与柜之间加装了母线隔离套管，避免了一柜故障，波及邻柜。

（2）低压开关柜。低压开关柜又叫低压配电屏，是按一定的线路方案将有关低压设备组装在一起的成套配电装置。其结构形式主要有固定式和抽屉式两大类。

低压抽屉式开关柜，适用于额定电压 380V，交流 50Hz 的低压配电系统中做受电、馈电、照明、电动机控制及功率因数补偿之用。目前有 GCK1，GCL1，GCJ1，GCS 等系列。抽屉式低压开关柜馈电回路多、体积小、占地少，但结构复杂、加工精度要求高、价格高。

低压固定式开关柜目前国内使用的主要有 PGL1、PGL2、GGL 和 GGD 系列等。GGD 型开关柜是 20 世纪 90 年代产品，柜体采用通用柜的型式，柜体上、下两端均有不同数量的散热槽孔，使密封的柜体自下而上形成自然通风道，达到散热的目的，具有分断能力高，动热稳定性好，电气接线方案灵活，组合方便，结构新颖及防护等级高等特点，但是价格较为昂贵。

还有一些新产品，如引进国外先进技术生产的开关柜 OMINO 系列及 MNS 型等。

8. 电力变压器

电力变压器是变电所中最关键的一次设备，其主要功能是将电力系统的电能电压升高或降低，以利于电能的合理输送、分配和使用。

电力变压器的分类形式较多，若按变压功能分，有升压变压器和降压变压器两种，工厂变电所都采用降压变压器。

电力变压器的基本结构，包括铁心和绕组两大部分。绕组又分高压和低压或一次和二次绕组等。图 6-26 是普通三相油浸式电力变压器的结构图。图 6-27 是环氧树脂浇注绝缘的三相干式电力变压器的结构图。

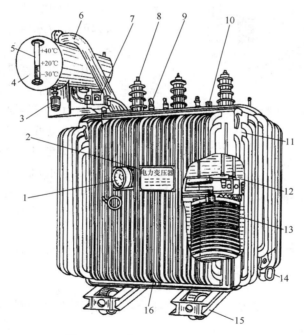

图 6-26 三相油浸式电力变压器

1. 信号温度计；2. 铭牌；3. 吸湿器；4. 油枕；5. 油标；6. 防爆管；7. 气体继电器；
8. 高压套管和接线端子；9. 低压套管和接线端子；10. 分接开关；11. 油箱及散热油管；
12. 铁心；13. 绕组及绝缘；14. 放油阀；15. 小车；16. 接地端子

粮食加工厂在选用电力变压器时应考虑以下原则。

（1）优先选用一台变压器。变压器的容量 S_N 应满足全部用电设备总计算负荷 S_C 要求：$S_N \geqslant S_C$。

过去的设计规范曾规定单台变压器容量不得超过 1000kV·A。这样，变压器可以

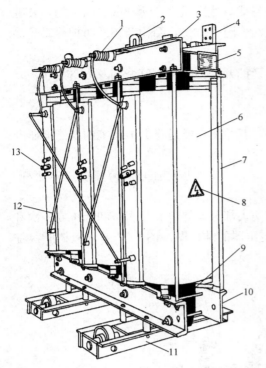

图 6-27　环氧树脂浇注绝缘的三相干式变压器

1. 高压出线套管；2. 吊环；3. 上夹件；4. 低压出线
接线端子；5. 铭牌；6. 环氧树脂浇注绝缘绕组；
7. 上下夹件拉杆；8. 警示标牌；9. 铁心；10. 下夹件；
11. 小车；12. 高压绕组相间连接导杆；
13. 高压分接头连接片

更靠近负荷中心，减少电能损失，也容易满足低压控制电器对电流的要求。近年来随着低压电器制造水平的提高，当用电设备容量过大、负荷集中，且运行经济合理时，也可以选用 $1000 \sim 2000 \text{kV} \cdot \text{A}$ 容量的变压器，与选用多台变压器相比，减少了变压器和高压开关柜的数量，简化了高压主接线。

（2）负荷变动较大时，可选用两台变压器。当选用两台变压器时，应同时满足下面两个条件：

① 任一台变压器单独运行时，可满足总计算负荷 S_C 大约 70% 的需要。

② 任一台变压器单独运行时，可满足全部一、二级负荷的要求。

变压器的台数不宜超过三台。否则，主接线复杂，投资过大。

（3）变压器的总容量应留有 15%～25% 的余量。留有余量是为了满足今后 10～20 年生产发展对电力增容的要求。

变配电所的电气设备除上述设备外，还有低压断路器、电流互感器、电压互感器、避雷器、母线（汇流排）、继电保护装置和测量仪表以及功率因数补偿装置等，在此不一一赘述。

二、工厂供电线路

（一）工厂供电线路及其接线方式

供电线路是工厂供电系统的重要组成部分，担负着输送和分配电能的重要任务。

供电线路按电压等级可以分为高压线路（1kV 以上线路）和低压线路（1kV 及以下线路）；按结构形式可以分为架空线路、电缆线路和车间（室内）线路等。

1. 高压线路的接线方式

（1）单电源供电方式。单电源供电时，高压线路的接线方式有放射式和树干式两种，其各自的特点见表 6-7。

表 6-7　放射式接线和树干式接线对比

名称	放射式接线	树干式接线
接线图	 电源 母线 用户1　用户2　用户3	 电源 母线 干线 1　　2　　3
特点	每个用户由独立线路供电	多个用户由一条干线供电
优点	可靠性高，线路故障时只影响一个用户；操作、控制灵活	高压开关设备少，耗用导线也较少，投资省；易于适应发展，增加用户时不必另增线路
缺点	高压开关设备多，耗用导线也较多，投资大；不适应发展，增加用户，需增加较多线路和设备	可靠性低，干线故障时全部用户停电；操作、控制不够灵活
适用范围	离供电点较近的大容量用户；供电可靠性要求高的重要用户	离供电点较远的小容量用户；不太重要的用户
提高可靠性措施	改为双放射式接线，每个用户由两条独立线路供电；或增设公共备用干线	改为双树干式接线，重要用户由两路干线供电；或改为环形供电

（2）双电源供电方式。双电源供电方式有双放射式、双树干式和公共备用干线式等，此种接线方式是对单电源供电方式的补充。

① 双放射式。即一个用户由两条线路供电，如图 6-28（a）所示。当一条线路故障或失电时，用户可由另一线路保持供电，多用于容量大的重要负荷。

② 双树干式。即一个用户由两条不同电源的树干式线路供电，如图 6-28（b）所示。供电可靠性高于单电源供电的树干式，而投资又低于双电源供电的放射式，多用于容量不太大，离供电点较远的重要负荷。

③ 公共备用干线式。即各用户由单放射式线路供电，同时从公共备用干线上取得备用电源，如图 6-28（c）所示。每个用户都是双电源，又能节约投资和有色金属，可用于容量不太大的多个重要负荷。

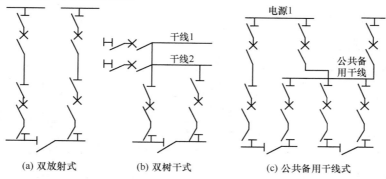

图 6-28　双电源供电的接线方式

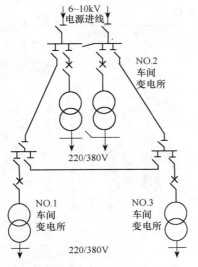

图 6-29　双电源的环形供电方式

（3）环形供电方式。环形供电方式实质是两端供电的树干式，高压线路的环形供电如图 6-29 所示。多数环形供电方式采用"开口"运行方式，即环形线路开关是断开的，两条干线分开运行，当任何一段线路故障或检修时，只需经短时间的停电切换，即可恢复供电。环形供电线路适用于允许短时间停电的二、三级负荷供电。环网供电技术在各城市电网中得到广泛应用，具有很好的经济效益和技术指标。

总的来说，工厂高压线路的接线应力求简单、可靠。运行经验证明，供电线路如果接线复杂，层次过多，因误操作和设备故障而产生的事故也随之增多，处理事故和恢复供电的操作也比较麻烦，从而延长了停电时间。同时由于环节较多，继电保护装置相应复杂，动作时限相应延长，对供电系统的继电保护十分不利。

此外，高压配电线路应尽可能深入负荷中心，以减少电能损耗和有色金属的消耗量；同时尽量采用架空线路，以节约投资。

2. 低压线路的接线方式

工厂低压线路也有放射式、树干式和环形等几种基本接线方式。

（1）放射式。图 6-30 为低压放射式接线。它的特点是：发生故障时互不影响，供电可靠性较高，但在一般情况下，其有色金属消耗较多，采用开关设备也较多，且系统灵活性较差。这种线路多用于供电可靠性要求较高的车间，特别适用于对大型设备的供电。

（2）树干式。图 6-31 为低压树干式接线。树干式接线的特点正好与放射式相反，其系统灵活性好，采用开关设备少，有色金属消耗也少；但干线发生故障时，影响范围大，所以供电可靠性较低。低压树干式接线在工厂的机械加工车间、机修车间和工具车间中应用相当普遍，因为它比较适用于供电容量小，且分布较均匀的用电设备组，如机床、小型加热炉等，见图 6-31（a）。

图 6-31（b）为变压器-干线式。这种接线省去了整套低压配电装置，使变电所结构简化，投资降低。

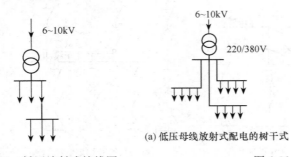

(a) 低压母线放射式配电的树干式

(b) 低压"变压器-干线组"树干式

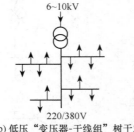

图 6-30　低压放射式接线图　　　　　　　　图 6-31　低压树干式接线

图 6-32 为一种变形的树干式接线，即链式接线。链式接线的特点与树干式接线相同，适用于用电设备距供电点较远而彼此相距很近，容量很小的次要用电设备。但链式相连的用电设备，一般不宜超过 5 台，总容量不超过 10kW。

（3）环形供电。图 6-33 为一台变压器供电的低压环形接线。一个工厂内所有车间变电所的低压侧，可以通过低压联络线互相接成环形。

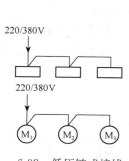

6-32 低压链式接线

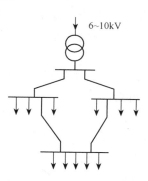

图 6-33 低压环形接线

环形接线供电可靠性高，任一段线路发生故障或检修时，都不至于造成供电中断，或者只是暂时中断供电，只要完成切换电源的操作，就能恢复供电。环形供电可使电能损耗和电压损耗减少，既能节约电能，又容易保证电压质量。但其保护装置及其整体配合相当复杂，如配合不当，易发生误动作，扩大故障范围。实际上，低压环形接线通常采取"开口"运行方式

在工厂的低压配电系统中，往往是几种接线方式的有机组合，依具体情况而定。不过在正常环境的车间或建筑内，当大部分用电设备容量不大且无特殊要求时，宜采用树干式配电，这主要是因为树干式配电较放射式配电经济且有成熟的运行经验。实践证明，低压树干式配电在一般正常情况下能够满足生产要求。

（二）工厂供电线路的结构与敷设

1. 架空线路的结构与敷设

架空线路是利用电杆架空敷设裸导线的户外线路。具有投资少，易于架设，维护和检修方便，易于发现和排除故障等优点，因此，过去在工厂中应用比较普遍。但是架空线路直接受大气影响，易遭受雷击和污秽空气的危害，且要占用一定的地面和空间，有碍交通和观瞻，因此受到一定的限制。现代化工厂有逐渐减少架空线、改用电缆线路的趋向。

架空线路一般由导线、电杆、绝缘子和线路金具等组成，具体结构见图 6-34。为了防雷，有些架空线路（35kV 及以上线路）装设了避雷线（架空地线）；为了加强电杆的稳固性，有些电杆安装了拉线或扳桩。

（1）架空线路的导线。导线是线路的主体，担负着输送电能的任务。它架设在电杆上边，不仅承受自身重量和各种外力的作用，而且还承受大气中各种有害物质的侵蚀，因此；导线除了应具有良好的导电性外，还应具有一定的机械强度和耐腐蚀性，要尽可

能地质轻而价廉。

导线材质有铜、铝和钢。铜的导电性最好，机械强度也相当高，然而铜是贵重金属，应尽量节约；铝的机械强度较差，但其导电性较好，且具有质轻、价廉的优点，因此在能以铝代铜的场合，宜尽量采用铝导线；钢的机械强度很高而且价廉，但其导电性差，功率损耗大，对交流电流来说还有磁滞涡流损耗（铁磁损耗），并且在大气中容易锈蚀，因此钢导线在架空线路上一般只作避雷线使用，且使用镀锌钢绞线。

架空导线一般采用裸导线（仅有导体而无绝缘层的电线），按其结构分，有单股和多股绞线（截面 $10mm^2$ 以上的导线都是多股绞合的），一般采用多股绞线。工厂里最常用的是铝绞线（LJ）。在机械强度要求较高的和 35kV 及以上的架空线路上，则多采用钢芯铝绞线（LGJ）。

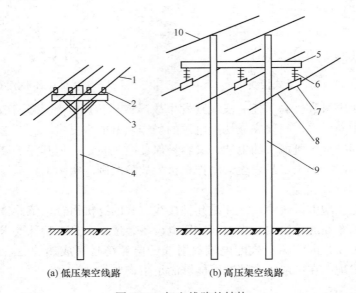

(a) 低压架空线路　　　　　(b) 高压架空线路

图 6-34　架空线路的结构

1. 低压导线；2. 针式绝缘子；3. 横担；4. 低压电杆；5. 横担；6. 绝缘子串；
7. 线夹；8. 高压导线；9. 高压电杆；10. 避雷线

对于工厂和城市中 10kV 及以下的架空线路，当安全距离难以满足要求、邻近高层建筑及在繁华街道或人口密集地区、空气严重污秽地段和建筑施工现场，按《66kV 及以下架空电力线路设计规范》（GB 50061—1997）规定，可采用绝缘导线。

（2）架空线路的敷设。敷设架空线路，要严格遵守有关技术规程的规定。整个施工过程中，要重视安全教育，采取有效的安全措施，特别是立杆、组装和架线时，更要注意人身安全，防止发生事故。竣工后要按照规定的手续和要求进行检查和验收，确保工程质量。

选择架空线路路径时，应考虑以下原则：

① 路径要短，转角尽量少。尽量减少与其他设施交叉，当与其他架空线路或弱电线路交叉时，其间距及交叉点或交叉角应符合《66kV 及以下架空电力线路设计规范》（GB 50061—1997）规定。

② 尽量避开河洼和雨水冲刷地带、不良地质地区及易燃、易爆等危险场所。

③ 不应引起机耕、交通和人行困难。

④ 不宜跨越房屋，应与建筑物保持一定的安全距离。

⑤ 应与工厂和城镇的总体规划协调配合，并适当考虑今后的发展。

导线在电杆上的排列方式如图 6-35，有水平排列（a、f），三角形排列（b、c），也可水平、三角混合排列（d）及双回路垂直（e）。对三相四线制低压架空线路的导线，一般采用水平排列，由于中性线电位在三相均衡时为零，且其截面一般较小，机械强度较差，所以中性线一般架设在靠近电杆的位置。电压不同的线路同杆架设时，电压较高的线路应架设在上边，电压较低的线路架设在下边。

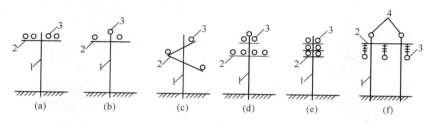

图 6-35　导线在电杆上的排列方式
1. 电杆；2. 横担；3. 导线；4. 避雷线

2. 电缆线路的结构与敷设

电缆线路是利用电力电缆敷设的线路。与架空线路相比，具有成本高、投资大、不便维修、不易发现和排除故障等缺点，但是电缆线路具有运行可靠、不易受外界影响、不需架设电杆、不占地面、不碍观瞻等优点，特别是在有腐蚀性气体和易燃易爆场所，不宜架设架空线路时，只有敷设电缆线路。在现代化工厂和城市中，电缆线路得到了广泛的应用。

（1）电缆和电缆头。电缆是一种特殊结构的导线，主要由线芯、绝缘层和保护层三部分组成。

线芯导体要有好的导电性，一般由多根铜线或铝线绞合而成。

绝缘层作为相间及对地的绝缘，其材料随电缆种类不同而异。如油浸纸绝缘电缆以油浸纸作为绝缘层，塑料电缆以聚氯乙烯或交联聚乙烯作为绝缘层。

保护层又可分为内护层和外护层两部分，内护层直接用来保护绝缘层，常用的材料有铅、铝和塑料等。外护层用以防止内护层免受机械损伤和腐蚀，通常为钢丝或钢带构成的钢铠，外覆沥青、麻被或塑料护套。

电缆头包括电缆中间接头和电缆终端头。按使用的绝缘材料或填充材料可分为填充电缆胶的、环氧树脂浇注的、缠包式和热缩材料电缆头等。由于热缩材料电缆头具有施工简便、价格低廉和性能良好等优点而在现代电缆工程中得到推广应用。电缆头是电缆线路的薄弱环节，电缆线路的大部分故障都发生在电缆接头处。若电缆头本身缺陷或安装质量有问题，往往造成短路故障，因此在施工和运行中要由专业人员进行操作。

电缆的种类很多，按缆芯材料分为铜芯电缆和铝芯电缆；按绝缘材料可分为油浸纸绝缘电缆（图6-36）和塑料绝缘电缆，塑料绝缘电缆包括聚氯乙烯绝缘及护套电缆和交联聚乙烯绝缘聚氯乙烯护套电缆（图6-37）；还有正在发展中的低温电缆和超导电缆。

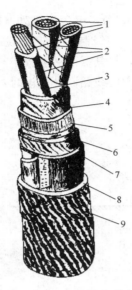

图6-36　油浸纸绝缘电力电缆

1. 缆芯；2. 油浸纸绝缘层；3. 麻筋（填料）；
4. 油浸纸（统包绝缘）；5. 铅包；
6. 涂沥青的纸带（内护层）；
7. 浸沥青的麻被（内护层）；
8. 钢铠（外护层）；9. 麻被（外护层）

图6-37　交联聚乙烯绝缘电力电缆

1. 缆芯；2. 交联聚乙烯绝缘层；
3. 聚氯乙烯护套（内护层）；
4. 钢铠或铅铠（外护层）；
5. 聚氯乙烯外套（外护层）

油浸纸绝缘电缆具有耐压强度高、耐热性能好和使用方便等优点，但因为其内部有油，因此其两端安装的高度差有一定的限制。塑料绝缘电缆具有结构简单、制造加工方便、重量较轻、敷设安装方便、不受敷设高度限制以及能抵抗酸碱腐蚀等优点。交联聚乙烯绝缘电缆电气性能更优异，因此在工厂供电系统中有逐步取代油浸纸绝缘电缆的趋势。

（2）电缆的敷设。选择电缆敷设路径时，应考虑以下原则：

① 避免电缆遭受机械外力、过热、腐蚀等的危害。

② 在满足安全要求条件下应使电缆较短。

③ 便于敷设和维护。

④ 避开将要挖掘施工的地方。

工厂中常用电缆的敷设方式有直接埋地（图6-38）、电缆沟（图6-39）、电缆桥架（图6-40）。而在发电厂、大型工厂和现代化城市中，还有采用电缆排管和电

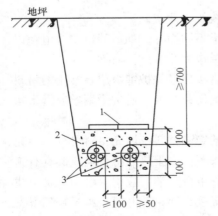

图6-38　电缆直接埋地敷设

1. 保护盖板；2. 砂；3. 电力电缆

缆隧道等敷设方式。实际敷设电缆时，一定严格遵守有关技术规程的规定和设计的要求，竣工以后，要按规定的手续和要求进行检查和验收，确保线路的质量。

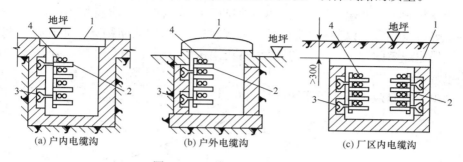

图 6-39　电缆在电缆沟内敷设
1. 盖板；2. 电缆支架；3. 预埋铁件；4. 电缆

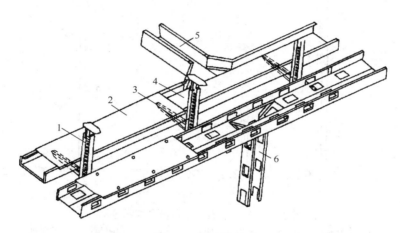

图 6-40　电缆桥架
1. 支架；2. 盖板；3. 支臂；4. 线槽；5. 水平分支线槽；6. 垂直分支线槽

3. 车间线路的结构与敷设

车间供电线路一般采用交流 220/380V、中性点直接接地的三相四线制供电系统，包括室内配电线路和室外配电线路。室内（即车间内）配电线路的干线采用裸导线或绝缘导线，特殊情况采用电缆；室外配电线路指沿车间外墙或屋檐敷设的低压配电线路，均采用绝缘导线，也包括车间之间短距离的低压架空线路。

绝缘导线按线芯材料分为铜芯和铝芯两种，根据"节约用铜，以铝代铜"的原则，一般优先选用铝芯导线。但在易燃、易爆或其他特殊要求的场所应采用铜芯绝缘导线。

绝缘导线按外皮的绝缘材料分为橡皮绝缘和塑料绝缘两种，塑料绝缘导线绝缘性能良好，耐油和抗酸碱腐蚀，价格较低，在户内明敷或穿管敷设时可取代橡皮绝缘导线，但其在高温时易软化，在低温时变硬变脆，故不宜在户外使用。

车间内常用的裸导线为 LMY 型硬铝母线，在干燥、无腐蚀性气体的高大厂房内，当工作电流较大时，可采用 LMY 型硬铝母线作载流干线。按规定裸导线 A、B、C 三相涂漆的颜色分别对应为黄、绿和红三色，N 线、PEN 线为淡蓝色，PE 线为黄绿双色。

现代化粮食工厂普遍采用自控和集中控制。所有电机低压设备均集中在一个低压柜中，一般靠近自控室，以节省控制线路。而启停程序控制线路则集中布置在自控室内。这样，电缆电线急剧增多，传统的埋管安装已不适应要求，通常采用带有盖板的桥架安装电缆电线。

车间电力线路敷设方式示意图参见图 6-41。

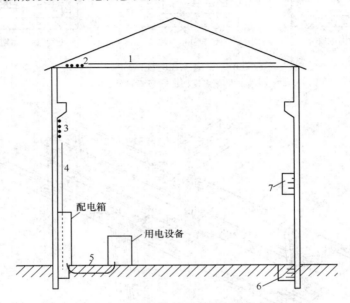

图 6-41　车间电力线路敷设方式示意图

1. 沿屋架横向明敷；2. 跨屋架纵向明敷；3. 沿墙或沿柱明敷；4. 穿管明敷；
5. 地下穿管暗敷；6. 地沟内敷设；7. 封闭型母线（插接式母线）

（三）导线的选择

1. 导线和电缆截面的选择方法

为保证供电系统安全、可靠、优质、经济的运行，选择导线和电缆截面时必须符合下列条件。

（1）发热条件。导线和电缆在通过正常最大负荷电流（即计算电流）时产生的发热温度，不应超过其正常运行的最高允许温度。

（2）电压损耗条件。导线和电缆在通过最大负荷电流时产生的电压损耗，不应超过正常运行时允许的电压损耗。

（3）经济电流密度。高压线路和特大电流的低压线路，应按规定的经济电流密度选择导线和电缆的截面，以使线路的年运行费用接近最小，从而节约电能和有色金属。

（4）机械强度。导线的截面应不小于允许截面，以满足机械强度的要求。

粮食加工厂中大多为低压动力线路，因其负荷电流较大，根据设计经验一般先按发热条件来选择导线和电缆截面再校验其电压损耗和强度。实际上机械强度一般不详细计算。

2. 按发热条件选择导线和电缆截面

电流通过导线（架空线或电缆线）要产生电能损耗，使导线发热，这部分热量一部分发散到周围的空中，另一部分使导线的温度升高。当导线的温度过高时，将使绝缘损坏，接头处氧化加剧，增大接头接触电阻，甚至发展到断线。因此，必须使导线的发热温度不越过通常允许值。

中性线的截面选择：在三相四线制线路中，根据规定，中性线截面不得小于相线截面的 50%（常取相线截面的 60%）；对单相线路，如照明线路，由于通过的电流与相电流相同，因此中性线截面应与相线截面相同。

任务三　车间照明和电气控制

一、车间照明

车间照明对于提高生产效率和产品质量，减少事故和保护工人视力都具有重要的作用。

常用照明系统采用变压器供电，其正常照明电源接自干线总开关之前，在粮食工厂中，一般采用干线式供电，总配电箱在底层。

车间照明配电应满足以下要求。

（1）工作面应有足够的亮度。

（2）视野内和工作的宽度要分布均匀。

（3）照明装置不应炫目，避免直射和反射闪光。

（4）照明必须稳定。

车间内一般可采用日光灯照明。当车间内旋转部件敞露的设备较多时，则不宜采用日光灯照明。局部照明时考虑安全因素，宜采用安全电压（36V 以下）供电（见表 6-8）。

表 6-8　局部照明时的最低照度

照明范围内安装的设备	最低照度参考值/lx
磨粉机、平筛、清粉机	75
碾米机、白米分级设备、配料秤、自动秤	50
原料清理设备、谷糙分离设备、粉碎机、混合机、着水设备、打包设备	30
脉冲除尘器、风机、关风器、刹克龙、斗式提升机机头、螺旋输送机、胶带输送机、埋刮板输送机，下料坑，接料器	20
斗式提升机机座、连廊	20

车间内照明设计应与配电设计一起考虑。在动力照明图中，应注有灯的具体位置，开关位置及电线规格。

二、电气控制

1. 电气图的分类

按照表达形式和用途的不同，电气图可分为十种。

（1）系统图或框图。用符号或带注释的框概略表示系统或分系统的基本组成、相互关系及其主要特征的一种简图。

（2）电路图。用图形符号并按工作顺序排列，详细表示电路、设备或成套装置的全部组成和连接关系，而不考虑其实际位置的一种简图。其目的是便于详尽理解作用原理、分析和计算电路特性，所以这种图又称为电气原理图或原理接线图。

（3）功能图。表示理论的或理想的电路而不涉及实现方法的一种图，其用途是提供绘制电路图或其他有关图的依据。

（4）逻辑图。主要用二进制逻辑（"与"、"或"、"异或"等）单元图形符号绘制的一种简图，其中只表示功能而不涉及实现方法的逻辑图，称为纯逻辑图。一般的数字电路图就属于这种图。

（5）功能表图。表示控制系统（如一个供电过程）的作用和状态的一种图。这种图往往采用图形符号和文字叙述相结合的表示方法，用以全面描述控制系统的控制过程、功能和特性，但不考虑具体执行过程。

（6）等效电路图。表示理论的或理想的元件（如 R、L、C）及其连接关系的一种功能图。供分析、计算电路特性和状态之用。

（7）程序图。详细表示程序单元和程序段及其互连关系的一种简图。其目的是用于对程序运行的理解。如常见的计算机程序图。

（8）接线图或接线表。表示成套装置、设备或装置的连接关系，用以进行接线和检查的一种简图或表格。

（9）数据单。对特定项目给出详细信息的资料。例如，对某元器件编制数据单，列出它的工作参数，供调试、检测、维修之用。

（10）位置简图或位置图。表示成套装置、设备或装置中各个项目的位置的一种图，统称为位置图。

位置简图一般是指用图形符号绘制的图，用来表示一个区域或一个建筑物内成套电气装置中的元件位置和连接布线。如电气图中的单元接线图、电气和照明布置图。

位置图一般是指用投影法绘制的图，根据描述对象的不同，它可以用来表示一个地理区域、一个建筑物或一个设备中的各个项目的位置。

2. 电力和照明线路表示方法

电力和照明线路在平面图上采用图线和文字符号相结合的方法表示出线路的走向、导线的型号、规格、根数、长度、线路配线方式、线路用途等。

应当指出，这些文字符号基本上是按汉语拼音字母组合的，新标准还未明确规定，仅供参考。

（1）线路配线方式的标注符号。

基本符号：M-明配，A-暗配。

具体符号：

CB-槽板配线；　　　　　　　　　XC-塑料线槽配线；

CP-瓷瓶或瓷珠配线；　　　　　　DG-电线管（薄壁钢管）配线；

CJ-瓷夹配线；　　　　　　　　　VG-硬塑料管配线；

VJ-塑料线夹配线；　　　　　　　RVG-软塑料管配线；

SPG-蛇铁皮管配线；　　　　　　QD-卡钉（钢筋扎头）配线。

（2）表示线路明配部位的符号。

S-沿钢索配线；　　　　　　　　　QM-沿墙明配；

LM-沿梁或屋架下弦明配；　　　　PM-沿天棚明配；

ZM-沿柱明配；　　　　　　　　　DM-沿地板明配。

（3）表示线路暗配部位的代号。

LA-在梁内暗配或沿梁暗配；　　　PA-在顶棚或屋面内暗配；

QA-在墙体内暗配；　　　　　　　DA-在地面下或地板下暗配。

（4）线路标注一般格式。

线路标注的一般格式如下：

a-d（e×f）-g-h；　　　　　　　　b-线路编号或功能的符号；

c-导线型号；　　　　　　　　　　d-导线敷设部位的符号；

e-导线根数；　　　　　　　　　　f-导线截面积（mm²）；

g-导线敷设方式的符号。

图 6-42 是说明电力和照明线路在平面图上的表示方法的示例。

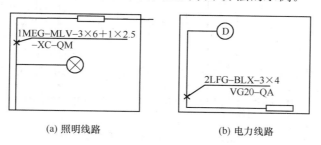

(a) 照明线路　　　　　　　　　　(b) 电力线路

图 6-42　线路表示方法示例

线路各符号含义：

"1MFG-BLV-3×6+1×2.5-XC-QM"的含义是：第 1 号照明分干线（1MFG）；导线型号是铝芯塑料绝缘线 [BLV，共有 4 根导线，其中 3 根 6mm²，另一根中性线为 2.5mm²；配线方式为塑料线槽配线（XC）；敷设部位为沿墙明敷（QM）]。

"2LFG-BLX-3×4-VG20-QA"的含义是：2 号动力分干线（2LFG）；铝芯橡皮绝缘线（BLX）；3 根导线均为 4mm²；穿直径（外径）为 20mm 的硬塑料管（VG20）；沿墙暗敷（QA）。

3. 粮食加工厂电气图实例分析

(1) 电气系统图。电气系统图常与设备元件表绘制在一起，可清晰地表达电气系统中各电气设备之间的控制、保护和分配关系，也系统地列出了电能在被分配过程中所采用控制、计量和保护元件的型号和规格。

在图 6-43 所示车间电气系统中：电源进线采用电缆进线，根据生产工艺的控制要求，电源分为 1DL（麦间）、2DL（磨粉机）、3DL（粉间）、4DL（照明和自控）四条干线，1DL、2DL、3DL 供电容量大，4DL 供电容量仅有几个千瓦，所以仅对 1～3 进线电缆配用计量柜（DP-16 未画出）进行保护和计量（包括电压、电流、功率因数、有功功率、无功功率等），4DL 直接进入 DP-17 分配柜。1～3DL 电缆经计量柜计量后分别进入 DP-18、DP-19、DP-20 分配柜，各柜又按所控设备的工艺位置不同将电能再分配，如 1DL 分为 1DL1（麦 1、2 层），1DL2（麦 4、5、6 层）三条支线，分别对不同楼层的设备供电。

1DL1 的线路保护，采用空气断路器型号为 D2-100/330，具有复式脱扣器，脱扣器额定电流为 40A。

1DL 采用 HD13 系列刀开关作为隔离开关，以方便维修。

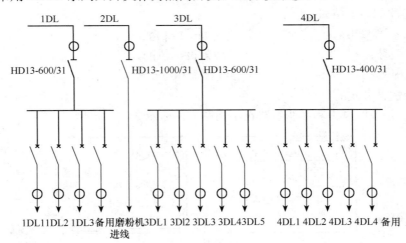

图 6-43　某车间的电力系统图

(2) 电力平面图。电力平面图是用来表示电动机等动力设备、配电箱的安装位置和供电线路敷设路径、敷设方法的平面图。图 6-44 是某车间的二层电力平面图。

① 动力柜的布置及现场控制箱的安装。动力柜集中布置在配电室内，如 DP-13～DP-15、DP3～DP6，柜体的下面和北面均留有较大余地以便维护和操作。现场控制箱 KX-4、KX-16，采用直挂墙明敷安装。

② 线缆布置。线缆的布置是线缆的走向、型号、规格、长度（随建筑物尺寸而变）、敷设方式等，该电力平面图中，大多数线路采用桥架布线方式，桥架型号为 P-01-15-2 托盘式直通桥架，桥架的高度为 150mm，宽为 200mm，桥架安装在本层地板下，电机配线从桥架引出穿过本层地板明敷至各电机。图中少数导线采用穿管布线，例：BV-4×

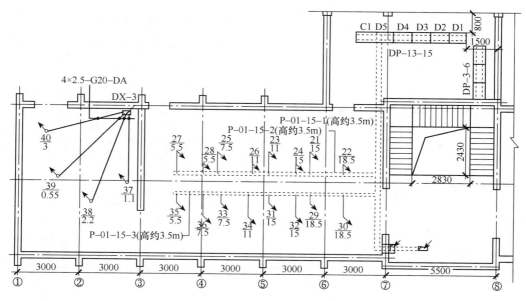

图 6-44　某车间二层电力平面图

2.5-G20-DA，即采用 4 根 2.5mm² 的聚氯乙烯导线穿入 ϕ20mm 的钢管，在本层地板中暗敷至电机。

③ 电力设备配置情况。图 6-44 中电动机位置、编号及容量的标注含义如下。

$\dfrac{18}{0.37}$、$\dfrac{19}{0.37}$ 表示电机编号为 18、19，电机功率均为 0.37kW。

（3）照明平面图。照明平面图可以表示出建筑物内灯具的布局、灯具的型号及数量、控制开关和电源插座的位置等，图 6-45 是某车间一层照明平面图。

（4）与工艺布置和土建的配合：照明灯具的布置既要考虑到工艺设备操作、维修所需照度的要求，又要考虑建筑的墙体、门窗、楼梯、承重梁的平面结构对照度和供电线路走向的影响。

（5）照明线路：照明线路采用焊接钢管暗敷，当多回路共管时，为了便于穿线可视情况放大管径，一般用 G15～G20，各支线采用 BV-2×2.5，即截面为 2.5mm² 的塑料绝缘铜线。

（6）照明设备：图 6-45 中照明设备包括照明配电箱、灯具、开关、电源插座等。

照明灯采用荧光灯、吸顶灯、防水防尘灯（GC11）等。灯具安装方式为链吊式（L）、管吊式（G）、吸顶式（D）和壁挂式。

照明配电箱 XM1 对本层楼的照明电进行分配和保护，它控制的照明回路共有 11 路（N1～N11）。远离照明配电箱的房间和楼梯间要用乒乓开关作为照明控制，如 N7 回路和 N11 回路。

灯具型号的标注：

10-GC11 $\dfrac{1\times60}{}$ D 表示该房间有 10 盏广照型防水防尘灯（GC11），每盏灯具安装有 1 支 60W 灯泡，灯具采用吸顶安装。

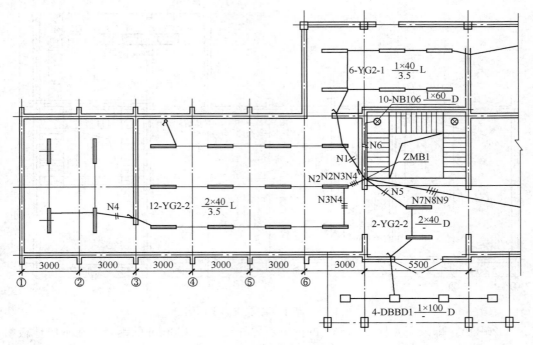

图 6-45　某车间一层照明平面图

$12\text{-}YG2\text{-}2\dfrac{2\times40}{3.5}L$ 表示该楼层所有房间共有 12 盏荧光灯、双管 80W，高度约为 3.5m，吊链式安装。

三、自动控制的应用

（一）面粉生产的自动控制系统

1. 面粉生产过程的特点及对控制系统的要求

根据面粉生产的工艺流程，面粉生产对自动控制系统要求有：

（1）面粉生产工艺流程的实时监控，对面粉生产工艺设备和电机运行情况和各种现场检测装置的状态实时显示和控制。

（2）按工艺段落，如毛麦清理，光麦清理，研磨，风运和筛理，对各工艺段落完成程序启动，程序停止及故障检测和处理。

（3）对毛麦秤、净麦秤和面粉打包秤等生产数据实时采集，并通过计算处理形成生产数据的各种报告、曲线及趋势图。

（4）对生产过程中的故障及现场检测装置的状态实时检测、记录及产生报警输出。

（5）进出仓的选择和自动换仓。

（6）磨粉机离合闸的控制来保证粉间物料的平衡和质量的稳定。

（7）斗提机的失速检测及控制，绞龙的堵料控制，高压风机的蝶阀控制等。

（8）风网的工艺连锁选择和启动控制。

2. 控制系统的组成

（1）硬件。

① MCC（电机控制中心）柜，数量据电机多少而定。

② PLC（可编程逻辑控制器），据控制点数而定。

③ 工业控制计算机主机、显示器、打印机。

④ 各种现场信号的采集装置，如：料位器、行程开关等。

（2）软件。

① Windows 98 操作系统。

② Intouch Ifix 或 Kingview 等工业控制组套软件。

③ PLC 编程软件。

④ SQL Sever 7.0 数据库管理软件。

（3）面粉生产的自动控制系统完成的功能。

① PLC 完成的功能。

a. 程序控制主模块（设备自诊断、外部信号确认、信号联锁、时钟和通讯）。

b. 分段程序启动（逆物流方向）。

c. 分段程序停止（顺物流方向）。

d. 电动机异常情况处理。

e. 风网连锁启动与停止。

f. 斗提机的速度检测与连锁控制。

g. 生产数据的采集和处理。

h. 与上位计算机通讯和数据传输。

② 生产控制计算机完成的功能。

a. 显示面粉生产的工艺过程。

b. 显示设备的运行状态。

c. 显示面粉生产的实时流量（如毛重、净重及各种面粉）。

d. 生成各种生产数据报告和方便的查询系统，可以方便地查询小时、班、日、月的各种生产数据。

e. 显示各种面粉产量及电耗的彩色饼图、直方图。

f. 自动记录生产过程的异常情况。

g. 生产控制过程的远程监视。

h. 生产数据的网上传播和共享。

（二）大米加工的自动控制系统

1. 大米加工厂的特点及对控制系统的要求

大米加工车间的生产过程是一个连续的生产过程，从原料的清理、稻谷的砻谷、谷糙的分离、碾白和白米分级等工序，新型的大米生产过程中还包括了抛光和色选等先进工序，从而保证大米加工的精度和白度质量。为保证设备运行时流量的稳定性，各个设备在进料前多数都设置了缓冲仓。采用运行速度较低的提升和输送设备，减少原料和成品的破碎率以增加出米率。根据大米加工生产的过程，对控制系统的要求如下。

（1）按逆物料的顺序逐台启动生产设备，将缓冲仓的高、低料位与设备的运行联锁。

（2）按顺物料的顺序逐台停止各生产设备，在停止生产设备前要保证物料已经走尽，做到料尽车停。

（3）通过监视碾米机的电流大小，分析碾米机的碾白效果，指导碾米机的操作。

（4）控制和调节色选机的控制参数，从而保证色选效果。

（5）采集稻谷、净谷和成品的数据，统计形成生产数据报告、曲线、饼图等。

（6）实时记录、显示或打印生产设备的各种故障，并产生语音报警。

（7）记录生产设备的运行时间，为设备的维护、保养提供依据。

2. 控制系统的组成

（1）硬件。

① MCC（电机控制中心）柜，数量据电机多少而定。

② PLC（可编程逻辑控制器），据控制点数而定。

③ 工业控制计算主机、显示器、打印机。

④ 各种现场信号的采集装置，如料位器、行程开关等。

（2）软件。

① Windows 98 操作系统。

② Intouch Ifix 或 Kingview 等工业控制组套软件。

③ PLC 编程软件。

④ soL Sever 7.0 数据库管理软件。

3. 大米加工控制系统完成的功能

通过计算机的监控软件，完成对大米生产过程的监视和控制，PLC 作为下位机采集和执行计算机发布的命令，MCC 柜由保护和控制电机运行的元件组成，完成电机的运行保护和远距离控制。

由 MCC 柜、现场检测装置（料位、速度监视器、称重仪表等）、PLC 和工业控制计算机组成大米加工控制系统，据大米加工工艺特点，控制系统主要完成功能有：

（1）按物料输送的顺序停止设备，保证料尽车停。

（2）按逆物料顺序启动所有带物料输送设备。

（3）实时故障信息显示、记录、语音报警及打印。

（4）实时显示生产数据，以小时、班、日产量记录。

（5）完成各种查询功能，如故障查询、生产数据的小时、日、月等查询。

（6）生产数据形成曲线图、饼图并可生成自动趋势分析曲线。

（7）生产过程的远程监视和生产数据的远传通讯。

（三）饲料配料的自动控制系统

1. 饲料配料的工艺特点及对控制系统的要求

根据饲料配料的工艺流程可以看出，饲料生产的配料过程由配料秤及相应的喂料器、阀门和混合机组成。被配方选中的喂料器应同时喂料入相应的秤，全部称重完成，所有秤同时放料入混合机，混合机按设定的时间进行混合，达到混合时间，混合机打开料门放料输送入成品仓。

为保证饲料的质量和为后面的工序（如制粒工序）提供好的原料，根据配方的设定，必须保证每种物料的喂料准确性，同时也要保证配料过程的速度和稳定性。

2. 饲料配料系统的组成

（1）硬件。整个饲料配料系统的硬件组成应包括 MCC、PLC、控制计算机、串口通讯专用模块、秤重仪表及传感器等。

（2）软件。

① Windows 98 操作系统或更高。

② Intouch、Ifix、或 Kingview 等工业控制组套软件。

③ PLC 编程软件。

④ 串口通讯软件（Protocol software）。

⑤ 数据及配方管理的数据库软件。

⑥ 多屏显示控制软件。

3. 饲料配料控制系统完成的功能

（1）友好的软件操作界面。软件的菜单应引导操作人员一步一步地到配方、参数表、报告、存储和打印等。友好的操作方式是操作人员在系统出现提示信息后，仅需要作出"是/不是"或"接受/拒绝"的选择。

（2）可以存储所有原料仓和成品仓的存储量、并且可以手动输入进原料仓原料量和成品仓的输出量。

（3）按照配方的出料次序，顺序按配方重量先粗喂料，后细喂料，以保证喂料及配料精度。

（4）每种物料的实际喂料量与此物料高低误差比较后，产生提示报警，并显示出一系列的引导式操作。

（5）控制系统应可以实时捕捉实时称重值和稳态称重值。

（6）通过调速装置完成高低速喂料。

（7）每种物料净重值在喂料启动时自动回零。

（8）落料值的自动补偿，称重物料误差的设定。

（9）自动慢喂料（一般慢速点动喂料 3 次）。

（10）手动加料，混合机保持。

（11）报警信息：

——固体秤；

　　——秤处于保持中；

　　——物料超重；

　　——物料重量不足；

　　——无物料进入秤；

　　——在设定时间内秤未缺空；

　　——秤门未打开或关闭；

　　——手动加料；

　　——手动加料未确认；

　　——液体秤；

　　——无流量；

　　——液体料超重；

　　——液体料不足；

　　——在设定的时间内液体泵未完成输送；

　　——混合机；

　　——混合机未运行；

　　——混合机未缺空；

　　——混合机门未打开、关闭；

　　——混合机卸料中止；

　　——混合机下仓未空；

　　——混合机未准备好；

　　——混合机处于保持中。

（12）生成如下各种报告。

　　——原料报告表；

　　——成品登记表；

　　——配方表、显示各种物料代码、存储仓号和设定重量；

　　——正常完成批次物料使用报告；

　　——终止配料批次报告；

　　——每日配料情况报告；

　　——每月配料情况报告；

　　——报警报告；

　　——每月设备运行时间报告。

（四）机械化粮仓的自动控制系统

1. 粮食输送系统的特点及对控制系统的要求

　　粮食输送系统一般由粮食接收进仓、粮食发放、周转倒仓及湿粮烘干等几个环节组成，除此之外，还有除尘风网系统、空气压缩、计量系统等。将直接参与粮食输送的工艺流程及设备称为主流程、主设备，而那些不直接参与粮食输送的工艺及设备，如除尘

风网设备等,称之为辅助性工艺及辅助性设备。通过对工艺流程的了解及归纳,不难发现粮食输送过程具有如下一些特点:

粮食输送过程,其机械化程度高,大中型容量的设备电机多,且分散在多层生产性工业厂房,加上闸阀门、料位、设备保护装置(防堵、跑偏、测速等),控制监测点较多。

整个输送过程系统由若干条路径构成,根据功能及路径可以将系统分为若干个工段,在每一个工段中,输送过程是连续的。

工段与工段之间是以仓界分隔开的,因此,整个输送过程中各工段之间可以互不干扰,通过生产调度,同时或单独运行。

粮食输送工艺对控制系统的要求:

(1)为保证粮食输送过程中连续流畅,主流程中的各个设备,在启动过程中应逆物料流向逐台顺序延时启动,而在停车过程中,则应顺物料流向延时停车,以保证设备中的物料尽可能地全部排空。

(2)在粮食输送过程中,主流程的任何一台设备发生故障,要求以该故障设备为界,来料方向的所有设备至发生故障的设备立即联锁停车,以防堵料,其余的设备则顺序延时停车。

(3)启动有关工段之前,除尘风网设备必须优于于工段启动运行,而滞后于工段停车,以保证生产过程中的除尘效果。

(4)粮仓的分配与使用是由调度员安排的,在此各粮仓的进料闸门及放料闸门,应该可灵活选择控制,在设备启动前,应首先打开相应的进料闸门,流程设备启动之后且运行正常,再打开放料闸门投料,一旦发生故障,应首先关闭放料闸门停止投料。

(5)为保证生产过程的安全可靠性,即使在自动运行状态下,现场发现故障,也应能及时联锁停车。

(6)应考虑设备安装调试及检修的方便,现场应设手动操作按钮。

(7)整个粮食输送过程中集中控制室内应能直观监视控制,发生故障应能及时报警,便于检修。

2. 粮食供应输送控制系统基本构成

粮食供应输送 PLC 控制系统框图(见图 6-46)。

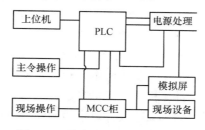

图 6-46 粮食输送 PLC 控制系统

各部分功能如下:

(1)PLC 作为控制主机安装在 PLC 框内,通过其 I/O 模块,接收来自 MCC 柜内的交流接触器、保护元器件（自动空气开关、接收器、现场程序运行）等动作输入信号以及操作台上控制按钮主令信号，根据程序运行的结果发出输出信号控制 MCC 柜内的交流接触器动作，从而达到控制监测现场设备运行的目的。

（2）MCC 柜即电动机控制中心，安装控制回路中的交流接触器、自动空气开关、热继电器、中间继电器、电流互感器等电器元器件，对被控设备实行驱动控制以及短路、过载保护等功能。

（3）现场操作按钮箱安装在现场各楼层，实现控制系统的手/自动操作转换，在现场对单台设备实现手动启、停操作，在自动控制方式下，亦能通过现场操作按钮实现单机设备的紧急停车，通过 PLC 控制程序运行，从而实现故障设备工段的自动联锁停车。

3. 机械化粮仓控制系统的基本功能

机械化粮仓控制系统的功能可分为控制和管理两大部分。其中现场设备的控制可通过计算机向 PLC 发出指令由 PLC 执行，也可由 PLC 直接进行控制。管理功能是通过监控软件和数据库软件共同完成。

（1）由于机械化粮仓控制系统控制功能是由 PLC 完成的，故控制系统完全兼容了 PLC 控制系统的所有功能。按物料流向反方向进行顺序启动，按照物料流向方向进行顺序停车。设备运行过程中发生故障时，立即进行联锁控制（关闭故障设备来料方向前所有设备及放料闸门）。设备与设备之间启停时间间隔可根据实际情况随意调整。

（2）当设备出现故障停机时，控制系统报警功能充分发挥了计算机的优越性。除了保留传统的声光报警信号以下，还增加了以下几种。

语音报警：即在设备发生故障停机时，计算机通过语音方式提示操作人员，向操作人员指示故障类型及故障所在工段等。

画面报警：在故障发生时，计算机自动显示故障设备的现场画面，向操作人员指示故障设备在现场的具体位置。现场画面可以是现场照片和录像。

报警信息：故障发生时，报警信号自动显示在计算机屏幕上。报警信息包含有故障设备名称、设备编号、所在楼层、控制元器件所在柜及使用的元器件规格型号。报警信息还自动记录显示故障发生时间和排除时间。上述几种报警结合使用，可迅速锁定故障点，大大缩短故障停车时间。对于没有条件配备跟班电工及维修人员的厂家，控制系统在发生故障时能够自动通过电话系统发生传呼信息，将故障信息通知给维修以便及时到现场维修。

（3）机械化粮仓控制系统对生产现场设备情况、料位情况、闸门位置、流量大小等状态进行实时监控，并根据计算机发出的指令及事先设定的程序进行控制、调整与联锁。同时，机械化粮仓控制系统还具备粮库生产专家系统的功能，通过将粮库生产过程中成熟的操作经验提炼后输入计算机，当现场参数发生变化时，控制系统能自动进行判断，在数据库中找出与其对应的专家建议并显示给操作人员以供参考；发生报警时，计算机能自动根据报警性质在数据库中找出相应对策提示操作人员。

（4）机械化粮仓控制系统操作方式采用现场手动操作与中央控制室自动操作相结合，两者可相互平滑切换。现场手动操作主要应用在单机调试、故障停机和故障检修后手动试车时使用，正常操作是采用中央控制室自动控制方式进行的。中央控制室自动操作又可分为操作台主令开关操作和计算机鼠标、键盘操作。操作台主令开关直接操作PLC进行程序运行；而通过计算机操作则是先由计算机将操作命令送至PLC，再由PLC执行程序操作。由此，现场手动操作与中央控制室自动操作构成了一个三级冗余操作控制系统，大大提高了系统的可靠性。其中，通过计算机进行操作这种方式充分利用了计算机丰富的图形功能，使得操作更加直观方便。通过计算机进行操作，不仅可以控制工段启停，还可以直接操作单台设备运转；不仅可以自动判别、选定工艺线路，还可以直接改变闸阀门的状态；此外，每当发出操作指令后，现场的反馈信号就能及时的显示在计算机屏幕上。

（5）机械化粮仓控制系统在安全性上为用户提供了可靠的保障。通常，为保护系统软件可靠稳定运行，计算机操作系统可采用具有高安全等级的 Windows NT，从用户权限、操作权限、文件权限、设备权限等各方面保证系统安全。当进入系统时，计算机首先要求输入操作密码，同时系统将该密码代表的操作员代码记录在案，以便在需要时调用核查。进入系统后，计算机屏幕上显示监控画面并自动进入监控状态，正确输入相应密码后，屏幕上将出现操作菜单或按钮。通过操作菜单及按钮，操作员能够方便的进行操作。如果操作员需要离开使用的计算机一段时间，在离开前通过用鼠标点击操作画面中的加密按钮，屏幕上的操作菜单及按钮就会消失，防止了其他人员有意无意的误操作，在正确输入解密码后，系统操作恢复正常。

（6）机械化粮仓控制系统能够动态显示工艺流程图及过程参数。控制系统动态显示工艺流程图则是利用计算机丰富的图形功能再加上动画技术生动直观的再现过程画面。通过变色、闪烁、移动、填充、消隐、覆盖等手段将现场信号反映到计算机屏幕上，同时还能将数据、曲线及棒状图等组合进入画面，使画面更加丰富与实用。

（7）机械化粮仓控制系统对仓储生产进行管理，可包括生产与调度管理、仓储管理、合同管理、设备管理、检化验管理等。系统一方面能够方便的实现生产现场实时数据、历史数据、参数变化趋势的记录与显示，计算机通过与现场智能仪表的通讯，能够迅速、准确地接收生产现场的原始数据，例如，产量、电耗、流量、料位、液位、温度、湿度等，并能以表格、曲线、棒状图等方式记录、显示。此外，集散控制系统还为操作员专门留有数据输入接口，对于那些无法通过在线检测手段获取的参数，均可通过键盘输入的方式输入计算机，所有数据均写入数据库并能及时更新、添加。另一方面，对合同管理、设备器材管理、检化验管理也可在另外的管理计算机上通过数据库系统实现。

（8）机械粮仓控制系统能够自动实现报警与报警历史记录。对于生产过程中的设备故障、料位报警、堵塞信号、转速信号等在向操作员发出报警信号的同时，能够自动在数据库内生成报警信息记录文件，内容包括报警时间、地点、内容、操作员、故障排除时间等项目。这些报警信息记录文件可以随时方便地显示与打印。

（9）机械化粮仓控制系统能够根据数据库的原始内容，统计生成各种生产数据实行报表、班报表、日报表，报表格式可根据各粮库的习惯进行设计，同时操作员还能方便的对其进行修改。报表输出方式多样，操作员可将其设置成定时打印或随时打印。系统还可以根据时间、日期、其他特定条件等，查询、统计、打印需要的历史数据库报表等。

项目小结

任务一：

电耗即加工单位产品的耗电量，它集中反映了工艺流程的合理性、生产操作的正确性以及车间管理的完善性，是粮食工厂的一项重要经济技术指标。

粮食加工厂的实际电耗一般应达到的先进指标如下：

粉厂：特一粉　60～70（kW·h/t）

特二粉　55～65（kW·h/t）

标准粉　30～40（kW·h/t）

米厂：特制米　30～34（kW·h/t）

标一米　24～27（kW·h/t）

标二米　18～23（kW·h/t）

粮食加工厂由于原料状况、成品要求、产量大小、设备类型及操作方法等的不同，同样规模的粮食加工厂，动力配置也无法定出统一标准。在实际生产中，现有各厂的电耗指标也相差甚远。目前，只能根据下列方法大致进行粮食加工厂的动力配置。

（1）确定 t/d 成品配用动力数，估计出车间大致总装机容量。

（2）估算出设计工厂所需总装机容量后，可根据经验数据进行工序工段分配，计算出每个工段工序所需的动力数。

（3）进行单机动力配置。单机选择动力一般有两种方法，一是按设备说明书所推荐的动力进行配置。但该推荐动力往往考虑范围较广，数值一般偏大。二是根据本厂或其他同类型、同产量的厂家电力负荷记载数据作为参考，选择平均负载电流并适当放大。

在实际设计中，最好是以上两种方法可结合起来考虑。

粮食加工企业的电耗可分为加工生产过程中的动力消耗、办公及车间照明用电消耗和各种电力损耗三部分。

加工生产过程中的动力消耗主要是工艺流程中各设备拖动电机的电力消耗，这部分电耗一般占总用电负荷的 80% 以上；因此，做好各设备电动机的节能降耗，是企业降低电耗应采取的主要措施。

任务二：

工厂供电的一般形式是电能先经高压配电所集中，再由高压配电线路将电能分送到各车间变电所或由高压配电线路直接供给高压用电设备。车间变电所内装设有电力变压器，将 6～10kV 的高压电降为一般低压用电设备所需的电压（如 220/380V），然后由低压配电线路将电能分送给各用电设备使用。

粮食加工厂变配电所多采用独立变电所形式（也有采用外附式的），一般靠近主要负荷中心（车间），此外，选址时还要适当考虑电源进出线方便、有发展和扩建的余地、便于电气设备运输、尽量设在污染源的上风侧以及尽量避开振动、多尘、高温、潮湿、低洼、易燃、易爆的地区。

粮食工厂属于中小型电力用户（装机容量<2000kV·A），其变配电所主接线比较

简单，常用的变电所主接线方案有以下几种：

（1）高压侧采用户外跌落式熔断器的主接线。

（2）高压侧采用隔离开关—断路器的主接线。

（3）高压单母线两台主变压器的主接线。

工厂变配电所一般由降压电力变压器、高压开关电器、低压开关电器、电压或电流互感器、母线（汇流排）、避雷器、继电保护装置和测量仪表以及功率因数补偿装置等组成。

供电线路按电压等级可以分为高压线路（1kV 以上线路）和低压线路（1kV 及以下线路）；按结构形式可以分为架空线路、电缆线路和车间（室内）线路等。

架空导线一般采用裸导线（仅有导体而无绝缘层的电线），按其结构分，有单股和多股绞线（截面 10mm² 以上的导线都是多股绞合的），一般采用多股绞线。工厂里最常用的是铝绞线（LJ）。在机械强度要求较高的和 35kV 及以上的架空线路上，则多采用钢芯铝绞线（LGJ），电缆是一种特殊结构的导线，主要由线芯、绝缘层和保护层三部分组成。

工厂中常用电缆的敷设方式有直接埋地、电缆沟、电缆桥架。

车间供电线路一般采用交流 220/380V、中性点直接接地的三相四线制供电系统，包括室内配电线路和室外配电线路。室内（即车间内）配电线路的干线采用裸导线或绝缘导线，特殊情况采用电缆；室外配电线路指沿车间外墙或屋檐敷设的低压配电线路，均采用绝缘导线，也包括车间之间短距离的低压架空线路。

现代化粮食工厂普遍采用自控和集中控制。所有电机低压设备均集中在一个低压柜中，一般靠近自控室，以节省控制线路。而启停程序控制线路则集中布置在自控室内。这样，电缆电线急剧增多，传统的埋管安装已不适应要求，通常采用带有盖板的桥架安装电缆电线。

任务三：

车间照明系统采用变压器供电，其正常照明电源接自干线总开关之前，在粮食工厂中，一般采用干线式供电，总配电箱在底层。

车间内一般可采用日光灯照明。当车间内旋转部件敞露的设备较多时，则不宜采用日光灯照明。局部照明时考虑安全因素，宜采用安全电压（36V 以下）供电。

车间内照明设计应与配电设计一起考虑。在动力照明图中，应注有灯的具体位置、开关位置及电线规格。

电力和照明线路在平面图上采用图线和文字符号相结合的方法表示出线路的走向、导线的型号、规格、根数、长度、线路配线方式、线路用途等。

应当指出，这些文字符号基本上是按汉语拼音字母组合的，新标准还未明确规定，仅供参考。

目前，自动控制系统在面粉厂、大米厂、饲料厂、机械化粮仓中都得以广泛的应用。

复习与练习

（1）名词解释：单位电耗；分组传动；装置功率。

（2）粮食工厂降低电耗的措施有哪些？

（3）论述粮食工厂动力配置的步骤。

（4）布置变配电所应考虑哪些因素？

（5）如何选择供电导线？

（6）供电导线的铺设形式有哪两种？各有何优点？

项目七　施工配合、安装和试车

☞ 学习目标

● 知识目标：

1. 了解粮食加工厂施工配合、设备安装与试车的过程；
2. 掌握粮食加工厂土建施工配合的基本方法；
3. 掌握粮食加工设备安装的基本方法；
4. 掌握粮食加工厂试车的顺序和要求。

● 能力目标：

1. 土建施工时能根据图纸要求指导施工配合；
2. 能指导生产车间工艺设备的安装；
3. 具有指导粮食加工厂试车的初步能力。

☞ 职业岗位

通过学习可从事粮食加工厂生产车间土建施工配合、工艺设备安装及工艺调试等岗位的工作。

☞ 学习任务

粮食加工厂的施工配合、安装和试车工作是一项复杂、技术性较强的工作。土建施工过程中任何错误和遗漏都将影响整个安装工作的进程和安装质量，设备安装的状况关系到工厂能否顺利地投入生产，设备能否正常稳定地运转，能否达到规定的各项工艺指标等，因此，需要我们熟悉和掌握施工配合、安装和试车的方法。

任务一　施 工 配 合

施工配合是指设备安装同土建施工之间的配合。施工配合是新建工程的一项重要的技术措施。采用现浇钢筋混凝土楼板的厂房，施工配合的重要工作是预埋地脚螺栓和预留楼板洞孔。为保证预埋地脚螺栓和预留楼板洞孔的位置准确，首先必须根据施工图进行线划定位，即按照建筑和设备施工图，在施工现场确定出地脚螺栓和设备出口、管道、传动带等洞孔的正确位置。

一、划定位线

划定位线是一件十分重要而又细致的工作，如果所定的位置与施工图上要求的尺寸不符，就会造成返工和影响工程质量，为此，必须一丝不苟的进行划定位线工作。划定位线常采用下列方法和步骤进行。

1. 划安装基准线

基准线是每层楼面设备定位尺寸的基准。

确定基准线的方法一般是以厂房的纵向中心线为纵向基准线，以开间中心线为横向基准线，开间线又常以第一根梁的中心线为准。确定基准线通常从底层开始。划安装基准线的具体方法步骤如下：

首先在底层划出基准线，如图 7-1 所示。先找出底层基准线 AB，在 AB 线两端点分别用铅锤做垂线，在二楼模板上找出 A_1、B_1 两点；将此两点用钻钻通，再用铅锤穿过钻通的孔眼在二楼楼面上校正 A_1、B_1 两点，使 A_1B_1 同 AB 线在同一个铅垂面内，划出 A_1B_1 线即为二楼的纵向安装基准线。横向基准线也可用同样的方法画出。纵、横向基准线 AB 和 CD，A_1B_1 和 C_1D_1 必须严格保持垂直。各层楼基准线可依此类推。

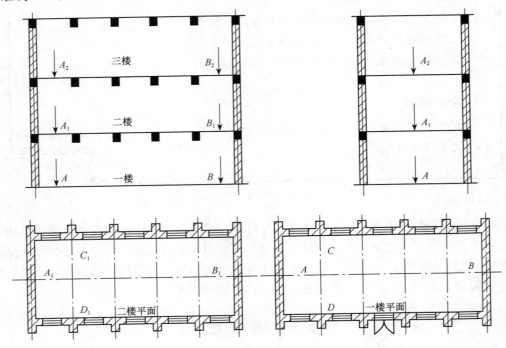

图 7-1　安装基准线的划法

基准线确定后，应在基准线的两端埋设标记，标记可用铜棒或铝棒车制，一端制出十字中心，一端在土建施工时埋在二楼楼面，从这一标记的十字中心拉一根弦线，自下而上地确定每一层楼面的基准线。

2. 划设备中心线

通常设备的地脚螺栓和物料出口位置都以设备中心线为基准，所以在确定预埋地脚螺栓和预留楼板洞孔模型壳的位置之前，先要定出设备中心线。

划设备中心线时，以纵向和横向基准线为准，根据平面图上标注的尺寸，作平行线，画出设备中心线。对同一规格台数较多而又排列成行的设备（如磨粉机、高方平筛），可先从基线引出与基线平行的设备中心线，然后在这条中心线上分出各台设备与基线垂直的中心线。在校对设备的中心线后，再从设备中心线分别定出设备洞孔和地脚螺栓中心线。

3. 划空中中心线

空中中心线的划法如下：如图 7-2 所示，已知中心线离纵向基准线水平距离 2000mm，离地面高度 3000mm。

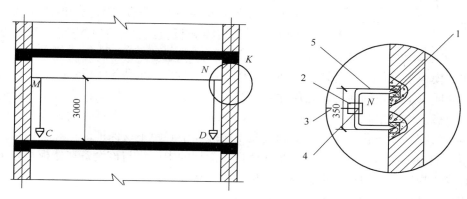

图 7-2 定空中中心线
1. 木块；2. 重物；3. 钢丝；4. 槽痕；5. 把手

① 首先在楼板上划出距纵向基准线 2000mm 的平行线 CD。

② 在 CD 线上方两侧墙壁 3000mm 高度处分别嵌入两块用水泥固定的木块，在木块上钉上由 $\phi 10 \sim \phi 12$mm 圆钢做成的把手。

③ 用铅锤校正，使锤线在把手上移动，当锤尖指在 CD 线上时，在把手上刻出相应的槽痕，即图上的 M 和 N 点。

④ 用 $\phi 0.5 \sim \phi 1.0$mm 的钢丝固定在 M、N 点刻出的槽痕上，钢丝两端挂上 3~5 千克的重物，使钢丝拉直。

⑤ 进一步校正 M、N 点的高度，是否都为 3000mm。由于地（楼）面不一定很平，所以，在拉直的钢丝上，最好再以水平尺校正水平，校正的钢丝即为空中的中心线。

二、预埋地脚螺栓、构件

在土建施工的过程中，预埋地脚螺栓、构件的目的是用于安装时固定设备，由于粮食加工厂的设备有些是采取地面固定的方式，有些是采取空中吊挂的方式，因而预埋的螺栓、构件包括埋在地面或楼面的正埋和埋在楼板下或梁下的倒埋两种形式。

1. 预埋地脚螺栓

预埋地脚螺栓就是先用木模板把地脚螺栓固定在设计规定的位置上，然后再浇灌混凝土楼板，将地脚螺栓的一端埋在楼板内。这种固定设备方法的优点是：螺栓与混凝土粘结的面积较大，螺栓的锚固强度较高；其缺点是：由于要采用木模板固定，施工较为复杂；如固定的不牢固，地脚螺栓可能发生移动，地脚螺栓的定位尺寸就不易保证，在机器设备安装时，往往还需用不少时间进行矫正，螺栓经过矫正后，承载能力就会大大削弱。

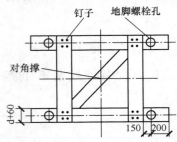

图 7-3　预埋地脚螺栓用的木模板

（1）预埋地脚螺栓木模板的制作。为了保证预埋地脚螺栓符合图纸规定的中心距尺寸，并在浇制混凝土时不致发生移位，应该制作预埋地脚螺栓木模板，见图 7-3 所示。预埋地脚螺栓用的木模板一般用厚度为 20～25mm 的木条制成，宽度按螺栓直径增加 60mm。为了防止变形，应加对角撑。其四端应比孔突出 150～200mm，以便固定在楼板模壳板上或其他需要浇制混凝土板的模壳上。

在木模板上进行螺孔的划线和钻孔工作，最好根据实际设备实样划线。因为从一般手册或说明书上给定的地脚螺孔尺寸与实物可能有出入。如不按实样进行，可能造成差错。木模板上应划出相应的设备中心线，以便定位时使用。板上螺孔的大小，以刚好能穿过螺栓为宜。如螺孔太大，在浇制混凝土时螺栓中心距不易保证。

预埋地脚螺栓木模板定位时，必须使模板上划的中心线与该设备在楼板上划定的设备中心线相吻合，并用钉固定在浇制楼板的模壳板上

（2）预埋地脚螺栓的形式、规格及注意事项。

① 预埋地脚螺栓的形式。粮食加工厂常用的地脚螺栓的尾部形状如图 7-4 所示。

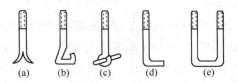

图 7-4　地脚螺栓的形状

预埋地脚螺栓的形式应根据设备的轻重、振动情况和埋设位置来选用。图 7-4（a）、（b）、（c）宜埋于梁和基础中，其中轻型设备用图（a）型，较重型设备用图（b）型，负荷大或振动大的设备用图（c）型，楼板上的地脚可用图（d）型，固定吊装平筛的槽钢或吊磨辊用的行轨时可选用图（e）型的 U 型螺栓。

② 预埋地脚螺栓的规格。预埋地脚螺栓的规格主要是指地脚螺栓的直径和长度。粮食加工厂常用的地脚螺栓直径大小与设备种类及受力情况有关。螺栓直径与设备及受力情况的关系见表 7-1。

表 7-1　地脚螺栓直径与设备以及受力情况的关系

直径 d/mm	设备及受力情况
12	用于固定风管及受力较小的设备，如闭风器
14	用于受力稍大的设备，如各种清理设备

直径 d/mm	设备及受力情况
16～20	用于受力较大的设备，如粉碎机、奢谷机、碾米机、磨粉机及吊平筛的槽钢、绞龙座等
24	用于起重，如吊物洞上的预埋螺栓

地脚螺栓的长度包括两部分，即埋入混凝土部分和露出外面的部分，埋入部分长度视构件而定，如图 7-5 所示。埋入基础或梁内一般为基础或梁柱构件的 2/3～3/4；埋入楼板内为楼板厚度的 3/4 左右。露出外面部分有一段带螺纹，另一段不带螺纹，不带螺纹的长度必须小于机器设备底座的厚度。

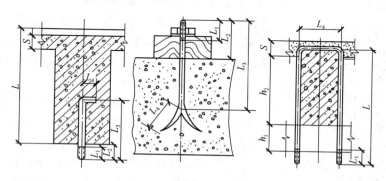

图 7-5 地脚螺栓的埋设情况

地脚螺栓的各个部分长度与直径有关，参见表 7-2。

表 7-2 地脚螺栓各部分长度与直径的关系

直径/mm 各部分长度/mm	10	12	16	20	24	备注
带螺纹部分 L_1	30	40	50	60	70	
露出楼板面部分 L_2	$L_2 = L_1 + 3/4 S_1 + S_2$					S_1—机器设备底座及垫圈螺帽等厚度
直杆部分 L_3	$L_3 = L_2 + (2/3～3/4) S$					S_2—粉刷层厚度，一般为 15～30mm
水平或弯曲部分 L_4	65			80	100	S—楼板厚度（不包括粉刷层）或基础高度
总长度 L	$L = L_3 + L_4$					

U 型螺栓总长度 L 的计算：

$$L = (L_1 + h_1 + h_2 + 3/4S) \times 2 + L_4$$

式中：h_1——槽钢高度，mm；

h_2——梁的高度，mm；

S——楼板厚度，mm。

③ 预埋地脚螺栓时应注意的事项。

a. 螺栓中心距尺寸不宜超过 2mm 误差，标高误差不宜超过 20mm。

b. 为了保证预埋螺栓垂直而不倾斜，可用钢丝将螺栓捆在钢筋上。

c. 如在屋面上预埋螺栓时，最好安置在屋面大梁上，因屋面楼面较薄，容易造成屋面漏水。

d. 楼板上的螺栓直径不宜超过 14mm，直径较大的螺栓尽量设置在梁上。

除了上述预埋地脚螺栓外，还可用下述三种形式来固定机器的地脚螺栓：

① 预留螺栓孔。当浇注混凝土楼板时，将相当于螺栓直径的圆木棒（棒端制成锥形，长度为楼板厚加 80mm，棒外面包一层牛皮纸，用时把圆木棒放在水中浸一下）或钢管（圆钢管内径比螺栓直径大 0.5～1mm，长度与楼板厚度一样）安放在固定螺栓木模板的螺孔位置上，干后将木棒取出（如是圆形钢管则留着），即成预留螺栓孔。

这种预留螺栓孔，安装地脚螺栓时容易定位，机器拆除后，地面上不会留有螺栓头，使行走安全。但装有螺栓时，尾部露头在外面，影响美观。

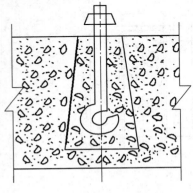

图 7-6　二次浇灌预埋地脚螺栓

② 二次浇灌。对于安装要求较高的设备，可以采用二次浇灌法，即在第一次浇灌时，在安置地脚螺栓的地方留下一定深度的方形洞孔，洞孔边长为 100～200mm，预留洞应做成上小下大，见图 7-6 所示。

当设备定位时，调整好高低，拧上地脚螺栓后，进行第二次浇灌。采用这种方法，安装准确度高，但施工比较麻烦。

③ 预埋特殊构件。用一种特殊构件预埋在梁内，如图 7-7 所示。这种特殊构件，下端有一条宽 22mm 的槽，将专用螺栓放入槽内，转过 90°后，上紧螺母，就定位了。由于螺栓在槽内的位置可以调整，所以安装灵便、省时。若用于固定高方平筛的槽钢，则有更大的优越性。

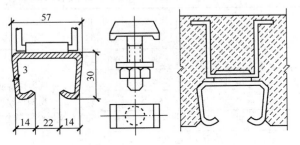

图 7-7　预埋特殊构件

需要指出的是，目前国内外普遍兴起用膨胀地脚螺栓安装机器的新潮。该法是土建施工完成之后，在安装现场直接定位钻孔，因而可大大提高地脚螺栓定位的精度，同时可简化施工工作，对老厂改造中设备的移动及新设备的安装更有意义，受到了用户的普遍欢迎。但对于荷载较重的吊装设备，如高方平筛的吊装螺栓、磨粉机电机平台的吊装螺栓仍需采用预埋地脚螺栓。

膨胀地脚螺栓的种类很多，常用的膨胀地脚螺栓为钢制胀管螺栓，如图 7-8 所示。这种钢制胀管螺栓一端为锥体，另一端为有螺纹的螺杆和套在外面带有四条豁口的胀管及螺帽组成。安装时，先用电钻或电锤等工具在结构上打孔，然后将胀管螺栓放入孔内，再用力拧紧螺帽，使螺栓的锥体全部进入胀管内，迫使胀管张开，挤压孔壁，把螺栓牢固地固定在结构上。

2. 预埋钢板

粮食加工厂设备的固定除了采用预埋螺栓形式外，还经常采用钢板预埋的形式，这种预埋钢板可以固定较高、较重以及侧载或振动较大的大型机器设备，如提升机、支架、烘干机等。常见的预埋钢板形式如图 7-9 所示，图（a）、（b）适用于预埋、以承重为主、振动和侧压较小的设备；图（c）、（d）适用于水平、侧立、倒挂等多种形式，能承受振动和侧压，建议使用螺纹钢筋，钢筋与钢板间的焊接一定要牢固。

3. 预埋实例

如图 7-10 所示是风管、平筛、操作平台等的预埋件实例。

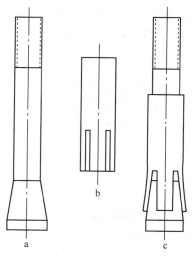

图 7-8　膨胀地脚螺栓

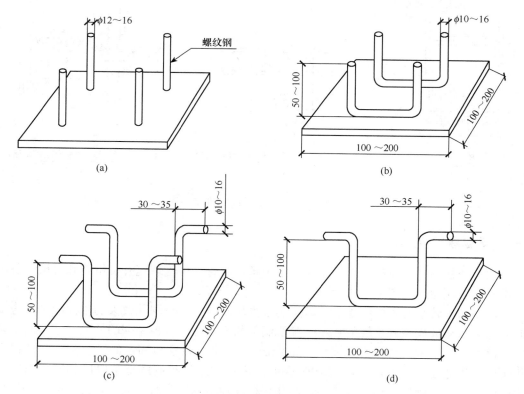

(a)

(b)

(c)

(d)

图 7-9　预埋钢板的形式

图 7-10（a）为楼板倒挂预埋螺栓实例，适应较轻的管道及构件；图（b）为绕梁 U 形倒挂螺栓，适用于较重的运动设备，如制粉厂的高方平筛；图（c）为预埋梁内的倒挂螺栓，适用于中等荷载、振动不大的设备，如提升机操作平台的吊挂；图（d）为槽钢（包括其他型钢）的吊挂形式，适用于有特殊要求的设备，如制粉厂磨粉机车间层

顶的磨辊吊装轨道的吊挂；图（e）为 U 形环吊挂预埋件，适用于轻型设备或工具的吊用，如提升机检修用吊环；图（f）为墙柱预埋钢板，适用于固定机架、平台固定座等。

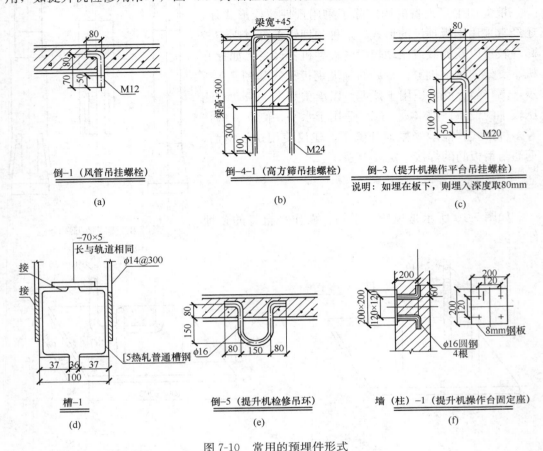

倒–1（风管吊挂螺栓）

(a)

倒–4–1（高方筛吊挂螺栓）

(b)

倒–3（提升机操作平台吊挂螺栓）

说明：如埋在板下，则埋入深度取80mm

(c)

槽–1

(d)

倒–5（提升机检修吊环）

(e)

墙（柱）–1（提升机操作台固定座）

(f)

图 7-10　常用的预埋件形式

三、预留楼板洞孔

预留楼板洞孔需要制作木模型壳。用于预留溜管、风管、提升机机筒和机械设备出口洞孔的木模型壳如图 7-11 所示。

对于洞孔较小的木模型壳，可以用实心木块制成；对于洞孔较大的木模型壳，应加对角撑，以保证模壳有足够的强度。预留洞孔的尺寸应是木模型壳的外形尺寸，而不是内孔尺寸。木模型壳高度为楼板厚度加 25mm，需要采用法兰固定的设备洞孔（如提升机机筒、机器设备的出孔等），木模型壳的高度可与未经粉刷的楼板厚度相同。当装上木法兰后可与粉刷后的楼板面找平。洞孔木模壳在浇制定位时，同一台设备的几个模型壳之间要用木条钉牢，以保持相互间的位置。

洞孔较密的地方，如分别设置预留孔，则施工比较麻烦。为便于施工及今后车间改造，应尽量采取开大孔，盖厚胶合板，安装设备时再根据需要在胶合板上开设备孔的方法。如高方平筛，预留孔比较集中，开成如图 7-12 所示的大孔，施工就方便多了。

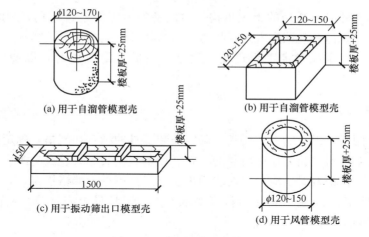

图 7-11　预留洞孔的木模型

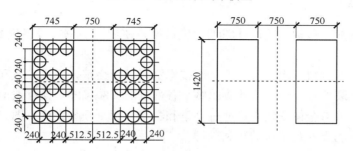

图 7-12　高方平筛的出口洞孔形式

任务二　设 备 安 装

在土建施工内粉刷及地面水磨石完工后即可进行设备安装。对局部填充墙、隔墙等土建施工，可与设备安装交叉进行。

粮食加工厂的设备安装是一项复杂而细致的工作。设备安装的状况关系到工厂能否顺利地投入生产、设备能否正常稳定地运转、能否达到规定的各项工艺指标以及整齐美观等，任何错误和遗漏都将影响整个安装工作的进程和安装质量。同时，粮食加工厂设备安装现场工种、人员较多，因而，为了保证安装质量及整个安装过程有序进行，应有计划、有组织地进行安装工作。

一、设备安装前的准备工作

为保证工程进度和安装质量，在进行设备安装之前，必须做好各项准备工作，安装准备包括施工组织准备、材料供应准备、技术准备和设备及现场检查核验等。

1. 施工组织准备

为了保证安装工作的顺利进行，在进行机械设备安装之前，应根据当时的实际情况，结合具体条件成立适当的组织机构，对设备安装工作进行计划、组织、领导和控制。其主要任务是：合理调配人力、物力、财力；及时组织材料、物资的供应；正确安排施工、安装的程序和确定工程进度；建立有关的规章制度等，以便安装工作顺利进行。

2. 材料供应方面的准备

根据设计图样和设备的安装要求，确定安装工具的精度和规格，确定安装材料的数量、质量和要求。对安装工作中所需的材料、设备、安装工具以及电源、照明等都必须做好充分准备，保证及时供应，并对所用设备、工具等进行严格检查，如设备是否存在零部件的缺损情况，材料规格是否符合要求，安装工具是否完好等，发现问题及时解决，以保证安装工作的顺利进行。

3. 技术准备

（1）收集资料。包括工艺设计图纸、机械设备使用说明书、设备安装图、传动图、土建施工图等。

（2）熟悉技术资料。组织有关人员对技术资料进行会审，熟悉工艺和施工图纸，弄清各种设备的安装位置，进一步检查图纸上各部分的安装尺寸，如有遗漏和差错，应及时与设计部门联系；全体安装人员通过会审和学习，深刻领会设计意图，对整个工程做到心中有数，有利于安装工作的顺利进行。

（3）编制施工计划，确定安装程序。根据土建进度、设备材料的准备情况，施工顺序的要求、技术力量及人力的安排，编制出安装施工的具体计划与说明，确定出具体施工方法和程序。

粮食加工厂机器设备的安装工作通常是从第二层楼开始，依次是三层、四层、五层直到顶层，最后安装底层设备。在同一层楼面，应从离吊物洞最远的部位装起，安装时先装梁下面的，再装楼板上面的，即机器设备的安装基本遵从从低到高、从远到近、先大后小、先重后轻、先主后附的原则。一般风管、溜管和气力输送管道可以放在最后安装。

现代化制粉、碾米和饲料工厂，由于采用了单独传动和部分气力输送，以及在钢筋混凝土楼板上预埋了螺栓，预留了洞孔，所以，使设备安装工作大大简化。如施工组织得好，各层楼面可以同时并进，更有利于缩短工期。

4. 设备及现场检查核验

通常对需要及时安装的设备可运到车间底层进行检查、清洗和装配。

对新设备应连同包装箱一起搬运到现场，拆箱后，首先根据装箱单和产品说明书检查各配件、备用零件和专用工具等是否齐全，然后对设备做全面检查，查看是否有缺、损零件，如发现应及时修配。

对旧设备应进行全面拆洗、整修和重新装配，以达到整旧如新后使用。

在设备安装前，应对现场进行必要的清理。同时，要进一步检查各预埋螺栓和预留洞孔的位置尺寸是否与设计图纸相符。如发现中心距有偏差，应设法予以纠正。

二、安装方法

安装时，将设备移于安装位置后，需要经过校正，以使设备的中心线、标高、水平度、垂直度达到设计规定的要求，保证设备的正常运行。

1. 设备中心线找正

设备中心线找正就是使设备的中心线与地面划出的中心线相重合。

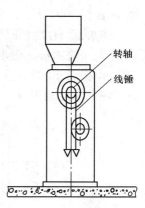

当以转轴的中心线为设备的中心线时，可采用挂边法找中心线，见图7-13，即在转轴径向两边用铅锤吊线，如果两锤尖连线的中心刚好与地面划出的中心线重合，则说明设备中心位置正确。如不以转轴为中心时，则以设备的对称中心线校正。

当设备位置不正确时，则必须拨正，常采用锤子、撬棍、加楔、千斤顶拨正器等方法将设备拨正。

2. 设备高度找正

根据设计图纸，对设备有一定高度要求的，须进行高度找正。找正的方法为垫片法，垫片方式见图7-14。

7-13　设备中心线校正

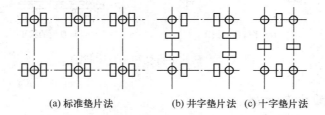

(a) 标准垫片法　　　(b) 井字垫片法　(c) 十字垫片法

图7-14　垫片方式

标准型垫片法即将垫片放在地脚螺栓两边，适用于底座较长的设备。

井字垫片法适用于底座近似方形的设备。

十字垫片法适用于底座较小的设备。

垫片要求平整，用硬木片或金属片均可。

3. 设备水平找正

水平找正就是将设备调整到水平状态，也就是把机械设备上的主要工作面调整得和水平面平行。设备水平找正常用水平尺在设备前、后、左、右平面上（如轴、轴承座或其他精加工平面）测试，并用薄垫片进行调整。

4. 传动轴轴承中心线找正

安装传动轴的轴承中心线找正方法是：先在轴承座安放轴承的口内卡一块木块，木块必须同轴承止口相平，然后在木块平面上划出轴承中心线。将各轴承座安装到机架上，用一弦线校核各轴承座的中心线在同一水平线上，并使它与划定的传动轴中心线相重合即可。

5. 轴的平行度和垂直度找正

两根有传动关系的轴，在安装时必须保持平行或垂直。

平行度的找正见图 7-15（a）所示的方法，在图中，C、D 和 E、F 分别为两轴上传动轮边缘同一直线上的两点，AB 为校正用的弦线。当 AB 线拉直，并靠近两传动轮边缘，若 C、D、E、F 四点都在同一直线上，则说明轴 1 和轴 2 相平行。

轴的垂直度找正法见图 7-15（b）所示，这是以立式刷麸机为例，在刷麸机主轴顶部套上一块木板，用水平尺校平，平板边缘到轴心的距离为 S，从边缘吊铅锤，转动主轴，在相隔 90° 的方位上量出锤尖到轴心的距离 S_1、S_2、S_3、S_4，若 $S_1 = S_2 = S_3 = S_4 = S$，则说明此轴垂直。

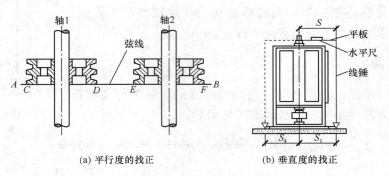

(a) 平行度的找正　　　　　　　　(b) 垂直度的找正

图 7-15　轴的平行度和垂直度找正

三、主要设备的安装方法

目前粮食加工厂使用的设备大多数是定型设备，这些设备基本上是整机装运、自带电动机，所以安装方法比较简单。下面介绍几种主要设备安装时的注意事项及安装方法。

1. 磨粉机

磨粉机的重量较大，为了使压力均匀分布于楼板上，减少运转时传递给楼板的振动，安装磨粉机时，可以在底座下垫上 50～100mm 厚的木板或 10mm 厚的隔振橡胶垫。

在找平的地面上先划出磨粉机的中心线，将事先准备好的厚木板放置好，在木板上将加垫的橡皮板用钉钉牢，然后将磨粉机起重就位到安装位置上，使磨粉机中心线与地面划出的中心线重合。

安装磨辊，首先应校核其平行度，同时检查快、慢辊中心线是否相互平行。磨辊安装完工后应对磨辊轧距作初步调整，并使磨辊两端轧距一致。

安装电动机时应拉线使电动机轴线和快辊皮带轮轴线保持平行，电动机和磨粉机皮带轮端面在同一直线上。

检查磨粉机的装置，查看定量辊和分流辊的形式是否符合规定要求，用手盘动皮带轮，检查磨辊的松合闸机构、自动控制机构是否能正常工作。

当全部安装完毕后，对紧固件全面检查一遍，各润滑系统加好润滑油。最后在磨辊下方装上刷帚，光辊装刮刀，磨粉机进料口上装上接料玻璃筒。

2. 高方平筛

如条件许可，高方平筛应连同包装直接运进车间，以免外观损伤。

在平筛就位前，先根据设计图纸在楼板上划出设备的安装中心线，大梁上吊杆轧头的中心线，上部轴承吊架中心线。在预留洞木板上标出每仓符号，以便安装时核对位置是否正确。要求：吊杆轧头的两对角线交点与上部轴承吊架中心线和安装中心线相重合。

组装悬吊平筛槽形钢梁。组装时槽钢接头部位应事先量准确，不要使吊杆位于槽钢接头处，否则会给组装带来困难。在组装槽钢梁时应用水平尺、角尺校正钢梁的水平和垂直。

根据地面划出的中心线，在组装好的槽钢梁上找出平筛中心及吊杆中心位置。平筛中心应准确地位于四个吊杆中心的交叉点上。划线完毕，用电钻钻好安装吊杆的螺孔。然后，将钢梁起吊固定安装在厂房的梁上，用铅垂校正钢梁上划出的中心线与地面中心线重合，并用水平尺校正两根槽钢梁的水平度。

在槽钢梁安装完毕后，先安装平筛的上轴承座和吊挂平筛的吊杆钢丝绳的扎头。

将平筛起吊至就位地点，核对仓位后根据安装高度吊好钢丝绳，用铅锤校正位置，保证上下轴承的同心度，上下吊杆扎头之间的等距度，平筛筛体的水平度。

将筛格按编号装入各仓筛箱中，装上筛仓门并将筛门初步压紧，使箱内筛格上下整齐，排成一条直线，然后将筛门放松，使筛格在不受横向力作用下，用专用扳手转动上部压紧筛格的丝杆，将筛格压紧，最后再将筛门压紧。

安装筛体两侧的夹紧板，检查确无摩擦并确信各部分安装均正确无误。最后，安装两侧及上下封闭盖板。

3. 碾米机

目前碾米机的型式很多，这里仅以定型碾米设备和喷风米机为例，简介安装时的注意事项。

装配砂辊时，在连接处应垫入 0.2～0.5mm 厚的纸板，以防止砂辊松动、错位和损坏接头处。为了弥补砂辊长短误差，可利用纸板厚度调整。装配 NS 型碾辊时，在铁辊与砂辊、砂辊与砂辊、砂辊与螺旋推进器之间也应垫入一定厚度的纸板。对接的碾辊、斜筋必须对齐。装配喷风米机的碾辊时，其喷风槽与轴上的喷风孔必须对正，防止错位。

装配后的砂辊应进行静平衡试验，以保证碾辊运转时平稳。

米筛的接合要保证平整、严密无缝。

安装米机传动轮时，要注意旋转方向，必须保证与砂辊螺旋推进器推送物料所需的方向一致。

4. 胶辊砻谷机

胶辊砻谷机由于胶辊磨耗的不均匀性，使转动不平衡，引起机器振动。所以安装机座时，应加垫厚橡胶板或木条。

胶辊安装前应先进行静平衡试验，校正平衡。

装置胶辊时应使快、慢辊中心线平行，且在同一平面内。还要注意辊端与衬板之间的空隙不能太大，以免漏谷。

采用下部传动的砻谷机，快、慢辊中心线必须同传动轴中心线平行。采用变速箱传动时，电动机与变速箱联轴器的安装必须保持同轴。

5. 粉碎机

饲料工厂中使用的粉碎机，应安装在一层或地下室，并打水泥基础。中大型粉碎机应安有匹配的减速器，以减小振动与噪声的污染。安装基础必须做水平检查。

皮带传动的粉碎机必须使电机轴与粉碎机主轴平行，电机带轮槽与粉碎机带轮槽处于同一平面，以防止皮带传动时因扭曲而迅速损坏。

应根据设备铭牌规定选择电动机，其功率应等于或略大于规定的数值，并选配电机皮带轮直径，以保证粉碎机获得额定转速。

粉碎机进料斗与进料管相连，出料斗与出料管、风机相连且必须牢固紧密。

安装完的粉碎机，只有在检查零件是否完好及坚固情况、机内无杂物后，才能进行试车。

6. 配料秤

配料秤安装的质量，对配料精度、配料秤的使用寿命都有影响。在配料秤的安装过程中，应注意以下几点：

（1）振动对配料秤和配料精度都会造成影响，因而配料秤通常应安装在没有振动或振动较小的楼层内。如果因楼层布置位置的限制或在安装配料秤的楼层内必须安装具有振动的设备时，则应远离配料秤。

（2）配料秤的安装应严格保证水平，否则会影响配料秤元件的受力状态，导致配料秤的配料精度下降。

（3）配置配料秤时应注意避免进秤物料对秤体的冲击，造成称量精度下降。如能设置双速进料机构（快进料和慢进料），则有利于配料精度的提高。另外，进料机构不宜安装过高，否则在管道中未落入秤中（悬空）的物料会影响称量的结果。

（4）进料管与秤体的连接、出料口与接收设备的连接处都应采用软连接，以减少粉尘的污染，保证配料秤的精度。

（5）电子配料秤的测量仪表应安装在单独的房间内，其室内应保持清洁、光线充足，温度在 20℃±5℃，相对湿度不大于 80%，无腐蚀气体，周围无产生强磁场的设备。

7. 风机

基础应平整，高压风机及转速较高的风机应设有减振装置，风机的进出口也应采取软连接，以减小对风管的激振。

应保证风机传动轴处于水平位置。

当采用皮带传动时，两皮带轮端面应处在一个平面内。

与风机进口连接的风管应尽可能保持一段直长部分，并且不应在这里设置风门，以免影响风机进口的导流作用，降低风机效率。

8. 斗式提升机

斗式提升机的安装按下列顺序进行：

（1）按设计图上规定的位置，首先安装机座，然后逐段向上安装机筒。各段机筒连接时要校正其垂直度，两边机筒保持平行和一致的中心距。

（2）机筒通过楼板时，经校正垂直后，应用木楔暂时固定。

（3）安装机头，并使头轮短轴与底轮短轴保持在一垂直平面内。

（4）机壳安装好后，将装有畚斗的畚斗带装入。畚斗带应在安装畚斗前经过预拉伸，否则，使用较短时间就要紧带维修。一般提升机高度不大时，畚斗带可从头轮两边放下，使一端从机筒中部的检修门引出，再用夹板夹住，另一端放到机座底部，绕过底轮从同一检修门引出。引出两头，使用专门的工具，将畚斗带收紧后进行连接。

（5）畚斗带装好后，用机座上的张紧装置将畚斗带张紧到适当程度。

（6）提升机安装完毕后，逐楼将木楔换上木法兰，然后安装传动设备，挂上传动带，进行试运转。运转时畚斗带应在机筒中间运行，并且不能有碰壳声。如畚斗带走单边、碰壳，可用张紧螺杆进行调整。

9. 螺旋输送机

先按规定长度在地面组装校正，对吊挂或搁置的机架应牢固可靠，以不使机壳下弯或变形，保持机器在运转中有足够的稳定性。

组装时对机壳内壁两侧及底部与螺旋叶片之间的间隙要相等；机壳连接处应紧密贴合，不得有缝隙。

轴与轴承中心线应与整条输送机纵向中心线重合，各悬挂轴承应可靠不使螺旋卡住，用人工盘动时较易转动，在转动时轴承挂脚以不扭动为好。

在地面组装校正好再移动就位安装。

10. 通风管道的安装

通风管道在车间内布置时，相隔一定距离应采用特制的固定件予以固定；否则，在使用过程中，因受振动、积尘或内部压力的影响而造成脱节、漏气或变形等现象。

较长的通风管道可用吊环和卡箍固定在楼板、梁和桁架上。沿墙壁和柱子布置的风管，可用悬臂或支架固定，吊环、卡箍和支架按风管直径大小来制作。

固定风管用的吊环，由圆钢和扁钢制成，其规格按风管直径确定，见表7-3。

表7-3　吊环用的圆钢和扁钢尺寸

风管直径/mm	圆钢直径/mm	扁钢直径/mm	螺栓尺寸/mm
100～200	6	3×30	M6×30
200～700	8～10	3×35	M8×35

图7-16所示是悬吊在钢筋混凝土梁上的风管固定方法；图7-17所示是垂直风管的固定方法。

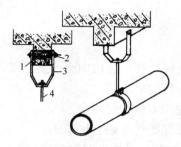

图7-16　风管悬吊在钢筋混凝土梁上的固定法
1. 钢管；2. 螺栓；3. 扁钢；4. 圆钢

图7-17　垂直风管固定法
1. 卡箍；2. 吊环

图7-18所示是用吊环将风管固定在混凝土楼板上的两种方法。吊环的间距根据现场条件和风管直径选用2～5m。

图7-19所示是垂直风管沿车间墙壁用三角支架的固定方法。在平屋顶上或地面上设置水平风管可用支架的固定方法，如图7-20所示。

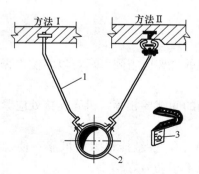

7-18　风管用吊环在混凝土楼板上的固定法
1. 圆钢；2. 卡箍；3. 螺孔

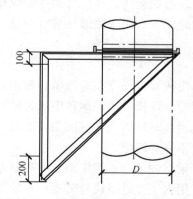

图7-19　垂直风管三角支架固定法

设置在两建筑物之间的通风管道，可利用辅助拉杆固定，如图7-21所示。拉杆设在风管下面的垂直平面内。拉杆由圆钢制成，直径为12～20mm。中间支架设置的位置取 $L_1 = 0.6L$（L 为风管跨距），距离 $I = (L - L_1)/2$。

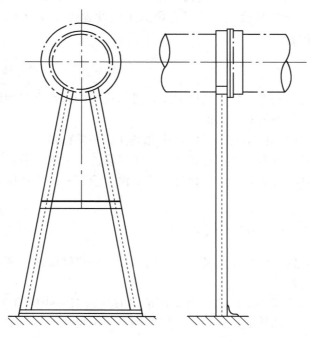

图 7-20 水平风管支柱架固定法

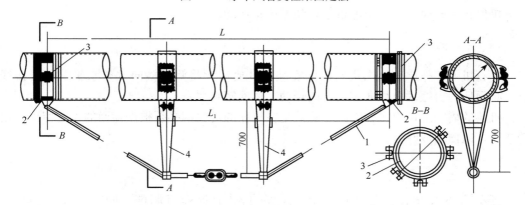

图 7-21 风管拉杆固定法
1. 拉杆；2. 卡箍；3. 吊环；4. 中间支架

11. 料仓

粮食加工厂的中间仓或配料仓等料仓的安装，一般是在现场焊接装配。饲料厂料仓的安装通常是根据工艺要求，在楼板上预埋有焊接钢板，用来固定料仓。在料仓的安装过程中，一般是先根据仓的预留位置及尺寸进行仓架的焊接。仓架是料仓的骨架和支柱，要求牢固、可靠；垂直支杆应保证与楼面垂直，支柱之间应焊接斜撑，以保证仓体的稳定性。仓架完成后，在仓架上逐一焊接仓壁。仓壁的板料也是在现场根据需要来裁制。焊缝尽可能位于料仓外侧，以保证仓内壁平整，如果在料仓内焊接，必须清理磨平。

料仓安装时，必须考虑设置检查孔。检查孔可设在仓顶盖上（单独仓可设在仓壁上）便于检修人员进仓维修检查。粉料仓顶部还应设置排气孔、上罩布袋或装置吸风管，以防止粉尘溢出。

12. 溜管的安装

根据溜管内通过的物料性质和角度要求，排列成行的溜管出口和设备进口应尽可能在一条直线上，达到整齐美观的目的。

在连接粉间溜管时，由于管子较多，应尤其注意不要接错。

在原粮部分设备的进料口溜管连接处，应加接缓冲箱或缓冲节，不使粗糙的原粮直接冲入机内，以减轻设备磨损。磨粉机进料玻璃筒上应有一段垂直段，使筒内自动控制元件受压均匀。

13. 自衡振动筛、平面回转筛的安装

基础必须坚固，能承受变动载荷。机器就位后，应将筛面沿宽度方向上调整到水平后，方可紧固地脚螺栓。

机器的周围应留出操作空间，特别是在机器的进料端必须留有 1.5m 左右的空间，以便抽放筛格、翻转振动筛的进料箱。筛体两侧空间不得少于 0.5m。

对于振动筛，还应注意两台振动电机的转向必须相反，且控制电路必须联锁，当一个电机停止运转时，另一个电机必须随即停止运动。

14. 去石机的安装

去石机的工作原理要求去石机的安装尤其要注意将筛面横向调整水平，电机接线时，必须使两台振动电机向相反方向转动，风网密封严密。

机器的周围应留出操作空间，尤其是在机器的进料端必须根据筛面的长度留出一定的空间，以便抽放筛格。

15. 卧式打麦机的安装

打麦机必须安装在坚固的地板上，为了便于维修与调整，四周应留有 800～1000mm 的空间。安装筛网时，要使两个半圆筛的连接处于垂直位置，连接缝隙的大小可用木制衬垫来调整，以达到与机架夹紧的目的。为防止出现漏麦现象，筛网边缘一定要顺其打板旋转方向搭上。

16. 精选机的安装

滚筒精选机安装时应注意使各滚筒转动自如，若用手盘动滚筒显得沉重呆滞，则应对有关滚筒两端底座位置加以调整，直至转动轻松灵活为止，否则易损坏轴承及相关零部件。

碟片精选机安装时应进行水平校正，安装位置应留有拉出主轴更换碟片的操作空间。

　　碟片滚筒组合精选机安装时也应进行水平校正，考虑更换滚筒、检修等空间位置，以及机器上面留出放置手拉葫芦起吊主轴、更换碟片时的空间。

　　在整个安装过程中，出于安全起见，应注意以下几点事项：

　　（1）在设备安装前，各层楼面预留洞孔应用盖板封闭，吊物洞四周用绳子围栏，设置明显警示标志如小红旗，吊物洞下严禁站人和通行。登高脚手架应架设牢固，防止倾倒，梯子应搁置稳妥，脚下应加装有防滑橡皮。

　　（2）搬运起重工具，起重吊钩、爬杆、钢丝绳、绳索等要符合被起重设备的重量吨位。对重量较大的设备，在起吊离地面 100～150mm 时暂停起吊，检查吊装是否平稳，起吊吃力部位的钢丝绳、绳索是否牢固，对体积较大、较重的设备在穿过每一层楼面吊物洞时应减速，在有人监护不会碰撞情况下缓缓向上提升。

　　（3）在施工现场禁止吸烟，不准使用明火，对电焊、气焊作业在使用中应有人监护，施工完毕后有人负责检查，防止失火。对施工现场临时用电线应有专门电工管理，做好安全用电。

　　（4）设备在起运、吊装、就位过程中要保护机器表面油漆、外露凸出部位等，以不使其擦掉或碰坏。

任务三　新建厂的试车

　　试车工作是每个新建或改、扩建厂在安装完毕后所必须进行的环节。它实质上是对整个设计和安装质量进行一次全面的检验。

　　试车一般由单机到总机，由空载到负载分步骤进行。在试车中应详细记录发现的问题和情况，以便进一步调整和研究解决的办法。

一、试车准备

　　试车准备包括组织准备和技术准备两个方面。

　　组织准备就是要成立必要的组织，确定领导人员和组织分工，研究试车的方法和具体步骤，明确任务和要求。

　　技术准备内容包括：

　　（1）根据施工图检查各设备的安装质量，是否符合所提出的技术要求。

　　（2）根据工艺流程检查各设备的进出口和输送网路的连接是否正确。

　　（3）检查溜管管道是否顺接，是否有脱节和密封不严现象存在，阀门转动是否灵活。

　　（4）检查通风除尘风网、气力输送管道连接是否有脱节和密封不严现象存在，阀门转动是否灵活。

　　（5）检查压缩空气管路是否安装正确，是否有漏气现象。

　　（6）检查动力线路和传动装置是否安装正确，转动部件是否灵活。

　　（7）检查供水、供气管路是否安装正确，是否有漏水现象。

　　（8）检查各种安全防护设施，如防护罩和防护栏杆是否齐全可靠。

（9）在一切检查工作完成后，清理机器内部和现场，准备试车。在清理工作中特别要注意清除螺钉、螺帽、铁块等金属杂物，以防损坏机器设备和发生故障。

二、试车程序与方法

1. 动力试验

动力试验需做好以下几点：

（1）从变电配电间送电至总动力室，或每层楼配电柜，检查各线路是否通电，是否符合车间各台设备动力配备的需要。

（2）不挂传动带，进行电动机的空运转试验。根据电动机的大小，一般空运转15min 至 1h。电动机空运转时应检查轴承温升是否正常，有无异声和振动，旋转方向是否与作业机要求一致，电气仪表是否运转灵敏和准确。

（3）测定电动机的空载电流。

2. 供气试验

供气试验的目的是检查空压机向各用气设备的供气状况和设备的气动运转状况的，供气试验需做好以下几点：

（1）按施工图核对供气管路，检查有无漏气部位，油水分离器、阀门等部件是否符合使用要求。

（2）试验供气压力是否符合要求，一般为 0.4～0.6MPa。

（3）对每台用气设备进行供气试验，看是否能进行正确的动作。

3. 联系信号试验

联系信号有声光信号（电铃和指示灯）和电话两种。

声光信号由中控室发出开车、停车信号，各层接到信号后，按开车、停车先后顺序自动或手动开动机器或关停机器。各层如有故障，可发出事故信号，各层接到信号后应采取紧急处理措施。

对以上的信号试验，应演习数次，待各岗位上操作工熟练后才能试车。

4. 空载试车

（1）空载试车的步骤是先单机，后总机；先清理间，后制粉、砻碾或饲料车间。

（2）空载试车运转，一般设备为半小时，磨粉机、砻谷机、碾米机及粉碎机等主要设备可为 1～2h。全车间设备空载运转可持续 2～4h。

（3）在空载运转中，各机器设备均应无异声，无异常振动；传动带无跳动、打滑和跑偏现象，轴承的温升要正常；设备运转平稳，转速符合要求。

（4）气力输送设备空载试车之前，首先要全部打开各输料管的风门和关上高压风机的总风门，才能开动风机。风机开动后数分钟，如运转平稳，无异常现象，可逐渐开大总风门，但应特别注意电动机的电流不能超过其额定值。然后到各根输送管的接料器处用手感触是否有风，如果发现个别管子无风或风力很小，应检查进风口是否畅通，是否有漏风或管子被堵的现象，查出原因，给予纠正。如果管子都有风，可以取少量物料送到接料器处，看能否被吸走，如有个别管子不能吸走物料，则可再开大总风门，并关小风力过大的管子的风门，直至能吸走物料为止。如果所有输料管都调到具有一定的风力并能吸走物料，初步调整就算完成。在有条件的情况下，可通过仪器测定来调整各输料管的风速，这样更可靠。

5. 负载试车

负载试车可分段进行，先清理间后制粉或砻碾间；饲料厂也可按先配料前、后配料后进行。在进行生产试验之前，应先用劣质原料从所有机器设备中通过一遍，作清理机器之用，然后才能用正式原料进行生产试验。

负载试车应先轻载后逐步加大到满载，即开始时应将产量放低，如生产基本正常，才可逐步提高产量。

负载试车一般要进行 4~8h。

负载试车时除了进一步检查设备运转情况外，应着重检查设备的工艺效果、前后各工序生产能力的平衡情况以及能否达到设计提出的各项技术经济指标。

6. 试车中的调整工作

一般新建厂的试车过程，需要反复进行调试才能达到设计规定的要求。所以，调整工作是一项技术性较强的工作。试车调整可从以下几个方面着手：

（1）全面检查各设备的工艺效果，对于达不到要求的要查出原因，通过调试，设法达到要求。

（2）检查输送设备的输送量是否已达到设计要求。对于气力输送设备，特别要清除漏风、掉料和输送物料碰撞受阻的问题，要将风网调整到最佳工作点上。对自溜管应检查其角度是否能满足输送量的要求。

（3）检查和调整传动系统，保证传动可靠和平稳，动力分配和使用合理。

三、试车中的安全

在试车过程中，人员和设备的安全是非常重要的，有的厂往往由于忽视试车中的安全，以致造成人身和设备事故，因此，必须认真地执行有关安全试车的注意事项。

（1）人人必须十分注意安全。所有电器开关、信号按钮除本岗位的操作人员外，其他人员不得随便开关。车间内和生产现场严禁吸烟。

（2）参加试车的人员应很好地熟悉设备性能、操作规程和安全规定，并按要求配备防护用品。同时，要坚守岗位，随时观察设备运转情况，及时发现问题，妥善进行处理。

（3）在试车过程中，如发现有不正常情况，应立即停车及时处理。

（4）在试车过程中，要有专人指挥，开车和停车要有信号，工作时严禁接触运转部分。

（5）所有传动部分需装设安全防护罩的，必须装设齐全，并牢固可靠。

试车工作必须在设计安装部门、生产使用单位、设备供应单位及其他人员参加下进行。试车成功，各项技术经济指标达到设计要求后，按工程验收规定，正式移交生产部门使用。

项目小结

（1）施工配合的含义及其主要任务。

（2）安装基准线和设备中心线的划法。

（3）预埋地脚螺栓木模板的制作。

（4）预埋地脚螺栓的形式、规格及注意事项。

（5）固定机器地脚螺栓的方法。

（6）粮食加工厂预埋钢板、常见的预埋件的形式。

（7）预留楼板洞孔所用木模型壳的制作方法。

（8）设备安装前的准备工作。

（9）安装时设备中心线、标高等找正方法。

（10）主要设备的安装方法。

（11）粮食加工厂试车试车前的准备工作。

（12）粮食加工厂试车程序与方法。

（13）粮食加工厂试车中的安全问题。

技能训练

通过实习、实训学会使用常见的施工、安装、调试工具。

复习与练习

（1）什么是施工配合？施工配合的主要任务是什么？

（2）如何确定安装基准线？

（3）以面粉厂为例，说明土建施工时哪些部位一定要预埋螺栓？

（4）怎样用膨胀的脚螺栓固定设备？膨胀的脚螺栓需要在土建施工时进行预埋吗？

（5）预留楼板洞孔所用木模型壳有何制作要求？

（6）设备安装主要是找正哪些内容？

（7）简述高方平筛的主要安装方法？

（8）振动筛与去石机在安装要求上有何相同点？

（9）简述新建厂的试车顺序。

（10）气力输送设备的试车步骤是什么？

（11）负载试车主要检查哪几项工作？

主要参考文献

陈艳. 2000. 畜禽业及饲料机械与设备. 北京：中国农业出版社.

黄志友. 1998. 粮食饲料加工厂设计与安装. 北京：中国财政经济出版社.

贾奎连. 2006. 粮食加工厂设计与安装. 成都：西南交通大学出版社.

李德发. 2003. 配合饲料制造工艺与技术. 北京：中国农业大学出版社.

林聚英. 1999. 通风除尘与气力输送. 北京：中国财政经济出版社.

刘介才. 2010. 工厂供电. 北京：机械工业出版社.

刘四麟. 2002. 粮食工程设计手册. 郑州：郑州大学出版社.

毛新成. 2005. 饲料工艺与设备. 成都：西南交通大学出版社.

毛新成. 2006. 通风除尘与机械输送. 成都：西南交通大学出版社.

王风成，李东森，黄社章，等. 2007. 制粉工培训教程. 北京：中国轻工业出版社.

吴良美. 2005. 碾米工艺与设备. 北京：中国财政经济出版社.

熊万斌. 2006. 粮食工厂设计. 北京：化学工业出版社.

于新，胡林子. 2011. 谷物加工技术. 北京：中国纺织出版社.